"十三五"江苏省高等学校重点教材

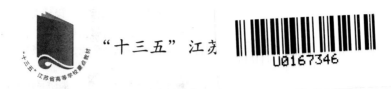

U0167346

消防系统工程与应用

主　编　高素美　鞠全勇

副主编　吴　恩　牟福元　牟淑志

中国水利水电出版社

www.waterpub.com.cn

·北京·

内 容 提 要

本书为"十三五"江苏省高等学校重点教材，以贯彻国家消防标准、设计要求和规范为指导思想，系统地介绍了建筑消防系统的组成。本书主要内容包括消防基础知识、消防器材、建筑灭火系统、疏散系统、防烟排烟系统、火灾监控系统、建筑防火系统、重点场所防火和新型灭火系统等方面的知识。

本书与传统书籍相比，重点章节配有视频（国家精品在线开放课程"消防系统工程与应用"全部视频），在内容和体系上进行了调整，力求理论知识与工程应用相结合。

本书适合作为本科建筑电气与智能化专业和相关专业的教学用书，也可作为工程技术人员和注册消防工程师的参考用书。

图书在版编目（CIP）数据

消防系统工程与应用/高素美，鞠全勇主编. —北京：中国水利水电出版社，2021.1（2022.6重印）

"十三五"江苏省高等学校重点教材

ISBN 978-7-5170-9112-7

Ⅰ.①消… Ⅱ.①高… ②鞠… Ⅲ.①消防—系统工程—高等学校—教材 Ⅳ.①TU998.1

中国版本图书馆 CIP 数据核字（2020）第 240154 号

书　　名	"十三五"江苏省高等学校重点教材 消防系统工程与应用 XIAOFANG XITONG GONGCHENG YU YINGYONG
作　　者	主　编　高素美　鞠全勇 副主编　吴恩　牟福元　牟淑志
出版发行	中国水利水电出版社 （北京市海淀区玉渊潭南路 1 号 D 座　100038） 网址：www.waterpub.com.cn E-mail：zhiboshangshu@163.com 电话：（010）62572966-2205/2266/2201（营销中心）
经　　售	北京科水图书销售有限公司 电话：（010）68545874　63202643 全国各地新华书店和相关出版物销售网点
排　　版	京华图文制作有限公司
印　　刷	三河市龙大印装有限公司
规　　格	185mm×260mm　16 开本　18.5 印张　458 千字
版　　次	2021 年 1 月第 1 版　2022 年 6 月第 2 次印刷
印　　数	1501—3000 册
定　　价	59.00 元

编写人员名单

主　　　　编：高素美　鞠全勇

副　主　　编：吴　恩　牟福元　牟淑志

参加编写人员：姜玉东　夏之彬　刘　莎　辛玉红　黄　虹　周黎英

　　　　　　　张　玉　周　霞　王翠红　徐　雷　杜　娟　王志凌

校　　　　对：李永琳

前　言

随着我国经济和建筑智能化行业的快速发展，消防安全技术和消防工程技术不断取得新突破。为与消防技术发展相适应，近年来，国家先后颁布了一系列消防相关国家标准规范，如《建筑设计防火规范》（GB 50016—2014）、《自动喷水灭火系统设计规范》（GB 50084—2017）、《消防给水及消火栓系统技术规范》（GB 50974—2014）等。这就要求相关专业的学生和行业从业人员掌握最新的消防技术和国家标准规范。"建筑消防系统"课程是建筑电气与智能化、建筑环境与设备工程等专业学生的一门重要专业课。培养多方位、多层次高级应用型人才已成为许多高等院校的共识，这种理念的重大转变带来了教学内容和教学模式的变化，相应教材的改革不可避免。为了适应这一变化，我们通过多年来对"建筑消防系统"课程的教学实践及经验总结，紧密结合区域经济发展需求，优化内容，凸显价值引领，培养高素质消防工程应用型人才，将"珍爱生命，奉献社会"的理念贯穿其中，以国家消防技术标准为依据，以实际消防案例为切入点，编写了本教材，力图培养学生解决复杂消防工程问题的能力和奉献社会的精神。

本书为"十三五"江苏省高等学校重点教材，主要内容包括消防基础知识、消防器材、建筑灭火系统、疏散系统、防烟排烟系统、火灾监控系统、建筑防火系统、重点场所防火和新型灭火系统等方面的知识。本书有如下几个方面的特点：

（1）保持建筑消防系统的严谨性与逻辑性。以教育部对应用型本科高校"建筑消防系统"教学的基本要求为依据编写本教材，按照认知特点，合理安排各章节知识点。

（2）运用现代教育技术，融合传统教材+MOOC，打造新形态教材。编写团队依据前期建设的国家精品在线开放课程"消防系统工程与应用"，对重点章节配套视频，在遵循教育教学规律的同时，充分运用现代教育技术、方法与手段，深度融合传统教材即文字+MOOC资源，打造了本新形态教材。

（3）按照最新的国家标准规范编写。建筑消防系统的名称等严格按照国家标准规范命名、定义，以培养学生设计工程的规范性。

（4）理论性和工程应用性紧密结合。力求知识点和工程应用案例相结合，从工程应用角度出发，着力解决实际建筑消防工程问题。

本书由金陵科技学院高素美和鞠全勇担任主编并负责全书统稿工作。本书共9章，其中第1章由高素美、刘莎编写，第2章由辛玉红编写，第3章由鞠全勇、吴恩编写，第4章由牟淑志、夏之彬编写，第5章由夏之彬、高素美编写，第6章由周霞、周黎英、张玉编写，第7章由姜玉东、王翠红、徐雷编写，第8章由张玉、杜娟编写，第9章由牟福元、王志凌编写，李永琳负责校对。教材视频由高素美、鞠全勇、牟福元、牟淑志、吴恩、姜玉东、夏之彬拍摄。江苏省消防技能鉴定站周广连高级工程师、南京消防器材股份有限公司黄虹高级工程师和吉林建筑大学孙萍教授对本教材提出了许多宝贵建议和帮助，在此一并表示感谢。同时，感谢中国水利水电出版社编辑宋扬、宋俊娥为本书的出版付出的辛勤劳动。

由于信息技术的发展非常迅速，加之作者水平有限，书中不足之处在所难免，欢迎读者不吝指正。

编　者

2020 年 9 月

目　　录

第1章

消防基础知识

消防工作是国民经济和社会发展的重要组成部分，是构建社会主义和谐社会的重要保障。火灾是失去控制的燃烧现象，是常发性灾害中发生频率较高的灾害之一。千百年来，人们一直同火灾做不懈斗争，只有了解燃烧发生的本质、燃烧的条件，才能掌握灭火的方法，才能更好地保障人类生命安全，更快地推动人类文明发展。本章主要讲述了燃烧、爆炸、火灾、火灾蔓延机理与途径及灭火基本原理与方法等消防基础知识。

1.1 燃 烧

燃烧的相关知识主要包括燃烧条件、燃烧类型及其特点，以及燃烧物等相关内容，是关于火灾机理与燃烧过程等最基础、最本质的知识。

1.1.1 燃烧的定义

扫一扫，看视频

燃烧是指可燃物与氧化剂作用发生的放热反应，通常伴有火焰、发光和（或）发烟的现象。燃烧的三个特征是化学反应、放热、发光。燃烧可分为有焰燃烧和无焰燃烧。通常看到的明火都是有焰燃烧。有些固体如焦炭发生表面燃烧时，有发光、发热的现象，但是没有火焰产生，这种燃烧方式就是无焰燃烧。

燃烧不仅在空气（氧气）存在时能发生，有的可燃物在其他氧化剂中也能发生燃烧。例如：

$$H_2 + Cl_2 \xrightarrow{\text{点燃}} 2HCl$$

$$2Na + Cl_2 \xrightarrow{\text{点燃}} 2NaCl$$

$$Cu + Cl_2 \xrightarrow{\text{点燃}} CuCl_2$$

$$2Fe + 3Cl_2 \xrightarrow{\text{点燃}} 2FeCl_3$$

$$Mg + Cl_2 \xrightarrow{\text{点燃}} MgCl_2$$

1.1.2 燃烧的本质

燃烧是一种游离基的连锁反应，即由游离基在瞬间进行的循环连续反应。游离基又称自由基，是一种高度活泼的化学基团，能与其他游离基和分子起反应，从而使燃烧按链式反应的形式扩展。

物质燃烧是氧化反应，而氧化反应不一定是燃烧，能被氧化的物质不一定都是能够被燃烧的物质。例如，木材或纸张的燃烧：$C+O_2 \xlongequal{} CO_2$是氧化反应，而铜久置于空气中会生成铜绿，即$2Cu+O_2 \xlongequal{} 2CuO$，生成铜绿的过程即是氧化反应，但不属于燃烧；人们吃的苹果切开后果肉会变色，也是氧化反应，但也不属于燃烧。

1.1.3 燃烧的条件

燃烧的条件可分为燃烧必要条件和燃烧充分条件。

1. 燃烧必要条件

可燃物、助燃物（氧化剂）、引火源即燃烧三角形构成了燃烧的三个必要条件。

可燃物：凡是能与空气中的氧或其他氧化剂起燃烧反应的物质，统称为可燃物。例如，我们熟悉的纸张、木头、汽油、柴油等，以及上述化学方程式中的H_2和Cu、Na等都属于可燃物。

助燃物（氧化剂）：凡与可燃物相结合能导致燃烧的物质称为助燃物（氧化剂），如广泛存在于空气中的氧气，空气中大约含21%的氧气。普通意义上，可燃物的燃烧均是指在空气中进行的燃烧。在一定条件下，各种不同的可燃物发生燃烧，均有本身固定的最低氧气含量要求，氧气含量过低，即使其他必要条件已经具备，燃烧仍不会发生。

引火源：凡使物质开始燃烧的外部热源均称为引火源。在一定条件下，各种不同可燃物只有达到一定能量才能引起燃烧。常见的引火源有以下几种。

（1）明火。明火是指生产、生活中的炉火、烛火、吸烟火，撞击、摩擦打火，等等。

（2）电弧、电火花。电弧、电火花是指电气设备、电气线路、电气开关及漏电打火，电话、手机等通信工具火花，静电火花，等等。

（3）雷击。雷击瞬间高压放电能引燃可燃物。

（4）高温。高温是指高温加热、烘烤、积热不散、机械设备故障发热、摩擦发热、聚焦发热等。

（5）自燃引火源。自燃引火源是指在既无明火又无外来热源的情况下，物质本身自行发热、燃烧起火，如白磷、烷基铝在空气中会自行起火，钾、钠等金属遇水着火，等等。

2. 燃烧充分条件

具备了燃烧三个必要条件，燃烧未必发生，只有具备了燃烧充分条件，燃烧才会发生。

（1）一定浓度的可燃物。例如，氢气在氯气中燃烧，当氢气浓度太低或太高都不会发生燃烧。

（2）一定比例的助燃物（氧化剂）。实验表明，当空气中的氧气含量低于15%时，燃烧将很难发生。

（3）一定能量的引火源。汽油的最小点火能量为0.2 mJ，而一个火柴头的点火能量大约为500 mJ，所以加油站不允许抽烟，不允许打电话。乙醚最小点火能量为0.19 mJ。

三者同时存在、相互作用。燃烧不仅需具备必要和充分条件，而且必须使燃烧条件相互结合、相互作用，燃烧才会发生或持续。

1.1.4 燃烧的类型

燃烧可分为闪燃、着火、自燃和爆炸四种类型。

1.1.4.1　闪燃

闪燃是指易燃或可燃液体（包括可熔化的少量固体，如石蜡、樟脑、萘等）挥发出来的蒸气分子与空气混合后，达到一定的浓度时，遇引火源产生一闪即灭的现象。发生闪燃的原因是易燃、可燃液体在闪点温度下，蒸发速度还不太快，蒸发出来的气体仅能维持一刹那的燃烧，而来不及补充新的蒸气以维持稳定的燃烧，因而燃一下就灭了。

在规定的试验条件下，液体挥发的蒸气与空气形成的混合物，遇引火源能够闪燃的最低温度（采用闭杯法测定），称为闪点（℃）。

闪点在消防上具有非常重要的应用，如判断液体火灾危险性大小（闪点越低越危险）。

甲类液体的闪点低于28 ℃；乙类液体的闪点为28~60 ℃；丙类液体的闪点不低于60 ℃，如汽油、煤油、柴油分别属于甲类液体、乙类液体和丙类液体。常见的几种易燃或可燃液体的闪点见表1-1。

表1-1　常见的几种易燃或可燃液体的闪点

名　　　称	闪点/℃
汽油	-50
煤油	38~74
酒精	12
苯	-14
乙醚	-45

1.1.4.2　着火

1. 着火的含义

可燃物在空气中与火源接触，达到某一温度时，开始产生有火焰的燃烧，并在火源移去后仍能持续并不断扩大的燃烧现象，称为着火。

2. 燃点

在规定的试验条件下，应用外部热源使物质表面起火并持续燃烧一定时间所需的最低温度，称为燃点或着火点，以"℃"表示。常见的几种可燃物的燃点见表1-2。

表1-2　常见的几种可燃物的燃点

名　　　称	燃点/℃
蜡烛	190
橡胶	120
纸张	130~230
棉花	210~255
木材	250~300

根据可燃物的燃点高低，可以衡量其火灾危险程度。物质的燃点越低，则越容易着火，火灾危险性也就越大。

一切可燃液体的燃点都高于其闪点。

1.1.4.3　自燃

1. 自燃的含义

可燃物在没有外部火花、火焰等火源的作用下，因受热或自身发热并蓄热所产生的自然燃烧，称为自燃。

物质自燃可分为受热分解自燃和自身发热自燃两类。

（1）受热分解自燃：外部热能的逐步积累，多是物理性的。

（2）自身发热自燃：物质自身产生热量，多是化学性和生物性的。

2. 自燃点

在规定试验条件下，可燃物产生自燃的最低温度称为自燃点。同样，可燃物的自燃点也是物质危险性大小的衡量依据。常见的几种可燃物在空气中的自燃点见表 1-3。

表 1-3　常见的几种可燃物在空气中的自燃点

名　称	自燃点/℃
氢气	400
乙炔	305
乙醚	160
汽油	530～685
乙醇	423

1.2　爆　炸

爆炸由于破坏力强，危害性大，往往还伴随着火灾及其他灾害的发生，因而需要引起消防工作者的特别重视。本节主要讲述爆炸的概念、特征及分类、爆炸极限和爆炸危险源，它们是理解和应用防火爆炸技术的必要理论基础。

扫一扫，看视频

1.2.1　爆炸的概念、特征与分类

1.2.1.1　爆炸的概念

由于物质急剧氧化或分解反应产生温度、压力增加或两者同时增加的现象，称为爆炸。从广义上讲，爆炸是指物质从一种状态通过物理或化学变化突然变成另一种状态，并在瞬间以机械功的形式释放出巨大能量，或是气体在瞬间发生剧烈膨胀等现象。

1.2.1.2　爆炸的特征

（1）爆炸点和其周围的介质之间发生剧烈的压力突跃变化。

（2）压力突变是爆炸产生破坏作用的根本原因。

1.2.1.3　爆炸的分类

按照物质产生爆炸的原因和性质，爆炸可分为物理爆炸、化学爆炸和核爆炸三种。

1. 物理爆炸

物理爆炸是指装在容器内的液体或气体，由物理变化（温度、体积和压力等因素）引起，使体积迅速膨胀，容器压力急剧增加，由于超压力或应力变化使容器发生爆炸，且在爆炸前后物质的性质及化学成分均不改变的现象。

例子：蒸汽锅炉、液化气钢瓶、轮胎和灭火器爆炸等。

2. 化学爆炸

化学爆炸是指由于物质本身发生化学反应，产生大量气体并使温度、压力增加或两者同时增加而形成的爆炸现象。

化学爆炸的特点是反应速度快，爆炸时放出大量的热能，产生大量气体和很大的压力，并发出巨大的响声。例如，炸药爆炸、可燃气体爆炸、可燃粉尘爆炸都属于化学爆炸。其中，可燃粉尘爆炸危害性很大，近几年高发，应特别注意。

2016 年 4 月 29 日 16 时，广东省深圳市光明新区精艺星五金加工厂发生铝粉尘爆炸事故。截至 5 月 6 日，已造成 4 人死亡、6 人受伤，其中 5 人严重烧伤。事故单位主要从事自行车铝合金配件抛光业务，未按标准规范设置除尘系统，采用轴流风机经矩形砖槽除尘风道，将抛光铝粉尘正压吹送至室外的沉淀池。据初步调查分析，这起事故是在砖槽除尘风道内发生铝粉尘初始爆炸，引起厂房内铝粉尘二次爆炸，造成人员伤亡。

2014 年 8 月 2 日 7 时 34 分，位于江苏省苏州市昆山市昆山经济技术开发区的昆山中荣金属制品有限公司抛光二车间发生特别重大铝粉尘爆炸事故，共计造成 146 人死亡，114 人受伤，直接经济损失 3.51 亿元。

如此惨痛的教训应引发人们认真思考，在一切生产面前，应牢记"生命至上"的原则，掌握爆炸的本质，从而避免它给人类带来的危害。

3. 核爆炸

由于原子核裂变或聚变反应，释放出核能所形成的爆炸称为核爆炸。例如，原子弹、氢弹、中子弹的爆炸。

1.2.2　爆炸极限

了解各种可燃气体、蒸气或粉尘的爆炸极限，对于做好防火、防爆工作具有重要的意义。

1. 爆炸浓度极限

爆炸浓度极限是指可燃气体、液体蒸气和粉尘与空气混合后发生爆炸的最高或最低浓度范围。

2. 爆炸温度极限

爆炸温度极限是指可燃性液体受热蒸发出的蒸气浓度等于爆炸浓度极限时的温度范围。

3. 爆炸极限在消防上的应用

（1）爆炸极限是评定可燃气体火灾危险性大小的依据；爆炸范围越大，下限越低，火灾危险性就越大。

（2）爆炸极限是评定气体生产、储存场所火险类别的依据，也是选择电气防爆形式的依据。

生产、储存爆炸下限小于 10% 的可燃气体场所为甲类火险，应选用隔爆型防爆电气设备；生产、储存爆炸下限大于 10% 的可燃气体场所为乙类火险，可选用任一防爆型电气设备。

（3）根据爆炸极限可以确定建筑物耐火等级、层数、面积、防火墙占地面积、安全疏散距离和灭火设施。

（4）根据爆炸极限确定安全操作规程。例如，采用可燃气体或蒸气氧化法生产时，应使可燃气体与氧化剂的配比处于爆炸极限范围以外，若处于或接近爆炸范围进行生产，应充惰性气体稀释和保护。

1.2.3 爆炸危险源

常见引起爆炸的引火源主要有机械火源、热火源、电火源和化学火源。

1. 机械火源

机械火源是指撞击、摩擦产生的火花。例如，机器上转动部分的摩擦产生的火花、铁器相互撞击产生的火花等。

2. 热火源

热火源是指高温表面、日光照射并聚焦。例如，一滴水引发森林火灾。美国加利福尼亚州圣巴巴拉地区的洛斯帕德雷斯国家森林公园，2013 年 5 月 27 日爆发森林大火，整个城区烟雾弥漫，多达 5000 人被迫撤离。接到报告，消防部门紧急出动 4 架消防用飞机和 2 架直升机，在 500 多名消防队员的努力下，用时 3 天终于扑灭了大火，损失惨重。事情解决之后，专家们开始研究是什么原因引发的大火。

通过调取监控录像，情况让专家们大出意外。火灾是由靠近公路的森林开始的，接着迅速绵延。又经过放大研究，竟然是一位森林防护员出汗了，随手擦了一下汗，并随意地弹了出去，就是落在叶子上的这一滴水，引发了这起火灾。

听着好像天方夜谭，专家们给出了解释。原来，附在叶面上的水滴，在阳光充足的时候，会被叶面上长着的一层绒毛"挑"起来，悬在叶面上，与叶面形成一定距离。这时，阳光穿过透明的水滴，水滴就会起到聚光镜的作用，把阳光聚集成一个点，形成一粒灼热的火星投射在叶面上，从而点燃了树叶，引发了森林火灾。

3. 电火源

电火源包括电火花、静电火花、雷电。

4. 化学火源

化学火源包括明火、化学反应热等。此外，烟头、火柴、烟囱飞火、机动车辆排气管喷火都可能引起可燃物料的燃烧和爆炸。

1.3 火 灾

燃烧的相关知识主要包括燃烧条件、燃烧类型及其特点，以及燃烧物等相关内容，它们是关于火灾机理与燃烧过程等最基础、最本质的知识。

扫一扫，看视频

1.3.1 火灾的定义与危害

国家标准《消防基本术语·第一部分》（GB 5907—1986）中将火和火灾定义为：火是以释放热量并伴有烟或火焰或两者兼有为特征的燃烧现象；火灾是在时间或空间上失去控制的燃烧所造成的灾害。也就是说，凡是失去控制并造成了人身和（或）财产损害的燃烧现象，均可称为火灾。

火，给人类带来文明进步、光明和温暖。但是失去控制的火，就会给人类造成灾难。火灾是各种自然与社会灾害中发生概率最高的一种灾害，给人类的生活乃至生命安全构成了严重威胁。据联合国世界火灾统计中心提供资料，目前全世界每年发生的火灾高达6.5 万~7.5万起。可以说从远古到现代，从蛮荒到文明，无论过去、现在和将来，人类的生存与发展都离不开同火灾做斗争。火对人类具有利与害的双重性，人类自从掌握了用火的技术以来，火在为人类服务的同时，却又屡屡危害成灾。火灾的危害十分严重，具体表现在以下几个方面。

1. 毁坏财产，易造成巨大的财产损失

凡是火灾都要毁坏财物。火灾，能烧掉人类经过辛勤劳动创造的物质财富，使城镇、乡村、工厂、仓库、建筑物和大量的生产资料、生活资料化为灰烬；火灾，可将成千上万个温馨的家园变成废墟；火灾，能吞噬掉茂密的森林和广袤的草原，使宝贵的自然资源化为乌有；火灾，能烧掉大量文物、古建筑等诸多的稀世瑰宝，使珍贵的历史文化遗产毁于一旦。另外，火灾所造成的间接损失往往比直接损失更为严重，这包括受灾单位自身的停工、停产、停业，以及相关单位生产、工作、运输、通信的停滞和灾后的救济、抚恤、医疗、重建等工作带来的更大的投入与花费。至于森林火灾、文物古建筑火灾造成的不可挽回的损失，更是难以用经济价值计算的。

随着经济的发展，社会财富日益增多，火灾对人类造成的财产损失也越来越巨大。新中国成立初期，由于社会经济发展缓慢，火灾总量和损失降低，20 世纪50 年代我国平均每年发生火灾6 万起，火灾直接损失平均每年约0.6 亿元。随着工业化和城市化的发展，火灾直接经济损失也相应增加，20 世纪60 年代到80 年代，年平均火灾损失从1.4 亿元上升到3.2亿元。改革开放后，经济社会进入了快速发展阶段，社会财富和致灾因素大量增加，火灾损失也急剧上升：20 世纪90 年代，火灾直接损失平均每年为10.6 亿元；21 世纪前5 年间的年均火灾损失达15.5 亿元，为20 世纪80 年代年均火灾损失的4.8 倍，达到历史高峰。近年来，通过国务院、各级人民政府以及公安机关消防机构、有关部门和社会的共同努力，我国火灾大幅度上升的趋势得到遏制。火灾与社会经济发展"同步"的现象，给人们敲响了警钟。它提醒人们，在集中精力搞经济建设的同时，千万不可忽视消防工作——珍爱生命，避免火灾。

2. 残害人类生命

火灾不仅使人陷入困境，而且还生灵涂炭，直接或间接地残害人类生命，造成难以消除的身心痛苦。例如，1994 年11 月27 日辽宁省阜新市艺苑歌舞厅发生火灾，死亡233 人；同年12 月8 日，新疆维吾尔自治区克拉玛依友谊馆发生火灾，死亡325 人；2000 年12 月25日，河南省洛阳市东都商厦发生火灾事故，造成309 人死亡，7 人受伤；2008 年9 月20 日，深圳市龙岗区舞王俱乐部发生火灾事故，造成44 人死亡，64 人受伤。据统计，1979 年至2004 年，我国发生一次死亡30 人以上的特别重大火灾35 起，共造成2638 人死亡。其中，20 世纪90 年代以后一次死亡30 人以上的特别重大火灾占26 起，死亡2078 人；2000 年至2004 年，年平均发生火灾23.4 万起，死亡2559 人，受伤3531 人。仅2008 年1 月至11 月，全国共发生火灾11.9 万起，死亡1198 人，受伤624 人。这些群死群伤火灾事故的发生，给人民生命财产造成了巨大损失。

3. 破坏生态平衡

火灾的危害不仅表现在毁坏财物、残害人类生命，而且会严重破坏生态环境。例如，

1987 年 5 月 6 日，黑龙江省大兴安岭地区火灾，烧毁大片森林，延烧 4 个储木厂和 85 万 m³ 木材以及铁路、邮电、工商等 12 个系统的大量物资、设备等，死 193 人，伤 171 人。这起火灾使我国宝贵的林业资源遭受严重的损失，对生态环境造成了难以估量的巨大影响。1998 年 7 月，发生在印度尼西亚的森林大火持续了 4 个多月，受灾森林面积高达 150 万 hm²，经济损失高达 200 亿美元。这场大火还引发了饥荒和疾病的流行，使人们的健康受到威胁，环境遭到污染。此外，大火所产生的浓烟使能见度大大降低，由此造成了飞机坠毁和轮船相撞事故。另外，这场大火使大量的动植物灭绝，环境恶化，气候异常，干旱少雨，风暴增多，水土流失，最主要的是导致生态平衡破坏，严重威胁人类的生存和发展。

4. 引起不良的社会影响和政治影响

火灾不仅给国家财产和公民人身、财产带来了巨大损失，而且会影响正常的社会秩序、生产秩序、工作秩序、教学科研秩序以及公民的生活秩序。当火灾规模比较大，或发生在首都、省会城市、人员密集场所、经济发达区域、有名胜古迹等地方时，将会产生不良的社会影响和政治影响。有的会引起人们的不安和骚动，有的会损害国家的声誉，有的还会引起不法分子趁火打劫、造谣生事，从而造成更大的损失。

1.3.2 火灾的特征与分类

1.3.2.1 火灾的特征

无数的火灾实例表明，火灾具有以下几个特征。

1. 发生频率高

据统计，在各种灾害中火灾是发生频率高，最经常、最普遍地威胁公众安全和社会发展的主要灾害。由于可燃物品种多、数量巨大，引火源极其复杂，诱发火灾的因素多，稍有不慎，就可导致火灾发生。

2. 突发性强

火灾的发生往往是突然的、难以预料的，且火灾发展过程瞬息万变，来势凶猛，影响区域广；爆炸危害具有瞬时性，短时间内可造成大量人员伤亡。

3. 破坏性大

火灾不仅残害人类生命，给国家财产和公民财产带来巨大损失，而且严重时会导致基础设施破坏（包括供电、供水、供气、供热、交通和通信等城市生命线系统工程）、生产系统紊乱、社会经济正常秩序打乱、生态环境遭到破坏。由此可以看出，火灾的破坏性相当大。

4. 灾害复杂

火灾发生地，由于建筑、物质、火源的多样性，人员复杂性，消防条件和气候条件不同，使得灾害发生发展过程极为复杂。例如高层建筑，烟囱效应使火灾蔓延速度非常快。一般烟囱气垂直上升速度为 240 m/min，水平扩散速度为 48 m/min；物质的多样性包括各种可燃、易燃、易爆和不同毒性的物质，对于火灾发展速度、建筑耐火和疏散逃生与灭火效果影响很大；各种不同火源，如明火、电气过热、静电、雷电、化学反应和爆炸等引发的火灾，其发生发展规律有所区别；此外，人员的消防安全意识及逃生自救能力、单位的消防安全管理水平、场所的消防设施和扑救条件、形成灾害时的气候条件等，对于火灾的发生、发展和扑救过程都有不同程度的影响。

5. 易形成灾害连锁和灾害链

对于一个城乡或工业企业，其社会生产或生活的整体功能很强，一种灾害现象的发生，常会引发其他次生灾害，造成其他系统功能的失效，如火灾引发爆炸、爆炸又引发火灾，形成灾害链。例如，1993 年 8 月 5 日深圳清水河仓库火灾中起火 18 处、发生大爆炸 2 次、小爆炸 7 次，形成明显的灾害链。又如，2000 年发生在美国纽约的"9·11"事件，世贸大厦双子座受飞机撞击发生火灾焚烧坍塌，不仅造成大量人员伤亡，而且造成周围建筑严重受损、交通阻塞，并使供电、供气、供水、通信等多种系统的局部发生灾害，形成明显的火灾连锁反应。

6. 灾后事故处理艰巨

火灾发生后，对于事故的调查、法律责任认定、伤亡人员处理、财产损失保险赔偿、生活与生产恢复、社会秩序恢复等许多方面，处理起来都有很大难度。

1.3.2.2 火灾的分类

火灾可按可燃物的类型和燃烧特性、火灾损失严重程度进行分类。

1. 按火灾中可燃物的类型和燃烧特性分类

国家标准《火灾分类》（GB/T 4968—2008）中根据可燃物的类型和燃烧特性，将火灾定义为 A 类火灾、B 类火灾、C 类火灾、D 类火灾、E 类火灾、F 类火灾六种不同的类别。

（1）A 类火灾。A 类火灾是指固体物质火灾。这种物质通常具有有机物性质，一般在燃烧时产生灼热的余烬。例如，木材、棉、毛、麻、纸张火灾等。

（2）B 类火灾。B 类火灾是指液体或可熔化的固体物质火灾。例如，汽油、煤油、原油、甲醇、乙醇、沥青、石蜡火灾等。

（3）C 类火灾。C 类火灾是指气体火灾。例如，煤气、天然气、甲烷、乙烷、丙烷、氢气火灾等。

（4）D 类火灾。D 类火灾是指金属火灾。例如，钾、钠、镁、钛、锆、锂、铝镁合金火灾等。

（5）E 类火灾。E 类火灾是指带电火灾，即物体带电燃烧的火灾。

（6）F 类火灾。F 类火灾是指烹饪器具内的烹饪物（如动植物油脂）火灾。

2. 按火灾损失严重程度分类

国家《生产安全事故报告和调查处理条例》中按火灾损失严重程度把火灾划分为特别重大火灾、重大火灾、较大火灾和一般火灾四个等级。

（1）特别重大火灾。特别重大火灾是指造成 30 人以上死亡，或者 100 人以上重伤，或者 1 亿元以上直接财产损失的火灾。

（2）重大火灾。重大火灾是指造成 10 人以上 30 人以下死亡，或者 50 人以上 100 人以下重伤，或者 5000 万元以上 1 亿元以下直接财产损失的火灾。

（3）较大火灾。较大火灾是指造成 3 人以上 10 人以下死亡，或者 10 人以上 50 人以下重伤，或者 1000 万元以上 5000 万元以下直接财产损失的火灾。

（4）一般火灾。一般火灾是指造成 3 人以下死亡，或者 10 人以下重伤，或者 1000 万元以下直接财产损失的火灾。

1.3.3　火灾发展的几个阶段

对于建筑火灾而言，最初发生在室内的某个房间或某个部位，然后由此蔓延到相邻的房间或区域，以及整个楼层，最后蔓延到整个建筑物。其发展过程大致可分为初期增长阶段、充分发展阶段和衰减阶段。

1. 初期增长阶段

初期增长阶段从出现明火起，此阶段燃烧面积较小，只局限于着火点处的可燃物燃烧，局部温度较高，室内各点的温度不平衡，其燃烧状况与敞开环境中的燃烧状况差不多。由于可燃物性能、分布和通风、散热等条件的影响，燃烧的发展大多比较缓慢，有可能形成火灾，也有可能中途自行熄灭，燃烧发展不稳定。火灾初期增长阶段持续时间的长短不定。

2. 充分发展阶段

在建筑室内火灾持续燃烧一定时间后，燃烧范围不断扩大，温度升高，室内的可燃物在高温的作用下，不断分解释放出可燃气体，当房间内温度达到400~600 ℃时，室内绝大部分可燃物起火燃烧。这种在限定空间内可燃物的表面全部卷入燃烧的瞬变状态，称为轰燃。轰燃的出现是燃烧释放的热量在室内逐渐累积与对外散热共同作用、燃烧速率急剧增大的结果。通常，轰燃的发生标志着室内火灾进入全面发展阶段。

轰燃发生后，室内可燃物出现全面燃烧，可燃物热释放速率很大，室温急剧上升，并出现持续高温，温度可达800~1000 ℃。之后，火焰和高温烟气在火风压的作用下，会从房间的门窗、孔洞等处大量涌出，沿走廊、吊顶迅速向水平方向蔓延扩散。同时，由于烟囱效应的作用，火势会通过竖向管井、共享空间等向上蔓延。轰燃的发生标志着房间火势的失控。同时，产生的高温会对建筑物的衬里材料及结构造成严重影响。但不是每个火场都会出现轰燃，大空间建筑、比较潮湿的场所就不易发生。

3. 衰减阶段

在火灾充分发展阶段的后期，随着室内可燃物数量的减少，火灾燃烧速度减慢，燃烧强度减弱，温度逐渐下降。一般认为火灾衰减阶段是从室内平均温度降到其峰值的80%时算起，随后房间内温度下降显著，直到室内外温度达到平衡为止，火灾完全熄灭。

上述后两个阶段是通风良好情况下室内火灾的自然发展过程。实际上，一旦室内发生火灾，常常伴有人为的灭火行动或者自动灭火设施的启动，因此会改变火灾的发展过程。不少火灾尚未发展就被扑灭，这样室内就不会出现破坏性的高温。如果在灭火过程中，可燃材料中的挥发组分并未完全析出，可燃物周围的温度在短时间内仍然较高，易造成可燃挥发组分再度析出，一旦条件合适，就可能会出现死灰复燃的情况，这种问题不容忽视。

1.4 火灾蔓延机理与途径

1.4.1 火灾蔓延的传热基础

火灾的发生、发展就是一个火灾发展蔓延、能量传播的过程。热传播是影响火灾发展的决定性因素。热量传播有以下三种途径：热传导、热对流和热辐射。

扫一扫，看视频

（1）热传导。热传导是指热量通过直接接触的物体，从温度较高部位传递到温度较低部位的过程。影响热传导的主要因素是温差、导热系数和导热物体的厚度与截面积。导热系数越大、厚度越小，传导的热量越多。

（2）热对流。热对流是指热量通过流动介质，由空间的一处传播到另一处的现象。火场中通风孔洞面积越大，热对流的速度越快；通风孔洞所处位置越高，热对流的速度越快。热对流是热传播的重要方式，是影响初起火灾发展的最主要因素。

（3）热辐射。热辐射是指以电磁波形式传递热量的现象。当火灾处于发展阶段时，热辐射成为热传播的主要形式。

1.4.2　火灾的烟气蔓延

建筑发生火灾时，烟气流动的方向通常是火势蔓延的一个主要方向。一般 500 ℃以上热烟所到之处，遇到的可燃物都有可能被引燃起火。

1.4.2.1　烟气的扩散路线

建筑火灾中产生的高温烟气，其密度比冷空气小，由于浮力作用向上升起，遇到水平楼板或顶棚时，改为水平方向继续流动，这就形成了烟气的水平扩散。这时，如果高温烟气的温度不降低，那么上层将是高温烟气，而下层是常温空气，形成明显的分离的两个层流流动。实际上，烟气在流动扩散过程中，一方面总有冷空气掺混；另一方面受到楼板、顶棚等建筑围护结构的冷却，温度逐渐下降。沿水平方向流动扩散的烟气碰到四周围护结构时，进一步被冷却并向下流动。逐渐冷却的烟气和冷空气流向燃烧区，形成了室内的自然对流，火越烧越旺。

烟气扩散流动速度与烟气温度和流动方向有关。烟气在水平方向的扩散流动速度较低，在火灾初期为 0.1~0.3 m/s，在火灾中期为 0.5~0.8 m/s。烟气在垂直方向的扩散流动速度较高，通常为 1~5 m/s。在楼梯间或管道竖井中，由于烟囱效应产生的抽力，烟气上升流动速度更高，可达 6~8 m/s，甚至更大。

当高层建筑发生火灾时，烟气在其内的流动扩散一般有三条路线：第一条也是最主要的一条是着火房间→走廊→楼梯间→上部各楼层→室外；第二条是着火房间→室外；第三条是着火房间→相邻上层房间→室外。

1.4.2.2　烟气流动的驱动力

烟气流动的驱动力包括室内外温差引起的烟囱效应、火风压和外界风的作用等。

1. 烟囱效应

当建筑物内外的温度不同时，室内外空气的密度随之出现差别，这将引发浮力驱动的流动。如果室内空气温度高于室外空气温度，则室内空气将发生向上运动，建筑物越高，这种流动越强。竖井是发生这种现象的主要场合，在竖井中，由于浮力作用产生的气体运动十分显著，通常称这种现象为烟囱效应。在火灾过程中，烟囱效应是造成烟气向上蔓延的主要因素。

2. 火风压

火风压是指建筑物内发生火灾时，在起火房间内，由于温度上升，气体迅速膨胀，对楼板和四壁形成的压力。火风压的影响主要在起火房间，如果火风压大于进风口的压力，则大量的烟火将通过外墙窗口，由室外向上蔓延；若火风压等于或小于进风口的压力，则烟火便全部从内部蔓延，当它进入楼梯间、电梯井、管道井、电缆井等竖向孔道以后，会大大加强烟囱效应。

烟囱效应和火风压不同，它能影响全楼。在多数情况下，建筑物内的温度大于室外温度，所以室内气流总的方向是自下而上，即正烟囱效应。起火层的位置越低，影响的层数越多。在正烟囱效应下，若火灾发生在中性面（室内压力等于室外压力的一个理论分界面）以下的楼层，火灾产生的烟气进入竖井后会沿竖井上升，一旦升到中性面以上，烟气不但可由竖井上部的开口流出来，而且可进入建筑物上部与竖井相连的楼层；若中性面以上的楼层起火，当火势较弱时，由烟囱效应产生的空气流动可限制烟气流进入竖井，如果着火层的燃烧剧烈，热烟气的浮力足以克服竖井内的烟囱效应，仍可进入竖井而继续向上蔓延。因此，对高层建筑中的楼梯间、电梯井、管道井、天井、电缆井、排气道、中庭等竖向孔道，如果防火处理不当，就形同一座高耸的烟囱，强大的抽拔力将使火沿着竖向孔道迅速蔓延。

3. 外界风的作用

风的存在可在建筑物的周围产生压力分布，而这种压力分布能够影响建筑物内的烟气流动。建筑物外部的压力分布受到多种因素的影响，其中包括风的速度和方向、建筑物的高度和几何形状等。风的影响往往可以超过其他驱动烟气运动的力（自然和人工）。一般来说，风朝着建筑物吹过来，会在建筑物的迎风侧产生较高的滞止压力，这可增强建筑物内的烟气向下风方向的流动。

1.4.2.3 烟气蔓延的途径

火灾时，建筑内烟气呈水平流动和垂直流动。蔓延的途径主要有内墙门、洞口、外墙门、窗口、房间隔墙、空心结构、闷顶、楼梯间、各种竖井管道、楼板上的孔洞及穿越楼板、墙壁的管线和缝隙等。对主体为耐火结构的建筑来说，造成蔓延的主要原因有未设有效的防火分区，火灾在未受限制的条件下蔓延；洞口处的分隔处理不完善，火灾穿越防火分隔区域蔓延；防火隔墙和房间隔墙未砌至顶板，火灾在吊顶内部空间蔓延；采用可燃构件与装饰物，火灾通过可燃的隔墙、吊顶、地毯等蔓延。

1. 孔洞开口蔓延

在建筑内部，火灾可以通过一些开口来实现水平蔓延，如可燃的木质户门、无水幕保护的普通卷帘、未用不燃材料封堵的管道穿孔处等。此外，发生火灾时，一些防火设施未能正常启动，如防火卷帘因卷帘箱开口、导轨等受热变形，或因卷帘下方堆放物品，或因无人操作自动启动装置等导致无法正常放下，同样造成火灾蔓延。

2. 穿越墙壁的管线和缝隙蔓延

室内发生火灾时，室内上半部处于较高压力状态下，该部位穿越墙壁的管线和缝隙很容易把火焰、高温烟气传播出去，造成蔓延。此外，穿过房间的金属管线在火灾高温作用下，往往会通过热传导方式将热量传到相邻房间或区域一侧，使与管线接触的可燃物起火。

3. 闷顶内蔓延

由于烟火是向上升腾的，因此顶棚上的人孔、通风口等都是烟火进入的通道。闷顶内往往没有防火分隔墙，空间大，很容易造成火灾水平蔓延，并通过内部孔洞再向四周的房间蔓延。

4. 外墙面蔓延

在外墙面，高温热烟气流会促使火焰蹿出窗口向上层蔓延。一方面，由于火焰与外墙面之间的空气受热逃逸形成负压，周围冷空气的压力致使烟火贴墙面而上，使火势蔓延到上一层；另一方面，火焰贴附外墙面向上蔓延，致使热量透过墙体引燃起火层上面一层房间内的可燃物。建筑物外墙窗口的形状、大小对火势蔓延有很大影响。

1.5　灭火的基本原理与方法

1.5.1　灭火的基本原理

一切灭火措施，都是为了防止火灾发生和限制燃烧条件互相结合、互相作用。根据物质燃烧的原理和同火灾做斗争的实践经验，灭火的基本原理总结如下。

扫一扫，看视频

1. 控制可燃物

在消防工作中，可根据不同情况采取不同措施，破坏燃烧的基础条件和助燃条件，防止形成燃爆介质。简单地说，就是减少、消除可燃物，没有东西可烧，火想烧也烧不起来。

例如，用难燃或不燃材料代替易燃或可燃材料，用水泥代替木材建造房屋；在材料中掺入阻燃剂，或用防火涂料浸涂可燃材料，进行阻燃处理，使易燃材料变成难燃或不燃材料，以提高其耐火极限（建筑构件从受到火的作用时起到失去支持能力或完整被破坏时止的这段时间称为耐火极限）；加强通风，降低可燃气体、蒸气和粉尘在空间的浓度，使其低于爆炸下限浓度；凡是性质上能相互作用的物品，分开储运；对易燃易爆物质的生产，在密闭设备中进行；等等。

2. 控制和消除点火源

在人们生活、生产中，可燃物和空气是客观存在的，绝大多数可燃物即使暴露在空气中，若没有点火源作用，也是不能着火或爆炸的。从这个意义上说，控制和消除点火源是防止火灾的关键。

一般来说，实际生产、生活中经常出现的火源大致有下述五种。

（1）生产用火。例如，加热用火、维修用火、电（气）焊、烘炉等。

（2）生活用火。例如，做饭的炉灶、焚烧物品、吸烟等。

（3）电器设备。例如，电视机、电冰箱、电灯、电热毯、电烘箱、电熨斗等电器设备，由于短路、接触不良或过载和长时间通电等原因产生高温、电弧或电火花。

（4）自燃。由于物质本身所进行的物理反应和化学反应产生的热。

（5）静电火花、雷击和其他火源。

根据不同情况，控制这些火源的产生和使用范围，采取严密的防范措施，严格动火用火制度，对于防火防爆十分重要。

3. 阻止火势扩散蔓延

一旦发生火灾，人们应该千方百计地使火灾限制在较小的范围内，不让火势蔓延扩大，这样就要创造各种条件，采取措施，阻止新的燃烧条件形成。

限制火灾爆炸扩散蔓延的措施，应在城乡建筑、生产工艺设计开始就要加以统筹考虑。例如，在建筑物之间设置防火防烟分区、修筑防火墙、留足防火间距。

对危险性较大的设备和装置，采取分区隔离、露天布置和远距离操作的方法；在能形成可爆介质的厂房、库房、工段，设泄压门窗、轻质屋盖；安装安全可靠的安全液封、水封井、阻火器、单向阀、阻火闸门、火星熄灭器等阻火设备；装置一定的火灾自动报警、自动灭火设备或固定、半固定的灭火设施，以便及时发现和扑救初起火灾。

1.5.2 阻燃理论

阻燃是使可燃固体具有防止、减慢或终止有焰燃烧的性能。常用的阻燃方法有两种：一种是在材料的表面喷涂阻燃剂；另一种是在产品的生产过程中加入阻燃剂。阻燃剂是提高可燃材料阻燃性能的一类助剂。

阻燃剂主要通过以下效应发挥作用。

（1）覆盖效应。阻燃剂在燃烧产生的高温作用下，生成难燃的保护层或蜂窝状、泡沫状物质，覆盖在可燃材料的表面，起到隔氧和隔热的作用，从而阻止了材料的热分解及可燃挥发组分与空气的混合。

（2）吸热效应。阻燃剂可吸收燃烧放出的大量热量，使材料温度降低，从而使其热分解和燃烧减慢。

（3）抑制效应。阻燃剂分解生成的某些生成物可捕捉到火焰中的活性基的基团，从而使链式燃烧反应中断。

（4）稀释效应。阻燃剂分解生成大量不燃气体，大大稀释了材料表面附近的可燃气体浓度和氧气浓度，从而使燃烧不能维持。

1.5.3 防火原理与方法

一切灭火方法，都是为了破坏已经形成的燃烧条件，或者使燃烧反应中的游离基消失，以迅速熄灭或阻止物质的燃烧，最大限度地减少火灾损失。根据燃烧条件和同火灾做斗争的实践经验，灭火的基本方法有以下四种。

1. 隔离

隔离就是将正在燃烧的物质与未燃烧的物质隔开或疏散到安全地点，燃烧会因缺乏可燃物而停止。这是扑灭火灾比较常用的方法，适用扑救各种火灾。

在灭火中，根据不同情况，可具体采取下列方法：关闭可燃气体、液体管道的阀门，以减少和阻止可燃物进入燃烧区；将火源附近的可燃、易燃、易爆和助燃物品搬走；排出生产装置、容器内的可燃气体或液体；设法阻挡流散的液体；拆除与火源毗连的易燃建（构）筑物，形成阻止火势蔓延的空间地带；用高压密集射流封闭的方法扑救井喷火灾；等等。

2. 窒息

窒息就是隔绝空气或稀释燃烧区的空气含氧量，使可燃物得不到足够的氧气而停止燃烧。它适用于扑救容易封闭的容器设备、房间、洞室和工艺装置或船舱内的火灾。

在灭火中根据不同情况，可具体采取下列方法：用干砂、石棉被、帆布等不燃或难燃物捂盖燃烧物，阻止空气流入燃烧区，使已燃烧的物质得不到足够的氧气而熄灭；用水蒸气或惰性气体灌注容器设备稀释空气；条件允许时，也可用水淹没的窒息方法灭火；密闭起火的建筑、设备的孔洞和洞室，用泡沫覆盖在燃烧物上使之得不到新鲜空气而窒息。

3. 冷却

冷却就是将灭火剂直接喷射到燃烧物上，将燃烧物的温度降到低于燃点，使燃烧停止；或者将灭火剂喷洒在火源附近的物体上，使其不受火焰辐射热的威胁，避免形成新的火点，将火灾迅速控制和消灭。最常见的方法，就是用水来冷却灭火。例如，一般房屋、家具、木柴、棉花、布匹等可燃物都可以用水来冷却灭火。二氧化碳灭火剂的冷却效果也很好，可以用来扑灭精密仪器、文书档案等贵重物品的初起火灾。还可用水冷却建（构）筑物、生产装置、设备容器，以减弱火焰辐射热的影响。但采用水冷却灭火时，应首先掌握"不见明火不射水"这个防止水渍损失的原则。当明火焰熄灭后，应不再大量用水灭火，防止水渍损失。同时，对不能用水扑救的火灾，切忌用水灭火。

4. 抑制

抑制是基于燃烧是一种连锁反应的原理，使灭火剂参与燃烧的连锁反应，使燃烧过程中产生的游离基消失。从而使燃烧反应停止，达到灭火目的。采用这种方法的灭火剂，目前主要有 1211、1301 等卤代烷灭火剂和干粉。但卤代烷灭火剂对环境有一定污染，对大气臭氧层有破坏作用，生产和使用将会受到限制，各国正在研制灭火效果好且无污染的新型高效灭火剂来代替。

在火场上究竟采用哪种灭火方法，应根据燃烧物质的性质、燃烧特点和火场的具体情况以及消防器材装备的性能进行选择。有些火场，往往需要同时使用几种灭火方法，使用干粉灭火时，还要采用必要的冷却降温措施，以防复燃。

习题与思考

1-1 燃烧的必要条件是什么？

1-2 爆炸如何分类？

1-3 根据可燃物的类型和燃烧特性，火灾如何分类？

1-4 请简述防火的原理与方法。

1-5 烟气流动的驱动力是什么？

1-6 阻燃剂以何种方式发挥作用？

1-7 简述火灾蔓延的传热机理。

1-8 对于建筑火灾而言，火灾的发展过程分为哪几个阶段？

1-9 请你思考生活中有哪些建筑在设计中融入了防火的功能。

第 2 章

消防器材

通过本章学习，应掌握简易灭火工具的种类及其使用，熟悉简易式灭火器的分类，掌握简易式灭火器的选择及使用，了解灭火器的分类与基本参数，掌握常用灭火器的基本构造与灭火机理、各类灭火器的适用范围、灭火器的配置设计及选择与设置要求。

2.1 简易灭火工具

简易灭火工具，种类很多，用途很广，而且能因地制宜，就地取材，取用方便，在火灾初期值得推广使用。

扫一扫，看视频

2.1.1 概述

常用的简易灭火工具有黄沙、泥土、石灰粉、铁板、锅盖、湿棉被、湿麻袋以及盛装水的简易容器，如水桶、水壶、水盆、水缸等。除上述提到的工具以外，在初起火灾发生时凡是能够用于扑灭火灾的所有工具（如扫帚、拖把、衣服、拖鞋、手套等）都可称为简易灭火工具。消火栓不属于常用简易灭火工具。

例如，对于初起火灾，往往随手用黄沙、泥土和浸湿的棉被、麻袋去覆盖，就能使火熄灭。又如，炒菜时候的油锅起火了，只需迅速用锅盖盖住油锅，然后把锅端开即可。这是因为锅盖把着火的油和空气隔开了，油得不到足够的空气，就不能继续燃烧下去。

同样道理，用黄沙、泥土、湿棉被、湿麻袋甚至滑石粉等去覆盖着火的燃烧物，并将燃烧着的物品全部盖住，也是为了隔绝空气与燃烧物接触。待燃烧着的物体内部附着的一些空气烧完，火就熄灭了。

2.1.2 常用简易灭火工具的使用

由于燃烧对象的复杂性，简易灭火工具在使用上也有其局限性，不能扑救所有种类火灾。

（1）一般易燃固体物质（如木材、纸张、布片等）初起火灾用水、湿棉被、湿麻袋、黄沙、水泥粉、炉渣、石灰粉等均可以扑救。

（2）易燃、可燃液体（如汽油、酒精、苯、沥青、食用油等）初起火灾扑救，要根据其燃烧时的状态来确定简易灭火工具。

液体燃烧时局限在容器内，如油锅、油桶、油盘着火，可用锅盖、铁板、湿棉被、湿麻袋等灭火，不宜用黄沙、水泥粉、炉渣等扑救，以免燃烧液体溢出造成流淌火灾。

流淌液体火灾，可用黄沙、泥土、炉渣、水泥粉、石灰粉筑堤并覆盖灭火。

（3）可燃气体（如液化石油气、煤气、乙炔等）火灾，在切断气源或明显降低燃气压力（小于 0.5 个大气压）的情况下方可用湿麻袋、湿棉被等灭火。但灭火后必须立即切断气源。如果不能切断气源，则应在严密防护的情况下维持稳定燃烧。

（4）遇湿燃烧物品（如金属钾、钠等）火灾，因此类物品遇水能剧烈反应，置换水中的氢，生成氢气并产生大量的热，能引起着火爆炸，因此，只能用干燥的沙土、泥土、水泥粉、炉渣、石灰粉等扑救，但灭火后必须及时回收，按要求盛装在密闭容器内。

（5）自燃物品（如黄磷、硝化纤维、赛璐珞、油脂等）着火，因其在空气中或遇潮湿空气能自行氧化燃烧，因此，用沙土、水泥粉、泥土、炉渣、石灰粉等灭火后，应及时回收，按规定存放，防止复燃。

各企事业单位或居民家庭可以根据灭火对象的具体情况和简易灭火工具的适用范围，备好器材，特别是专用灭火器缺少的单位、家庭或临时施工现场，备有一定的简易灭火工具，是非常需要和十分必要的，以便发生火灾时在最短的时间内将火灾扑灭。

2.1.3 简易式灭火器

1. 简易式灭火器的定义及特点

简易式灭火器是可任意移动的、灭火剂充装量小于 1000 mL（或 g），由一根手指开启的，不可重复充装使用的一次性储压式灭火器。它是一种用于家庭、厨房、郊游等场合，扑救小型初起火灾的灭火器具（见图 2-1）。

图 2-1　简易式灭火器

简易式灭火器的灭火剂充装量在 1000 g 以下，压力在 1.2 MPa 以下，具有质量轻、操作方便、一次性使用等特点。

2. 简易式灭火器的分类

简易式灭火器按充入的灭火剂类型可分为简易式水基型灭火器（水添加剂灭火器）、简易式干粉灭火器（轻便式干粉灭火器）、简易式氢氟烃类气体灭火器和简易式空气泡沫灭火器（轻便式空气泡沫灭火器）。

3. 简易式灭火器的选用

简易式灭火器适合家庭使用，简易式水基型灭火器和简易式干粉灭火器可以扑救液化石油气灶及钢瓶上角阀或煤气灶等处的初起火灾，也能扑救火锅起火和废纸篓等固体可燃物燃烧的火灾。

简易式空气泡沫灭火器适用于油锅、煤油炉、油灯和蜡烛等引起的初起火灾，也能对固体可燃物燃烧的火灾进行扑救。

4. 简易式灭火器的使用

使用简易式灭火器时，手握灭火器筒体上部，大拇指按住开启钮，用力按下即能喷射。在灭液化石油气灶或钢瓶上角阀等气体燃烧的初起火灾时，只要对准着火处喷射，火焰熄灭后即将灭火器关闭，以备复燃再用。

如果灭油锅火，则应对准火焰根部喷射，并左右晃动，直至将火扑灭。灭火后应立即关闭燃气开关，或将油锅移离加热炉，防止复燃。用简易式空气泡沫灭火器灭油锅火时，喷出的泡沫应对着锅壁，不能直接冲击油面，防止将油冲出油锅，扩大火势。

2.2 建筑灭火器配置

灭火器是由人操作的能在其自身内部压力作用下，将所充装的灭火剂喷出的实施灭火的器具。灭火器是一种轻便的灭火工具，其结构简单、操作方便、使用广泛，是扑救各类初起火灾的重要消防器材。规范合理地配置与正确使用灭火器，将在很大程度上减少初起火灾，保障人们的生命和财产安全。

扫一扫，看视频

2.2.1 灭火器的分类

2.2.1.1 按充装的灭火剂类型分类

1. 水基型灭火器

水基型灭火器是指内部充入的灭火剂是以水为基础的灭火器，一般由水、氟碳催渗剂、碳氢催渗剂、阻燃剂、稳定剂等多组分配合而成，以氮气（或二氧化碳）为驱动气体，是一种高效的灭火剂。常用的水基型灭火器有清水灭火器、水基型泡沫灭火器和水基型水雾灭火器三种。

2. 清水灭火器

清水灭火器指筒体中充装的是清洁的水，并以二氧化碳（或氮气）为驱动气体的灭火器。一般有 6 L 和 9 L 两种规格，灭火器容器内分别盛装有 6 L 和 9 L 的水。

清水灭火器主要用于扑救固体物质火灾，如木材、棉麻、纺织品等的初起火灾，但不适于扑救油类、电气、轻金属以及可燃气体火灾。清水灭火器的有效喷水时间为 1 min 左右，所以当灭火器中的水喷出时，应迅速将灭火器提起，将水流对准燃烧最猛烈处喷射；同时，清水灭火器在使用中应始终与地面保持大致垂直状态，不能颠倒或横卧，否则会影响水流的喷出。

3. 水基型泡沫灭火器

水基型泡沫灭火器内部装有水成膜泡沫灭火剂（AFFF）和氮气，当水成膜泡沫被喷射到烃类燃料表面时，泡沫立即沿着燃料表面向四周扩散，与此同时，由泡沫中析出的泡沫混合液在泡沫和燃料之间的界面处迅速形成一层水膜。通过泡沫和水膜的双重作用实现灭火。

水基型泡沫灭火器可扑救可燃固体和液体火灾，如汽油、煤油、柴油、苯、甲苯、二甲苯、植物油、动物油脂等的初起火灾，也可用于扑救固体物质火灾。水基型泡沫灭火器具有操作简单、灭火效率高、使用时不需要倒置、有效期长、抗复燃、双重灭火等优点，是木竹类、织物、纸张及油类物质的开发加工、储运等场所的消防必备品，并广泛应用于油田、油库、轮船、工厂、商店等场所。

4. 水基型水雾灭火器

水基型水雾灭火器是一种高科技环保型灭火器，在水中添加少量的有机物或无机物可以改进水的流动性能、分散性能、湿润性能和附着性能，进而提高水的灭火效率。它能在 3 s 内将一般火势熄灭，不复燃，并且具有将近千摄氏度的高温瞬间降至 30~40 ℃ 的功效。水基型水雾灭火器具有绿色环保（灭火后药剂可 100% 生物降解，不会对周围设备与空间造成污染）、高效阻燃、抗复燃性强、灭火速度快、渗透性强等特点。其主要适合配置在具有可燃性固体物质的场所，如商场、饭店、写字楼、学校、旅游场所、娱乐场所、纺织厂、橡胶厂、纸制品厂、煤矿厂，甚至家庭等。

5. 干粉灭火器

干粉灭火器是利用氮气作为驱动动力，将筒内的干粉喷出灭火的灭火器。干粉灭火器内充装的是干粉灭火剂。干粉灭火剂是用于灭火的干燥且易于流动的微细粉末，由具有灭火效能的无机盐和少量的添加剂经干燥、粉碎、混合而成的微细固体粉末组成。它是一种在消防中得到广泛应用的灭火剂，且主要用于灭火器中。

干粉灭火器是目前使用最普遍的灭火器。除扑救金属火灾的专用干粉化学灭火剂外，目前国内已经生产的产品有磷酸铵盐、碳酸氢钠、氯化钠、氯化钾干粉灭火剂等，即 BC 干粉灭火剂和 ABC 干粉灭火剂两大类。

干粉灭火器可扑灭一般可燃固体火灾，还可扑灭油、气等燃烧引起的火灾，主要用于扑救石油、有机溶剂等易燃液体、可燃气体和电气设备的初起火灾，广泛用于油田、油库、炼油厂、化工厂、化工仓库、船舶、飞机场以及工矿企业等。

6. 二氧化碳灭火器

二氧化碳灭火器的容器内充装的是二氧化碳气体，靠自身的压力驱动喷出进行灭火。二氧化碳是一种不燃烧的惰性气体。它在灭火时具有两大作用：一是窒息作用，当把二氧化碳释放到灭火空间时，由于二氧化碳的迅速汽化、稀释燃烧区的空气，使空气的氧气含量减少到低于维持物质燃烧时所需的极限含氧量时，物质就不会继续燃烧从而熄灭；二是冷却作用，当二氧化碳从瓶中释放出来，由于液体迅速膨胀为气体，会产生冷却效果，致使部分二氧化碳瞬间转变为固态的干冰，干冰迅速汽化的过程中要从周围环境中吸收大量的热量，从而达到灭火的效果。二氧化碳灭火器具有流动性好、喷射率高、不腐蚀容器和不易变质等优良性能，用来扑灭图书、档案、贵重设备、精密仪器、600 V 以下电气设备及油类的初起火灾。

7. 洁净气体灭火器

洁净气体灭火器是将洁净气体（如 IG541、七氟丙烷、三氟甲烷等）灭火剂直接加压充装在容器中，使用时，灭火剂从灭火器中排出形成气雾状射流射向燃烧物，当灭火剂与火焰接触时发生一系列物理化学反应，使燃烧中断，达到灭火目的。洁净气体灭火器适用于扑救可燃液体、可燃气体和可熔化的固体物质以及带电设备的初起火灾，可在图书馆、宾馆、档案室、商场以及各种公共场所使用。其中，IG541 灭火剂的成分为 50% 的氮气、40% 的二氧化碳和 10% 的惰性气体。洁净气体灭火器对环境无害，在自然中存留期短，灭火效率高且低毒，适用于有工作人员常驻的防护区，是卤代烷灭火器在现阶段较为理想的替代产品。

2.2.1.2　按驱动灭火剂的动力来源分类

1. 储气瓶式灭火器

储气瓶式灭火器是指灭火剂由灭火器的储气瓶释放的压缩气体或液化气体的压力驱动的灭火器。

2. 储压式灭火器

储压式灭火器是指灭火剂由储于灭火器同一容器内的压缩气体或灭火剂蒸气压力驱动的灭火器。

不同种类的灭火器，适用于不同物质的火灾，其结构和使用方法也各不相同。灭火器的种类较多，按其移动方式可分为手提式和推车式；按灭火类型可分为 A 类灭火器、B 类灭火器、C 类灭火器、D 类灭火器和 E 类灭火器等。

2.2.2　灭火器的规格型号

灭火器都有特定的型号与标识，由类、组、特征代号及主要参数组成。型号首位为灭火器本身代号，用 M 表示。型号第二位为 F——干粉灭火剂，T——二氧化碳灭火剂，Q——清水灭火剂。型号第三位是各类灭火器结构特征代号，有手提式 S、推车式 T、鸭嘴式 Y、舟车式 Z、背负式 B。型号最后用阿拉伯数字表示灭火剂质量或容积（kg 或 L）。例如，MFT50 表示 50 kg 推车式干粉灭火器。国家标准规定，灭火器型号应以汉语拼音大写字母和阿拉伯数字标于筒体。

2.2.3　灭火器的配件与构造

不同规格类型的灭火器不仅灭火机理不一样，其构造也根据其灭火机理与使用功能需要而有所不同，如手提式与推车式、储气瓶式与储压式的结构都有着明显差别。

2.2.3.1　灭火器配件

灭火器配件主要由灭火器筒体、阀门（俗称器头）、灭火剂、保险销、虹吸管、密封圈和压力指示器（二氧化碳灭火器除外）等组成。

为保障建筑灭火器的合理安装配置和安全使用，及时有效地扑救初起火灾，减少火灾危害，保护人身和财产安全，建筑物中配置的灭火器应定期检查、检测和维修。灭火器配件损坏、失灵的应予以及时维修更换，无法修复的应按照有关规定要求做出报废处理。《灭火器维修》（GA 95—2015）就灭火器维修条件、维修技术要求、维修期限和应予以报废的情形以及报废期限等都做了明确规定。如在规定的检修期到期检修或使用后再充装，灭火剂和密封圈必须更换。检修时发现筒体不合格，则整具灭火器应报废；其他配件不合格，须更换经国家认证的灭火器配件生产企业生产的配件。

2.2.3.2　灭火器构造

1. 手提式灭火器

手提式灭火器结构根据驱动气体的驱动方式可分为储压式、外置储气瓶式、内置储气瓶式三种形式。外置储气瓶式和内置储气瓶式主要应用于干粉灭火器，随着科技的发展，性能安全可靠的储压式干粉灭火器逐步取代了储气瓶式干粉灭火器。目前储气瓶式灭火器已经停止生产，市场上主要是储压式结构的灭火器，像 1211 灭火器、干粉灭火器、水基型灭火器等都是储压式结构，如图 2-2 所示。

手提储压式灭火器主要由筒体、器头阀门、喷（头）管、保险销、灭火剂、驱动气体（一般为氮气，与灭火剂一起密封在灭火器筒体内，额定压力一般为 1.2 ~ 1.5 MPa）、压力表以及铭牌等组成。在待用状态下，灭火器内驱动气体的压力通过压力表显示出来，以便判断灭火器是否失效。

使用手提式干粉灭火器时，应手提灭火器的提把或肩扛灭火器到火场。在距燃烧处 5 m 左右，放下灭火器，先拔出保险销，一只手握住开启压把，另一只手握在喷射软管

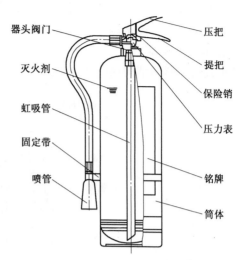

图 2-2　手提储压式灭火器结构

前端的喷嘴处。如灭火器无喷射软管，可一只手握住开启压把，另一只手扶住灭火器的底圈部分。先将喷嘴对准燃烧处，用力握紧开启压把，对准火焰根部扫射。在使用干粉灭火器灭火的过程中要注意，如果在室外，应尽量选择在上风方向。

手提式二氧化碳灭火器结构与手提储压式灭火器结构相似，只是充装压力较高而已，一般在 5.0 MPa 左右，二氧化碳既是灭火剂又是驱动气体。手提式二氧化碳灭火器的结构如图 2-3 所示。

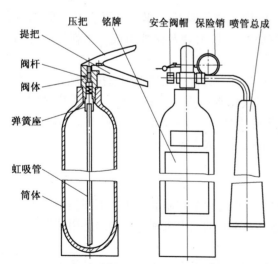

图 2-3　手提式二氧化碳灭火器的结构

手提式二氧化碳灭火器的结构与其他手提式灭火器的结构基本相似，只是二氧化碳灭火器的充装压力较大，取消了压力表，增加了安全阀。判断二氧化碳灭火器是否失效一般采用称重法。标准要求二氧化碳灭火器每年至少检查一次，低于额定充装量的 95% 就应进行检修。

灭火时只要将灭火器提到火场，在距燃烧物 5 m 左右时，放下灭火器，拔出保险销，一只手握住喇叭筒根部的手柄，另一只手紧握启闭阀的压把。对没有喷射软管的二氧化碳灭火器，应把喇叭筒往上扳 70° ~ 90°。灭火时，当可燃液体呈流淌状燃烧时，使用者将二氧化碳灭火剂的喷流由近而远向火焰喷射。如果可燃液体在容器内燃烧，使用者则应将喇叭筒提起。从容器的一侧上部向燃烧的容器中喷射。但不能将二氧化碳射流直接冲击可燃液面，以防止将可燃液体冲出容器而扩大火势，造成灭火困难。使用二氧化碳灭火器扑救电气火灾时，如果电压超过 600 V，应先断电后灭火。

注意： 使用二氧化碳灭火器时，在室外使用的，应选择在上风方向喷射，使用时宜佩戴

手套，不能直接用手抓住喇叭筒外壁或金属连接管，防止手被冻伤。在室内狭小空间使用的，灭火后操作者应迅速离开，以防窒息。

2. 推车式灭火器

推车式灭火器的结构如图2-4所示。

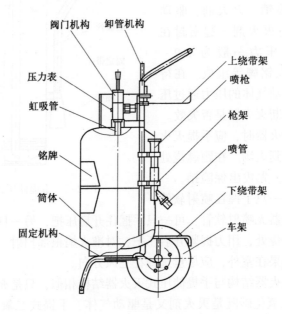

图 2-4　推车式灭火器的结构

推车式灭火器主要由灭火器筒体、阀门机构、喷管喷枪、车架、灭火剂、驱动气体（一般为氮气，与灭火剂一起密封在灭火器筒体内）、压力表及铭牌组成。铭牌的内容与手提式灭火器的铭牌内容基本相同。

推车式灭火器一般由两人配合操作，使用时两人一起将灭火器推到或拉到燃烧处，在离燃烧物10 m左右停下，一人快速取下喷枪（二氧化碳灭火器为喇叭筒）并展开喷射软管后，握住喷枪（二氧化碳灭火器为喇叭筒根部的手柄），另一人快速按逆时针方向旋动手轮，并开到最大位置。灭火方法和注意事项与手提式灭火器基本一致。

2.2.4　灭火器的灭火机理与适用范围

灭火的方法有冷却、窒息、隔离等物理方法，也有化学抑制的方法，不同类型的火灾需要有针对性的灭火方法。因此，各类灭火器也有着不同的灭火机理与各自的适用范围。

2.2.4.1　灭火器的灭火机理

灭火器的灭火机理是指灭火器在一定环境条件下实现灭火目的所采取的具体工作方式及其特定的规则和机理。以下仅就最为常用的干粉灭火器和二氧化碳灭火器为例加以说明。

1. 干粉灭火器

干粉灭火器灭火，一是靠干粉中的无机盐挥发性分解物，与燃烧过程中燃料所产生的自由基或活性基团发生化学抑制和副催化作用，使燃烧的链式反应中断而灭火；二是靠干粉的粉末落在可燃物表面外，发生化学反应，并在高温作用下形成一层玻璃状覆盖层，从而隔绝氧气，进而窒息灭火。另外，还有部分稀氧和冷却作用。

2. 二氧化碳灭火器

二氧化碳价格低廉，获取、制备容易。二氧化碳主要依靠窒息作用和部分冷却作用灭火。二氧化碳具有较高的密度，约为空气的 1.5 倍。在常压下，液态的二氧化碳会立即汽化，一般 1 kg 的液态二氧化碳可产生约 0.5 m^3 的气体。因而灭火时，二氧化碳气体可降低可燃物周围和防护空间内的氧浓度，产生窒息作用而灭火。另外，二氧化碳从储存容器中喷出时，会由液体迅速汽化成气体，而从周围吸收热量，起到冷却作用。

2.2.4.2 灭火器的适用范围

国家标准《火灾分类》（GB/T 4968—2008）根据可燃物的类型和燃烧特性将火灾分为六类，各种类型的火灾所适用的灭火器依据灭火剂的性质应有所不同。

1. A 类火灾

水基型（水雾、泡沫）灭火器、ABC 类干粉灭火器，都能有效扑救 A 类火灾（固体物质火灾）。

2. B 类火灾

B 类火灾（液体或可熔化的固体物质火灾）发生时，可使用水基型（水雾、泡沫）灭火器、BC 类或 ABC 类干粉灭火器、洁净气体灭火器进行扑救。

3. C 类火灾

当 C 类火灾（气体火灾）发生时，可使用干粉灭火器、水基型（水雾）灭火器、洁净气体灭火器、二氧化碳灭火器进行扑救。

4. D 类火灾

D 类火灾（金属火灾）发生时可用 7150 灭火剂（俗称液态三甲基硼氧六环，这类灭火器我国目前没有现成的产品，它是特种灭火剂，适用于扑救 D 类火灾，其主要化学成分为偏硼酸三甲酯），也可用干沙、土或铸铁屑粉末代替进行灭火。在扑救此类火灾的过程中要注意必须有专业人员指导，以避免在灭火过程中不合理地使用灭火剂，而适得其反。

5. E 类火灾

E 类火灾（带电火灾）发生时，最好使用二氧化碳灭火器或洁净气体灭火器进行扑救。如果没有，也可以使用干粉灭火器、水基型（水雾）灭火器扑救。应注意的是，使用二氧化碳灭火器扑救电气火灾时，为了防止短路或触电不得选用装有金属喇叭筒的二氧化碳灭火器；如果电压超过 600 V，应先断电后灭火（600 V 以上电压可能会击穿二氧化碳，使其导电，危害人身安全）。

6. F 类火灾

F 类火灾（烹饪器具内的烹饪物火灾）通常发生在家庭或饭店。当烹饪器具内的烹饪物如动植物油脂发生火灾时，由于二氧化碳灭火器对 F 类火灾只能暂时扑灭，容易复燃，一般可选用 BC 类干粉灭火器（试验表明，ABC 类干粉灭火器对 F 类火灾灭火效果不佳）、水基型（水雾、泡沫）灭火器进行扑救。

2.2.5 灭火器配置场所的危险等级

1. 工业建筑

工业建筑灭火器配置场所的危险等级，应根据其生产、使用、储存物品的火灾危险性、可燃物数量、火灾蔓延速度、扑救难易程度等因素，划分为以下三级。

（1）严重危险级：火灾危险性大，可燃物多，起火后蔓延迅速，扑救困难，容易造成重大财产损失的场所。

（2）中危险级：火灾危险性较大，可燃物较多，起火后蔓延较迅速，扑救较难的场所。

（3）轻危险级：火灾危险性较小，可燃物较少，起火后蔓延较缓慢，扑救较易的场所。

工业建筑场所内生产、使用和储存可燃物的火灾危险性是划分危险等级的主要因素。按照现行国家标准《建筑设计防火规范（2018 年版）》（GB 50016—2014）对厂房和库房中的可燃物的火灾危险性分类来划分工业建筑场所的危险等级。以上规定可简要地概括为表 2-1。

表 2-1　配置场所与危险等级对应关系

配置场所	严重危险级	中危险级	轻危险级
厂房	甲、乙类物品生产场所	丙类物品生产场所	丁、戊类物品生产场所
库房	甲、乙类物品储存场所	丙类物品储存场所	丁、戊类物品储存场所

工业建筑灭火器配置场所的危险等级举例见表 2-2。

表 2-2　工业建筑灭火器配置场所的危险等级举例

危险等级	举例	
	厂房和露天、半露天生产装置区	库房和露天、半露天堆场
严重危险级	闪点<60 ℃的油品和有机溶剂的提炼、回收、洗涤部位及其泵房、灌桶间	化学危险物品库房
	橡胶制品的涂胶和胶浆部位	装卸原油或化学危险物品的车站、码头
	二硫化碳的粗馏、精馏工段及其应用部位	甲、乙类液体储罐区、桶装库房、堆场
	甲醇、乙醇、丙酮、丁酮、异丙醇、醋酸乙酯、苯等的合成、精制厂房	液化石油气储罐区、桶装库房、堆场
	植物油加工厂的浸出厂房	棉花库房及散装堆场
	洗涤剂厂房石蜡裂解部位、冰醋酸裂解厂房	稻草、芦苇、麦秸等堆场
	环氧氢丙烷、苯乙烯厂房或装置区	赛璐珞及其制品、漆布、油布、油纸及其制品、油绸及其制品库房
	液化石油气灌瓶间	酒精度为60°以上的白酒库房
	天然气、石油伴生气、水煤气或焦炉煤气的净化（如脱硫）厂房压缩机室及鼓风机室	
	乙炔站、氢气站、煤气站、氧气站	
	硝化棉、赛璐珞厂房及其应用部位	
	黄磷、赤磷制备厂房及其应用部位	
	樟脑或松香提炼厂房，焦化厂精萘厂房	
	煤粉厂房和面粉厂房的碾磨部位	

（续）

危险等级	举例	
	厂房和露天、半露天生产装置区	库房和露天、半露天堆场
严重危险级	谷物筒仓工作塔、亚麻厂的除尘器和过滤器室	
	氯酸钾厂房及其应用部位	
	发烟硫酸或发烟硝酸浓缩部位	
	高锰酸钾、重铬酸钠厂房	
	过氧化钠、过氧化钾、次氯酸钙厂房	
	各工厂的总控制室、分控制室	
	国家和省级重点工程的施工现场	
	发电厂（站）和电网经营企业的控制室、设备间	
中危险级	闪点≥60 ℃的油品和有机溶剂的提炼、回收工段及其抽送泵房	丙类液体储罐区、桶装库房、堆场
	柴油、机器油或变压器油灌桶间	化学、人造纤维及其织物和棉、毛、丝、麻及其织物的库房、堆场
	润滑油再生部位或沥青加工厂房	纸、竹、木及其制品的库房、堆场
	植物油加工精炼部位	火柴、香烟、糖、茶叶库房
	油浸变压器室和高、低压配电室	中药材库房
	工业用燃油、燃气锅炉房	橡胶、塑料及其制品的库房
	各种电缆廊道	粮食、食品库房、堆场
	油淬火处理车间	计算机、电视机、收录机等电子产品及家用电器库房
	橡胶制品压延、成型和硫化厂房	汽车、大型拖拉机停车库
	木工厂房和竹、藤加工厂房	酒精度小于60°的白酒库房
	针织品厂房和纺织、印染、化纤生产的干燥部位	低温冷库
	服装加工厂房、印染厂成品厂房	
	麻纺厂粗加工厂房、毛涤厂选毛厂房	
	谷物加工厂房	
	卷烟厂的切丝、卷制、包装厂房	
	印刷厂的印刷厂房	
	电视机、收录机装配厂房	
	显像管厂装配工段烧枪间	
	磁带装配厂房	
	泡沫塑料厂的发泡、成型、印片、压花部位	
	饲料加工厂房	
	地市级及以下的重点工程的施工现场	

（续）

危险等级	举例	
	厂房和露天、半露天生产装置区	库房和露天、半露天堆场
轻危险级	金属冶炼、铸造、铆焊、热轧、锻造、热处理厂房	钢材库房、堆场
	玻璃原料熔化厂房	水泥库房、堆场
	陶瓷制品的烘干、烧成厂房	搪瓷、陶瓷制品库房、堆场
	酚醛泡沫塑料的加工厂房	难燃烧或非燃烧的建筑装饰材料库房、堆场
	印染厂的漂炼部位	原木库房、堆场
	化纤厂后加工润湿部位	丁、戊类液体储罐区与桶装库房、堆场
	造纸厂或化纤厂的浆粕蒸煮工段	
	仪表、器械或车辆装配车间	
	不燃液体的泵房和阀门室	
	金属（镁合金除外）冷加工车间	
	氟利昂厂房	

2. 民用建筑

民用建筑灭火器配置场所的危险等级，应根据其使用性质、人员密集程度、用电用火情况、可燃物数量、火灾蔓延速度、扑救难易程度等因素，划分为以下三级。

（1）严重危险级：使用性质重要，人员密集，用电用火多，可燃物多，起火后蔓延迅速，扑救困难，容易造成重大财产损失或人员群死群伤的场所。

（2）中危险级：使用性质较重要，人员较密集，用电用火较多，可燃物较多，起火后蔓延较迅速，扑救较难的场所。

（3）轻危险级：使用性质一般，人员不密集，用电用火较少，可燃物较少，起火后蔓延较缓慢，扑救较易的场所。

以上规定可简要地概括为表2-3。

表2-3　危险因素与危险等级对应关系

危险等级	使用性质	人员密集度	用电用火设备	可燃物数量	火灾蔓延速度	扑救难度
严重危险级	重要	密集	多	多	迅速	困难
中危险级	较重要	较密集	较多	较多	较迅速	较难
轻危险级	一般	不密集	较少	较少	较缓慢	较易

民用建筑灭火器配置场所的危险等级举例见表2-4。

表2-4　民用建筑灭火器配置场所的危险等级举例

危险等级	举例
严重危险级	县级及以上的文物保护单位、档案馆、博物馆的库房、展览室、阅览室
	设备贵重或可燃物多的实验室

（续）

危险等级	举 例
严重危险级	广播电台、电视台的演播室、道具间和发射塔楼
	专用计算机房
	城镇及以上的邮政信函和包裹分拣房、邮袋库、通信枢纽及其电信机房
	客房数在 50 间以上的旅馆、饭店的公共活动用房、多功能厅、厨房
	体育场（馆）、电影院、剧院、会堂、礼堂的舞台及后台部位
	住院床位在 50 张及以上的医院的手术室、理疗室、透视室、心电图室、药房、住院部、门诊部、病历室
	建筑面积在 2000 m² 及以上的图书馆、展览馆的珍藏室、阅览室、书库、展览厅
	民用机场的候机厅、安检厅及空管中心、雷达机房
	超高层建筑和一类高层建筑的写字楼、公寓楼
	电影、电视摄影棚
	建筑面积在 1000 m² 及以上的经营易燃易爆化学物品的商场、商店的库房及铺面
	建筑面积在 200 m² 及以上的公共娱乐场所
	老人住宿床位在 50 张及以上的养老院
	幼儿住宿床位在 50 张及以上的托儿所、幼儿园
	学生住宿床位在 100 张及以上的学校集体宿舍
	县级及以上的党政机关办公大楼的会议室
	建筑面积在 500 m² 及以上的车站和码头的候车（船）室、行李房
	城市地下铁道、地下观光隧道
	汽车加油站、加气站
	机动车交易市场（包括旧机动车交易市场）及其展销厅
	民用液化气、天然气灌装站、换瓶站、调压站
中危险级	县级以下的文物保护单位、档案馆、博物馆的库房、展览室、阅览室
	一般的实验室
	广播电台、电视台的会议室、资料室
	设有集中空调、计算机、复印机等设备的办公室
	城镇以下的邮政信函和包裹分拣房、邮袋库、通信枢纽及其电信机房
	客房数在 50 间以下的旅馆、饭店的公共活动用房、多功能厅、厨房
	体育场（馆）、电影院、剧院、会堂、礼堂的观众厅
	住院床位在 50 张以下的医院的手术室、理疗室、透视室、心电图室、药房、住院部、门诊部、病历室
	建筑面积在 2000 m² 以下的图书馆、展览馆的珍藏室、阅览室、书库、展览厅
	民用机场的检票厅、行李厅
	二类高层建筑的写字楼、公寓楼
	高级住宅、别墅
	建筑面积在 1000 m² 以下的经营易燃易爆化学物品的商场、商店的库房及铺面
	建筑面积在 200 m² 以下的公共娱乐场所

（续）

危险等级	举 例
中危险级	老人住宿床位在 50 张以下的养老院
	幼儿住宿床位在 50 张以下的托儿所、幼儿园
	学生住宿床位在 100 张以下的学校集体宿舍
	县级以下的党政机关办公大楼的会议室
	学校教室、教研室
	建筑面积在 500 m² 以下的车站和码头的候车（船）室、行李房
	百货楼、超市、综合商场的库房、铺面
	民用燃油、燃气锅炉房
	民用的油浸变压器室和高、低压配电室
轻危险级	日常用品小卖部及经营难燃烧或非燃烧的建筑装饰材料商店
	未设集中空调、计算机、复印机等设备的普通办公室
	旅馆、饭店的客房
	普通住宅
	各类建筑物中以难燃烧或非燃烧的建筑构件分隔的并主要存储难燃烧或非燃烧材料的辅助房间

2.2.6 灭火器的配置要求

为了合理配置建筑灭火器（以下可简称灭火器），有效地扑救工业建筑与民用建筑初起火灾，减少火灾损失，保护人身和财产的安全，国家制定了《建筑灭火器配置设计规范》（GB 50140—2005），对灭火器的类型选择、设置和配置设计等做出了明确的规定。

2.2.6.1 灭火器的基本参数

灭火器的基本参数主要反映在灭火器的铭牌上。依据《手提式灭火器 第 1 部分：性能和结构要求》（GB 4351.1—2005）的规定，灭火器应有铭牌贴在筒体上或印刷在筒体上，并应包括下列内容。

（1）灭火器的名称、型号和灭火剂的种类。

（2）灭火器灭火级别和灭火种类。

（3）灭火器使用温度范围。

（4）灭火器驱动气体名称和数量或压力。

（5）灭火器水压试验压力（应用钢印打在灭火器不受内压的底圈或颈圈等处）。

（6）灭火器认证等标志。

（7）灭火器生产连续序号（可印刷在铭牌上，也可用钢印打在不受内压的底圈上）。

（8）灭火器生产年份。

（9）灭火器制造厂名称或代号。

（10）灭火器的使用方法，包括一个或多个图形说明和灭火种类代码。该说明和代码应在铭牌的明显位置，在筒体上不应超过 120° 弧度。

（11）再充装说明和日常维护说明。

其中，灭火器的灭火级别，表示灭火器能够扑灭不同种类火灾的效能，由灭火效能的数字和灭火种类的字母组成，如 MF/ABC1 灭火器对 A 类、B 类火灾的灭火级别分别为 1A 和 21B。对于建设工程灭火器配置，灭火器的灭火类别和灭火级别是主要参数。

2.2.6.2　灭火器的选择

灭火器的选择应考虑下列因素。

（1）灭火器配置场所的火灾种类。

（2）灭火器配置场所的危险等级。

（3）灭火器的灭火效能和通用性。

（4）灭火剂对保护物品的污损程度。

（5）灭火器设置点的环境温度。

（6）使用灭火器人员的体能。

在同一灭火器配置场所，宜选用相同类型和操作方法的灭火器。当同一灭火器配置场所存在不同火灾种类时，应选用通用型灭火器。在同一灭火器配置场所，当选用两种或两种以上类型灭火器时，应采用灭火剂相容的灭火器。

2.2.6.3　灭火器的设置

（1）灭火器应设置在位置明显和便于取用的地点，且不得影响安全疏散。

（2）对有视线障碍的灭火器设置点，应设置指示其位置的发光标志。

（3）灭火器的摆放应稳固，其铭牌应朝外。手提式灭火器宜设置在灭火器箱内或挂钩、托架上，其顶部离地面高度不应大于 1.5 m；底部离地面高度不宜小于 0.08 m。灭火器箱不得上锁。

（4）灭火器不宜设置在潮湿或强腐蚀性的地点。当必须设置时，应有相应的保护措施。灭火器设置在室外时，应有相应的保护措施。

（5）灭火器不得设置在超出其使用温度范围的地点。

2.2.6.4　灭火器配置的设计计算

灭火器配置的设计计算可按下述程序进行。

1. 确定各灭火器配置场所的火灾种类和危险等级

灭火器配置场所是指存在可燃的气体、液体、固体等物质，需要配置灭火器的场所。例如，油漆间、配电间、仪表控制室、办公室、实验室、库房、舞台、堆垛等。灭火器配置场所的危险等级根据表 2-1 至表 2-4 选取。

2. 划分计算单元，计算各计算单元的保护面积

计算单元是指灭火器配置的计算区域。

灭火器配置设计的计算单元应按下列规定划分。

（1）当一个楼层或一个水平防火分区内各场所的危险等级和火灾种类相同时，可将其作为一个计算单元。

（2）当一个楼层或一个水平防火分区内各场所的危险等级和火灾种类不相同时，应将其分别作为不同的计算单元。

（3）同一计算单元不得跨越防火分区和楼层。

计算单元保护面积的确定应符合下列规定。

（1）建筑物应按其建筑面积确定。

（2）可燃物露天堆场，甲、乙、丙类液体储罐区，可燃气体储罐区应按堆垛、储罐的

占地面积确定。

3. 计算各计算单元的最小需配灭火级别

计算单元的最小需配灭火级别应按式（2-1）计算：

$$Q = K \frac{S}{U} \tag{2-1}$$

式中　Q——计算单元的最小需配灭火级别，A 或 B；

　　　S——计算单元的保护面积，m^2；

　　　U——A 类或 B 类火灾场所单位灭火级别最大保护面积，m^2/A 或 m^2/B；

　　　K——修正系数。

火灾场所单位灭火级别最大保护面积依据火灾危险等级和火灾种类从表 2-5 和表 2-6 中选取。

表 2-5　A 类火灾场所灭火器的最低配置基准

危　险　等　级	严重危险级	中危险级	轻危险级
单具灭火器最小配置灭火级别	3A	2A	1A
单位灭火级别最大保护面积/（m^2/A）	50	75	100

表 2-6　B 类、C 类火灾场所灭火器的最低配置基准

危　险　等　级	严重危险级	中危险级	轻危险级
单具灭火器最小配置灭火级别	89B	55B	21B
单位灭火级别最大保护面积/（m^2/B）	0.5	1.0	1.5

注：D 类火灾场所的灭火器最低配置基准应根据金属的种类、物态及其特性等研究确定。
　　E 类火灾场所的灭火器最低配置基准不应低于该场所内 A 类（或 B 类）火灾的规定。

修正系数应按表 2-7 的规定取值。

表 2-7　修正系数

计　算　单　元	K
未设室内消火栓系统和灭火系统	1.0
设有室内消火栓系统	0.9
设有灭火系统	0.7
设有室内消火栓系统和灭火系统	0.5
可燃物露天堆场，甲、乙、丙类液体储罐区，可燃气体储罐区	0.3

注：歌舞、娱乐、放映、游艺场所、网吧、商场、寺庙以及地下场所等的计算单元的最小需配灭火级别应在式（2-1）的基础上增加 30%。

4. 确定各计算单元中的灭火器设置点的位置和数量

每个灭火器设置点实配灭火器的灭火级别和数量不得小于最小需配灭火级别和数量的计算值。灭火器设置点的位置和数量应根据灭火器的最大保护距离确定，并应保证最不利点处至少在 1 具灭火器的保护范围内。计算单元中的灭火器设置点数依据火灾的危险等级、灭火器类型按不大于表 2-8 和表 2-9 规定的最大保护距离合理设置。

表 2-8 A 类火灾场所的灭火器最大保护距离　　　（单位：m）

危险等级	手提式灭火器	推车式灭火器
严重危险级	15	30
中危险级	20	40
轻危险级	25	50

表 2-9 B、C 类火灾场所的灭火器最大保护距离　　　（单位：m）

危险等级	手提式灭火器	推车式灭火器
严重危险级	9	18
中危险级	12	24
轻危险级	15	30

注：D 类火灾场所的灭火器，其最大保护距离应根据具体情况研究确定。

E 类火灾场所的灭火器，其最大保护距离不应低于该场所内 A 类或 B 类火灾的规定。

5. 计算每个灭火器设置点的最小需配灭火级别

计算单元中每个灭火器设置点的最小需配灭火级别应按式（2-2）计算：

$$Q_e = \frac{Q}{N} \tag{2-2}$$

式中　　Q_e——计算单元中每个灭火器设置点的最小需配灭火级别，A 或 B；

　　　　N——计算单元中的灭火器设置点数，个。

6. 确定每个设置点灭火器的类型、规格与数量

灭火器的类型与规格根据火灾种类和火灾危险等级选择（参照表 2-1 和表 2-2）。

每个设置点灭火器的数量：

$$n = \frac{Q_e}{U_1} \tag{2-3}$$

式中　　n——每个设置点灭火器的数量；

　　　　U_1——单具灭火器最小配置灭火级别。

每个设置点灭火器的设置必须遵循以下原则。

（1）一个计算单元内配置的灭火器数量不得少于 2 具。

（2）每个设置点的灭火器数量不宜多于 5 具。

（3）当住宅楼每层的公共部位建筑面积超过 100 m² 时，应配置 1 具 1A 的手提式灭火器；每增加 100 m² 时，增配 1 具 1A 的手提式灭火器。

7. 确定每具灭火器的设置方式和要求

在工程设计图上用灭火器图例和文字标明灭火器的型号、数量与设置位置。

以下面案例来分析灭火器的配置设计计算。

例 2-1　某重要专用计算机控制机房，房间建筑占地尺寸为长 35 m，宽 15 m。有 3 个灭火器设置点。虽有火灾自动报警系统，但未设消火栓及其他灭火系统，试进行灭火器配置设计。

解：（1）确定各灭火器配置场所的火灾种类和危险等级。案例中配置场所预期火灾类别为 E 类（参考 A 类计算处理），火灾危险程度为严重危险级（见表 2-4）。

（2）划分计算单元，计算各计算单元的保护面积。案例中机房可作为一个计算单元，单元保护面积为

$$S = 35 \times 15 = 525(\mathrm{m}^2)$$

（3）计算各计算单元的最小需配灭火级别：

$$Q = K\frac{S}{U} = 1 \times \frac{525}{50} = 10.5(\mathrm{A})$$

（4）确定各计算单元中的灭火器设置点的位置和数量。案例中有 3 个灭火器设置点。根据 A 类火灾场所严重危险级的手提式灭火器最大保护距离为 15 m，能够满足最不利点处至少在 1 具灭火器的保护范围内。

（5）计算每个灭火器设置点的最小需配灭火级别：

$$Q_{\mathrm{e}} = \frac{Q}{N} = \frac{10.5}{3} = 3.5(\mathrm{A})$$

（6）确定每个设置点灭火器的类型、规格与数量。选择 3A 的 ABC 干粉灭火器时，每个设置点灭火器数量为

$$n = \frac{Q_{\mathrm{e}}}{U_1} = \frac{3.5}{3} = 1.17 \approx 2(\text{具})$$

（7）确定每具灭火器的设置方式和要求（略）。

（8）在工程设计图上用灭火器图例和文字标明灭火器的型号、数量与设置位置（略）。

思考：该案例能否使用其他类型灭火器？如果可以，试进行配置计算。

习题与思考

2-1 简述简易灭火器的种类及其使用。

2-2 按照充装灭火剂的不同，灭火器可分为哪几种类型？

2-3 干粉灭火器的灭火机理是什么？

2-4 各种类型的火灾所适用的灭火器有哪些？

2-5 某一类高层商住楼地上 30 层、地下 2 层，总建筑面积 85 694.81 m²。B1 层至 F4 层为商场（建筑面积 37 275.01 m²），F5 层及以上为普通住宅，B2 层为汽车库。该商住楼设有室内外消火栓系统、自动喷水灭火系统、火灾自动报警系统，试进行灭火器配置。

本章相关国标

第 *3* 章

建筑灭火系统

　　建筑灭火系统是指依照国家、行业或者地方消防技术标准的要求，在建筑物、构筑物中设置的用于火灾报警、给水、灭火等防范和扑救建筑火灾的设施的总称。建筑灭火系统的设计、安装应以国家有关消防法律、法规和技术规范为依据，应严谨合理地设计每个系统的参数，尽量确保建筑灭火系统安全可靠地运行，保障人们的生命和财产安全。

　　通过本章的学习，应掌握消防给水系统、消火栓给水系统和建筑内主要自动灭火系统的工作原理、组成、设置要求和设计要求。

3.1　消防给水系统

3.1.1　消防给水系统的工作原理与组成

扫一扫，看视频

　　消防给水系统主要由消防水源（市政管网、水池、水箱）、供水设施设备［消防水泵、消防增（稳）压设施、水泵接合器］和给水管网（阀门）等构成。

　　消防给水系统的分类见表 3-1。

表 3-1　消防给水系统的分类

分类方式	系统名称	特　点
按水压分	高压消防给水系统	在消防给水系统管网中，最不利点处消防用水点的水压和流量平时能满足灭火时的需要，系统中不设消防泵和消防转输泵的消防给水系统
	临时高压消防给水系统	在消防给水系统管网中，平时最不利点处消防用水点的水压和流量不能满足灭火时的需要。在灭火时启动消防泵，使管网中最不利点处消防用水点的水压和流量达到灭火的要求
	低压消防给水系统	在消防给水系统管网中，平时最不利点处消防用水点的水压和流量不能满足灭火时的需要。在灭火时靠消防车的消防泵来加压，以满足最不利点处消防用水点的水压和流量达到灭火的要求
	稳高压消防给水系统	在消防给水系统管网中，平时由稳压设施保证系统中最不利点处消防用水点的水压以满足灭火时的需要，系统中设有消防泵的消防给水系统。在灭火时，由压力联动装置启动消防泵，使管网中最不利点处消防用水的水压和流量达到灭火的要求

（续）

分类方式	系统名称	特 点
按范围分	独立消防给水系统	在一栋建筑内消防给水系统自成体系、独立工作的系统
	区域（集中）消防给水系统	两栋及两栋以上的建筑共用消防给水系统
按用途分	专用消防给水系统	消防给水管网与生活、生产给水系统互不关联，各成独立系统的消防给水系统
	生活、消防共用给水系统	生活给水管网与消防给水管网共用
	生产、消防共用给水系统	生产给水管网与消防给水管网共用
	生活、生产、消防共用给水系统	大中型城镇、开发区的给水系统均为生活、生产和消防共用系统，较经济和安全可靠
按位置分	室外消防给水系统	由进水管、室外消防给水管网、室外消火栓等构成，在建筑物外部进行灭火并向室内消防给水系统供水的消防给水系统
	室内消防给水系统	由引入管、室内消防给水管网、室内消火栓、水泵接合器、消防水箱等构成，在建筑物内部进行灭火的消防给水系统
按灭火方式分	消火栓灭火系统	以消火栓、水带、水枪等灭火设施构成的灭火系统
	自动喷水灭火系统	以自动喷水灭火系统的喷头等灭火设施构成的灭火系统
按管网形式分	环状管网消防给水系统	消防给水管网构成闭合环形，双向供水
	枝状管网消防给水系统	消防给水管网似树枝状，单向供水

注：在稳高压消防给水系统的分类上国内存在着不同的争议，特别是稳高压消防给水系统是否可以单列。有观念认为它划分在临时高压消防给水系统中，但国家的电力、石化消防设计规范将其定义为独立的消防给水系统。

消防给水设施包括消防水泵、消防供水管道、消防水泵接合器、增（稳）压设备、消防水池和消防水箱等。

3.1.2 消防水泵

消防水泵通过叶轮的旋转将能量传递给水，从而增加水的动能、压力能，并将其输送到灭火设备处，以满足各种灭火设备的水量、水压要求，它是消防给水系统的心脏。目前，消防给水系统中使用的水泵多为离心泵，因为该类水泵具有适应范围广、型号多、供水连续、可随意调节流量等优点。

这里的消防水泵主要是指水灭火系统中的消防给水泵，如消火栓泵、喷淋系统、消防转输泵等。

3.1.2.1 设置要求

消防水泵是指在消防给水系统中（包括消火栓系统、喷淋系统和水幕系统等）用于保证系统给水压力和水量的给水泵。消防转输泵是指在串联消防给水系统和重力消防给水系统中，用于提升水源至中间水箱或消防高位水箱的给水泵。

在临时高压消防给水系统、稳高压消防给水系统中均需设置消防水泵。在串联消防给水系统和重力消防给水系统中，除需设置消防水泵外，还需设置消防转输泵。消火栓给水系统与自动喷水灭火系统宜分别设置消防泵。

设置消防水泵和消防转输泵时均应设置备用泵。备用泵的工作能力不应小于最大一台消防工作泵的工作能力。自动喷水灭火系统可按"用一备一"或"用二备一"的比例设置备用泵。

下列情况下可不设备用泵：

（1）工厂、仓库、堆场和储罐的室外消防用水量小于或等于 25 L/s 时。

（2）建筑的室内消防用水量小于或等于 10 L/s 时。

3.1.2.2　消防水泵的选用

当消防水泵采用离心泵时，泵的形式宜根据流量、扬程、气蚀余量、功率和效率、转速、噪声，以及安装场所的环境要求等因素综合确定。

消防水泵的选择和应用应符合下列规定：

（1）消防水泵的性能应满足消防给水系统所需流量和压力的要求。

（2）消防水泵所配驱动器的功率应满足所选水泵流量扬程性能曲线上任何一点运行所需功率的要求。

（3）当采用电动机驱动的消防水泵时，应选择电动机干式安装的消防水泵。

（4）流量扬程性能曲线应为无驼峰、无拐点的光滑曲线，零流量时的压力不应大于设计工作压力的 140%，且宜大于设计工作压力的 120%。

（5）当出流量为设计流量的 150% 时，其出口压力不应低于设计工作压力的 65%。

（6）泵轴的密封方式和材料应满足消防水泵在低流量时运转的要求。

（7）消防给水同一泵组的消防水泵型号宜一致，且工作泵不宜超过 3 台。

（8）多台消防水泵并联时，应校核流量叠加对消防水泵出口压力的影响。

3.1.2.3　消防水泵的串联和并联

消防水泵的串联是将一台泵的出水口与另一台泵的吸水管直接连接且两台泵同时运行。消防水泵的串联在流量不变时可增加扬程。故当单台消防水泵的扬程不能满足最不利点处喷头的水压要求时，系统可采用串联消防给水系统。消防水泵的串联宜采用相同型号、相同规格的消防水泵。在控制上，应先开启前面的消防水泵，后开启后面（按水流方向）的消防水泵。在有条件的情况下，应尽量选用多级泵。

消防水泵的并联是指由两台或两台以上的消防水泵同时向消防给水系统供水。消防水泵并联的作用主要在于增大流量，但在流量叠加时，系统的流量会有所下降，选泵时应考虑这种因素。也就是说，并联工作的总流量增加了，但单台消防水泵的流量却有所下降，故应适当加大单台消防水泵的流量。并联时也宜选用相同型号和规格的消防水泵，以使消防水泵的出水压力相等、工作状态稳定。

3.1.2.4　消防水泵的吸水

根据离心泵的特性，水泵启动时其叶轮必须浸没在水中。为保证消防水泵及时、可靠地启动，吸水管宜采用自灌式吸水，如图 3-1（a）所示，即泵轴的高程要低于水源的最低可用水位。在自灌式吸水时，吸水管上应装设阀门，以便于检修。

3.1.2.5　消防水泵管路的布置要求

1. 消防水泵吸水管的布置要求

消防水泵吸水管应保证不漏气，且在布置时应注意以下几点。

（1）水泵宜采用自灌式吸水。

1）消防水泵从市政管网直接抽水时，应在消防水泵出水管上设置有空气隔断的倒流防止器。

2）当吸水口处无吸水井时，吸水口处应设置旋流防止器，如图3-1（b)所示。

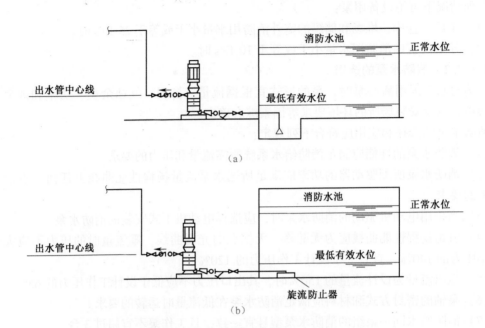

图3-1　立式消防水泵吸水示意图

（2）一组消防水泵，吸水管不应少于两条，当其中一条损坏检修时，其余吸水管应仍能通过全部消防给水设计流量；消防水泵吸水管布置应避免形成气囊。

（3）一组消防水泵应设不少于两条的输水干管与消防给水环状管网连接，当其中一条输水管检修时，其余输水管应仍能供应全部消防给水设计流量。

（4）消防水泵吸水口的淹没深度应满足消防水泵在最低水位运行安全的要求，吸水管喇叭口在消防水池最低有效水位下的淹没深度应根据吸水管喇叭口的水流速度和水力条件确定，但不应小于600 mm，当采用旋流防止器时，淹没深度不应小于200 mm。

（5）消防水泵吸水管的直径小于DN250时，其流速宜为1.0~1.2 m/s；直径大于DN250时，其流速宜为1.2~1.6 m/s。

2. 消防水泵出水管的布置

消防水泵出水管路应能承受一定的压力，保证不漏水，布置上应注意以下几点。

（1）每台消防水泵应设独立的出水管，且应设不少于两条出水管与供水管或室内环状管网相连接，当其中一条出水管关闭时，其余的出水管应能供应全部用水量。

（2）消防水泵的出水管上应设止回阀、明杆闸阀；当采用蝶阀时，应带有自锁装置；当管径大于DN300时，宜设置电动阀门。

（3）每台消防水泵出水管上应设置DN65的试水管，并应采取排水措施。

（4）消防水泵出水管的直径小于DN250时，其流速宜为1.5~2.0 m/s；直径大于DN250时，其流速宜为2.0~2.5 m/s。

消防水泵应保证在火警后30 s内启动。

消防水泵与动力机械应直接连接。

3.1.3　消防供水管道

1. 室外消防给水管道

（1）室外消防给水管道应布置成环状，当室外消防用水量小于或等于 15 L/s 时，可布置成枝状。

（2）向环状管网输水的进水管不应少于两条，当其中一条发生故障时，其余的进水管应能满足消防用水总量的供给要求。

（3）环状管道应采用阀门分成若干独立段，每段内室外消火栓的数量不宜超过 5 个。

（4）室外消防给水管道的直径不应小于 DN100，有条件的应不小于 DN150。

2. 室内消防给水管道

室内消防给水管道是室内消火栓给水系统的重要组成部分，为确保供水安全可靠，其在布置时应满足以下要求。

（1）单层、多层建筑消防用水与其他用水合用的室内管道，当其他用水达到最大小时流量时，应仍能保证供应全部消防用水量；高层民用建筑室内消防给水系统管道应与生活、生产给水系统分开独立设置。

（2）除有特殊规定外，建筑物的室内消防给水管道应布置成环状，且至少应有两条进水管与室外环状管网相连接，当其中的一条进水管发生故障时，其余的进水管应仍能供应全部消防用水量。

（3）室内消防给水管道应采用阀门分成若干独立段。单层厂房（仓库）和公共建筑内阀门的布置，应保证管道检修时停止使用的消火栓不超过 5 个。多层民用建筑和其他厂房（仓库）内阀门的布置，应保证管道检修时关闭的消防给水竖管不超过 1 根，但在设置的消防给水竖管超过 3 根时，可关闭其中 2 根。高层建筑内阀门的布置，应保证管道检修时关闭的消防给水竖管不超过 1 根，但当高层民用建筑内的消防给水竖管超过 4 根时，可关闭不相邻的 2 根。阀门应保持常开，并有明显的启闭标志和信号。

（4）在一般情况下，消防给水竖管的布置应保证同层相邻两个消火栓的水枪充实水柱能同时到达被保护范围内的任何部位，每根竖管的直径应根据通过的流量经计算确定，高层民用建筑内每根消防给水竖管的直径不应小于 100 mm。

（5）室内消火栓给水管网与自动喷水灭火系统（局部应用系统除外）的管网应分开设置。如果有困难，则应在报警阀前分开设置。

（6）室内消火栓给水管材通常采用热镀锌钢管，根据工作压力的情况，可以是有缝钢管也可以是无缝钢管。

3.1.4　消防水泵接合器

消防水泵接合器是供消防车向消防给水管网输送消防用水的预留接口。它既可用于补充消防水量，也可用于提高消防给水管网的水压。

在火灾情况下，当建筑物内的消防水泵发生故障或室内消防用水不足时，消防车从室外取水通过消防水泵接合器将水送到室内消防给水管网，供灭火使用。

1. 设置场所

（1）高层民用建筑。

（2）设有消防给水的住宅、起过 5 层的其他多层民用建筑。

（3）超过 2 层或建筑面积大于 10 000 m² 的地下或半地下建筑（室）、室内消火栓设计流量大于 10 L/s 平战结合的人防工程。

（4）高层工业建筑和超过 4 层的多层工业建筑。

（5）城市交通隧道。

2. 设置要求

（1）自动喷水灭火系统、水喷雾灭火系统、泡沫灭火系统和固定消防炮灭火系统等水灭火系统，均应设置消防水泵接合器。

（2）消防水泵接合器的给水流量宜按每个 10~15 L/s 计算。每种水灭火系统的消防水泵接合器设置的数量应按系统设计流量经计算确定，但当计算数量超过 3 个时，可根据供水可靠性适当减少。

（3）消防给水为竖向分区供水时，在消防车供水压力范围内的分区，应分别设置消防水泵接合器；当建筑高度超过消防车供水高度时，消防给水应在设备层等方便操作的地点设置手抬泵或移动泵接力供水的吸水和加压接口。

（4）消防水泵接合器应设在室外便于消防车使用的地点，且距室外消火栓或消防水池的距离不宜小于 15 m，并不宜大于 40 m。

（5）墙壁消防水泵接合器的安装高度距地面宜为 0.7 m；与墙面上的门、窗、孔、洞的净距离不应小于 2 m，且不应安装在玻璃幕墙下方；地下消防水泵接合器的安装，应使进水口与井盖底面的距离不大于 0.4 m，且不应小于井盖的半径。

3.1.5 增（稳）压设备

对于采用临时高压消防给水系统的高层或多层建筑，当消防水箱设置高度不能满足系统最不利点处灭火设备所需的水压要求时，应设置增（稳）压设备。增（稳）压设备一般由稳压泵、隔膜式气压罐、管道附件及控制装置等组成，如图 3-2 所示。

3.1.5.1 稳压泵

稳压泵是在消防给水系统中用于稳定平时最不利点处水压的给水泵，通常选用小流量、高扬程的水泵。消防稳压泵也应设置备用泵，通常可按"一用一备"原则选用。

1. 稳压泵的工作原理

稳压泵通过三个压力控制点（P_2、P_3、P_4）分别与压力继电器相连接，用来控制其工作。稳压泵向管网中持续充水时，管网内压力升高，当达到设定的压力值 P_4（稳压上限）时，稳压泵停止工作。若管网存在渗漏或由于其他原因导致管

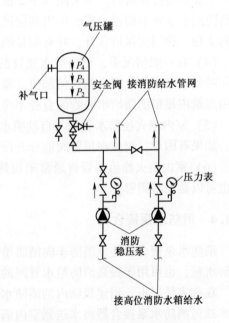

图 3-2　增（稳）压设备的组成

网压力逐渐下降，当降到设定压力值 P_3（稳压下限）时，稳压泵再次启动。如此周而复始，从而使管网的压力始终保持在 $P_3 \sim P_4$。若稳压泵启动并持续给管网补水，但管网压力仍继续下降，则可认为有火灾发生，管网内的消防水正在被使用。因此，当压力继续降到设定压力值 P_2（消防主泵启动压力点）时，将连锁启动消防主泵，同时稳压泵停止工作。

2. 稳压泵流量的确定

（1）稳压泵的设计流量不应小于消防给水系统管网的正常泄漏量和系统自动启动流量。

（2）消防给水系统管网的正常泄漏量应根据管道材质、接口形式等确定，当没有管网泄漏量数据时，稳压泵的设计流量宜按消防给水设计流量的 1% ~ 3% 计，且不宜小于 1 L/s。

3. 稳压泵设计压力的确定

（1）稳压泵的设计压力应满足系统自动启泵和管网充满水的要求。

（2）稳压泵的设计压力应保持系统自动启泵压力设置点处的压力在准工作状态时大于系统设置自动启泵压力值，且增加值宜为 0.07 ~ 0.10 MPa。

（3）稳压泵的设计压力应保持系统最不利点处灭火设备在准工作状态时的静水压力大于 0.15 MPa。

3.1.5.2　气压罐

1. 气压罐的工作原理

实际运行中，由于各种原因，稳压泵常常频繁启动，不但泵易损坏，而且对整个管网系统和电网系统不利。因此，稳压泵常与小型气压罐配合使用。

如图 3-3 所示，在气压罐内设定的 P_1、P_2、P_{S1}、P_{S2} 四个压力控制点中，P_1 为气压罐的最小设计工作压力，P_2 为水泵启动压力，P_{S1} 为稳压泵启动压力。当罐内压力为 P_{S2} 时，消防给水管网处于较高工作压力状态，稳压泵和消防水泵均处于停止状态；随着管网渗漏或由其他原因引起的泄压，当泵内压力从 P_{S2} 降至 P_{S1} 时，便自动启动稳压泵，向气压罐补水，直到罐内压力增加到 P_{S2} 时，稳压泵停止工作，从而保证了气压罐内消防储水的常备储存。若建筑发生火灾，随着灭火设备出水，气压罐内储水量减少，压力下降，当压力从 P_{S2} 降至 P_{S1} 时，稳压泵启动，但稳压泵流量较小，其供水全部用于灭火设备，气压罐内的水得不到补充，罐内压力继续下降到 P_2 时，消防泵启动并向管网供水，同时向控制中心报警。此时稳压泵停止运转，消防增（稳）压工作完成。

2. 气压罐的工作压力

气压罐的最小设计工作压力应满足系统最不利点处灭火设备所需的水压要求。

3. 气压罐的容积

气压罐的容积包括消防储存水容积、缓冲水容积、稳压调节水容积和压缩空气容积，如图 3-4 所示。

对消防储存水容积的要求如下。

（1）消火栓给水系统的气压罐消防储存水容积应满足火灾初期供 2 支水枪工作 30 s 的消防用水量要求，即 $V_x = 2 \times 5 \times 30 = 300$(L)。（每支水枪的流量为 5 L/s）

（2）自动喷水灭火系统的气压罐消防储存水容积应满足火灾初期供 5 个喷头工作 30 s 的消防用水量要求，即 $V_x = 5 \times 1 \times 30 = 150$(L)。（每个喷头的流量为 1 L/s）

当消火栓给水系统与自动喷水灭火系统合用气压罐时，其容积应为 300+150=450（L）。

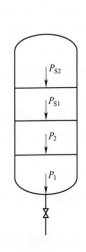

图 3-3　气压罐的工作原理

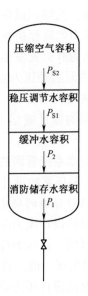

图 3-4　稳压泵与气压罐联合工作原理

3.1.6　消防水池与消防水箱

3.1.6.1　消防水池

当生产、生活用水量达到最大时，市政给水管网或入户引入管不能满足室内、室外消防给水设计流量；或当采用一路消防供水或只有一条入户引入管，且室外消火栓设计流量大于20 L/s 或建筑高度大于 50 m；或市政消防给水设计流量小于建筑室内外消防给水设计流量时，应设消防水池。

1. 设置要求

（1）当消防水池采用两路消防供水且在火灾情况下连续补水能满足消防要求时，消防水池的有效容积应根据计算确定，但不应小于 100 m³，当仅设有消火栓给水系统时不应小于 50 m³。

（2）消防水池的总蓄水有效容积大于 500 m³ 时，宜设两格能独立使用的消防水池；当大于 1000 m³ 时，应设置能独立使用的两座消防水池。每格（或座）消防水池应设置独立的出水管，并应设置满足最低有效水位的连通管，且其管径应能满足消防给水设计流量的要求。

（3）消防水池应设置取水口（井），且吸水高度不应大于 6 m。

（4）消防用水与其他用水共用的水池，应采取确保消防用水量不作他用的技术措施。

（5）当高层民用建筑采用高位消防水池供水的高压消防给水系统时，高位消防水池储存室内消防用水量确有困难，但火灾时补水可靠，其总有效容积不应小于室内消防用水量的 50%。

（6）高位消防水池设置在建筑物内时，应采用耐火极限不低于 2.0 h 的隔墙和 1.5 h 的楼板与其他部位隔开，并应设甲级防火门。且消防水池及其支承框架与建筑构件应连接牢固。

2. 火灾延续时间

火灾延续时间为消防车到达火场开始出水时起，至火灾被基本扑灭止的一段时间。不同场所的火灾延续时间见表 3-2。

表 3-2　不同场所的火灾延续时间

<table>
<tr><th colspan="3">建　筑</th><th>场所与火灾危险性</th><th>火灾延续时间/h</th></tr>
<tr><td rowspan="10">建筑物</td><td rowspan="4">工业建筑</td><td rowspan="2">仓库</td><td>甲、乙、丙类仓库</td><td>3.0</td></tr>
<tr><td>丁、戊类仓库</td><td>2.0</td></tr>
<tr><td rowspan="2">厂房</td><td>甲、乙、丙类厂房</td><td>3.0</td></tr>
<tr><td>丁、戊类厂房</td><td>2.0</td></tr>
<tr><td rowspan="3">民用建筑</td><td rowspan="2">公共建筑</td><td>高层建筑中的商业楼、展览楼、综合楼，建筑高度大于 50 m 的财贸金融楼、图书馆、书库、重要的档案楼、科研楼和高级宾馆</td><td>3.0</td></tr>
<tr><td>其他公共建筑</td><td rowspan="2">2.0</td></tr>
<tr><td colspan="2">住宅</td></tr>
<tr><td colspan="2" rowspan="2">人防工程</td><td>建筑面积小于 3000 m²</td><td>1.0</td></tr>
<tr><td>建筑面积大于或等于 3000 m²</td><td rowspan="2">2.0</td></tr>
<tr><td colspan="3">地下建筑、地铁车站</td></tr>
<tr><td colspan="2" rowspan="4">构筑物</td><td>煤、天然气、石油及其产品的工艺装置</td><td>—</td><td>3.0</td></tr>
<tr><td rowspan="3">甲、乙、丙类可燃液体储罐</td><td>直径大于 20 m 的固定顶罐和直径大于 20 m 浮盘用易熔材料制作的内浮顶罐</td><td>6.0</td></tr>
<tr><td>其他储罐</td><td rowspan="2">4.0</td></tr>
<tr><td>覆土油罐</td></tr>
</table>

自动喷水灭火系统、泡沫灭火系统、水喷雾灭火系统、固定消防炮灭火系统、自动跟踪定位射流灭火系统等水灭火系统的火灾延续时间，应分别按现行国家标准《自动喷水灭火系统设计规范》（GB 50084—2017）、《泡沫灭火系统设计规范》（GB 50151—2010）、《水喷雾灭火系统技术规范》（GB 50219—2014）和《固定消防炮灭火系统设计规范》（GB 50338—2003）的有关规定执行。

3. 容积计算

消防水池有效容积的计算应符合下列规定。

（1）当市政给水管网能保证室外消防给水设计流量时，消防水池的有效容积应满足在火灾延续时间内室内消防用水量的要求。

（2）当市政给水管网不能保证室外消防给水设计流量时，消防水池的有效容积应满足火灾延续时间内室内消防用水量和室外消防用水量不足部分之和的要求。

消防水池的有效容积可按式（3-1）确定：

$$V_a = 3.6(Q_p - Q_b)t \tag{3-1}$$

式中　V_a——消防水池的有效容积，m^3；

Q_p——消火栓、自动喷水灭火系统的设计流量，m^3/h；

Q_b——在火灾延续时间内可连续补充的流量，m^3/h；

t——火灾延续时间，h。

例 3-1 某12层科研楼，层高4.2 m，仅设室内、室外消火栓给水系统，室内消火栓用水量为 30 L/s，室外消火栓用水量为 20 L/s，市政给水管网可连续补充水量为 80 m^3/h，试求消防水池有效容积。

解： 科研楼楼高：12×4.2＝50.4＞50，查表3-2得火灾延续时间 t＝3.0 h；

消火栓设计流量：3.6×(30+20)×3.0＝540（m^3）；

补水量：80×3.0＝240（m^3）；

消防水池有效容积 V_a＝540-240＝300（m^3）（V_a＜500 m^3）。

因此，需要设置一座一格的消防水池。

本题的解答特别要注意的是单位，当单位是 L/s 时，要乘以 3.6 进行单位转化。

3.1.6.2 消防水箱

采用临时高压给水系统的建筑物应设置高位消防水箱。设置消防水箱的目的，一是提供系统启动初期的消防用水量和水压，在消防泵出现故障的紧急情况下应急供水，确保喷头开放后立即喷水，以及时控制初起火灾，并为外援灭火争取时间；二是利用高位差为系统提供准工作状态下所需的水压，以达到管道内充水并保持一定压力的目的。设置常高压给水系统并能保证最不利点处消火栓给水系统和自动喷水灭火系统等的水量与水压的建筑物，或设置干式消防竖管的建筑物，可不设置消防水箱。

1. 有效容积

（1）一类高层公共建筑，不应小于 36 m^3，但当建筑高度大于 100 m 时，不应小于 50 m^3；当建筑高度大于 150 m 时，不应小于 100 m^3。

（2）多层公共建筑、二类高层公共建筑和一类高层住宅建筑，不应小于 18 m^3，当一类高层住宅建筑高度超过 100 m 时，不应小于 36 m^3。

（3）二类高层住宅建筑，不应小于 12 m^3。

（4）建筑高度大于 21 m 的多层住宅，不应小于 6 m^3。

（5）工业建筑室内消防给水设计流量当小于或等于 25 L/s 时，不应小于 12 m^3；大于 25 L/s 时，不应小于 18 m^3。

（6）总建筑面积大于 10 000 m^2 且小于 30 000 m^2 的商店建筑，不应小于 36 m^3，总建筑面积大于 30 000 m^2 的商店建筑，不应小于 50 m^3，当与（1）的规定不一致时应取其较大值。

2. 设置位置

高位消防水箱的设置位置应高于其所服务的水灭火设施，且最低有效水位应满足水灭火设施最不利点处的静水压力，并应按表3-3的规定确定。

表3-3 消防水箱的设置高度

序号	建筑物类别	设置高度	说　明
1	低层建筑	建筑物最高部位	消防水箱水能靠重力流至消防管网；室内消防用水量超过 15 L/s 的建筑，如果不能保证顶层消火栓处静水压力，则应设增（稳）压设备

（续）

序号	建筑物类别	设置高度	说 明
2	高层住宅、二类高层公共建筑、多层民用建筑	应保证顶层消火栓处静水压力不低于 0.07 MPa	如果不能保证顶层消火栓处静水压力不低于 0.07 MPa，则应设增（稳）压设备
3	一类高层公共建筑	应保证顶层消火栓处静水压力不低于 0.1 MPa，高度超过 100 m 的高层公共建筑，其顶层消火栓处静水压力不低于 0.15 MPa	如果不能保证顶层消火栓处静水压力不低于 0.1 MPa，则应设增（稳）压设备。超过 100 m 时，如果不能保证顶层消火栓处静水压力不低于 0.15 MPa，则应设增（稳）压设备

3.2 消火栓给水系统

3.2.1 室内消火栓给水系统的组成与工作原理

扫一扫，看视频

室内消火栓给水系统是建筑物应用最广泛的一种消防设施。它既可以供火灾现场人员使用消火栓箱内的消防水喉、水枪扑救初起火灾，也可供消防队员扑救建筑物的大火。室内消火栓实际上是室内消防给水管网向火场供水的带有专用接口的阀门，其进水端与消防管道相连，出水端与水带相连。

1. 室内消火栓给水系统的组成

室内消火栓给水系统由消防给水基础设施、消防给水管网、室内消火栓设备、报警控制设备及系统附件等组成，如图 3-5 所示。

其中，消防给水基础设施包括市政管网、室外消防给水管网、室外消火栓、消防水池、消防水泵、消防水箱、增（稳）压设备、水泵接合器等，该设施的主要任务是为系统储存并提供灭火用水。消防给水管网包括进水管、水平干管、消防竖管等，其任务是向室内消火栓设备输送灭火用水。室内消火栓设备包括水带、水枪、水喉等，是供人员灭火使用的主要工具。系统附件包括各种阀门、屋顶消火栓等。报警控制设备用于启动消防水泵。

2. 室内消火栓给水系统的工作原理

室内消火栓给水系统的工作原理与系统采用的给水方式有关，通常针对建筑消防给水系统采用的是临时高压消防给水系统。

在临时高压消防给水系统中，系统设有消防泵和高位消防水箱。当火灾发生后，现场人员可以打开消火栓箱，将水带与消火栓栓口连接，打开消火栓的阀门，按下消火栓箱内的启动按钮，消火栓即可投入使用。消火栓箱内的按钮向消防控制中心报警，同时设在高位水箱出水管上的流量开关和设在消防泵出水干管上的压力开关或报警阀压力开关等开关信号应能直接启动消防水泵。在供水的初期，由于消火栓泵的启动需要一定的时间，其初期供水由高位消防水箱来供给。对于消火栓泵的启动，还可由消防现场、消防控制中心控制，消火栓泵一旦启动便不得自动停泵，其停泵只能由现场手动控制。

建筑物室内消防用水量应根据设置灭火系统种类（如消火栓给水系统、自动喷水灭火

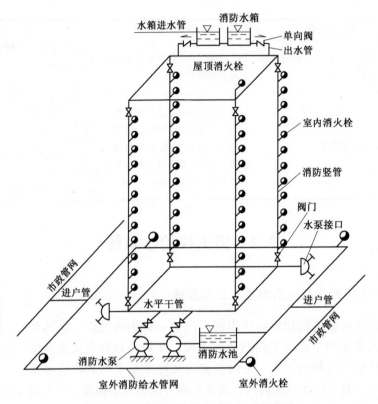

图 3-5　室内消火栓给水系统组成示意图

系统、泡沫灭火系统等）同时需要开启的灭火系统的用水量叠加计算而定。室内消防用水量大小首先决定于建筑物高度，对于建筑物高度小于 24 m 的低层建筑能够利用消防车使用室外水源扑灭火灾，而对于建筑物高度大于 24 m 的高层建筑，需要靠室内消防给水系统进行灭火，因此高层建筑的室内消防用水量多于低层建筑；其次，建筑物体积越大，层高越高，则火灾时蔓延越快，需要用较大的消防用水量；另外，建筑物内可燃物数量越多，需要的消防用水量也越多；同时根据对典型火灾案例统计分析，不同用途的建筑物，消防用水量也有较大差异。消防用水量递增顺序为民用建筑→厂房→库房。而工业建筑消防用水量递增顺序为戊类生产→丁类生产→甲、乙类生产→丙类生产。

综合上述因素，确定建筑物消防用水量。建筑物室内消火栓设计流量见表 3-4。

3.2.2　室内消火栓给水系统的主要设备

室内消火栓设置在消火栓箱内，其箱内一般配备室内消水栓、水带、水枪、报警按钮和消防水喉等设备。

1. 室内消火栓

消火栓是具有内扣式接口的球形阀式龙头，一端与消防管相接，另一端与水带连接。有双出口消火栓和单出口消火栓，按其出口口径有 ϕ65 mm 和 ϕ50 mm 两种。当水枪射流量小于 3 L/s 时，一般选用 ϕ50 mm 的消火栓；当水枪射流量大于 3 L/s 时，宜选用 ϕ65 mm 以上的消火栓；对于高层民用建筑，消火栓的直径应取 ϕ65 mm。

表 3-4　建筑物室内消火栓设计流量

建筑物名称			高度 h(m)、层数、体积 V（m³）、座位数 n（个）、火灾危险性	消火栓设计流量 /(L/s)	同时使用消防水枪数/支	每根竖管最小流量 /(L/s)
民用建筑	单层及多层	科研楼、实验楼	$V \leqslant 10\,000$	10	2	10
			$V > 10\,000$	15	3	10
		车站、码头、机场的候车（船、机）楼和展览建筑（包括博物馆）等	$5000 < V \leqslant 25\,000$	10	2	10
			$25\,000 < V \leqslant 50\,000$	15	3	10
			$V > 50\,000$	20	4	15
		剧场、电影院、会堂、礼堂、体育馆等	$800 < n \leqslant 1200$	10	2	10
			$1200 < n \leqslant 5000$	15	3	10
			$5000 < n \leqslant 10\,000$	20	4	15
			$n > 10\,000$	30	6	15
		旅馆	$5000 < V \leqslant 10\,000$	10	2	10
			$10\,000 < V \leqslant 25\,000$	15	3	10
			$V > 25\,000$	20	4	15
		商店、图书馆、档案馆等	$5000 < V \leqslant 10\,000$	15	3	10
			$10\,000 < V \leqslant 25\,000$	25	5	15
			$V > 25\,000$	40	8	15
		病房楼、门诊楼等	$5000 < V \leqslant 25\,000$	10	2	10
			$V > 25\,000$	15	3	10
		办公楼、教学楼、公寓、宿舍等其他建筑	高度超过 15 m 或 $V > 10\,000$	15	3	10
		住宅	$21 < h \leqslant 27$	5	2	5
	高层	住宅	$27 < h \leqslant 54$	10	2	10
			$h > 54$	20	4	10
		二类公共建筑	$h \leqslant 50$	20	4	10
		一类公共建筑	$h \leqslant 50$	30	6	15
			$h > 50$	40	8	15

　　设置室内双出口消火栓时，其直径不应小于 $\phi 65$ mm；消火栓、水带、水枪之间均采用内扣式快速接口连接，在同一建筑物内应采用同一尺寸规格的消火栓、水带和水枪，以便于维护保养和替换使用。

　　2. 水带

　　水带有衬胶、麻质和棉质几种。室内水带多用 $\phi 50$ mm 和 $\phi 65$ mm 的麻质或衬胶消防水带，消火栓箱内配置的消防水带长度应为 20 m 或 25 m。

　　3. 水枪

　　消防水枪按照喷水方式有直流水枪、喷雾水枪、多用水枪三种，常用规格有 $\phi 13$ mm、

ϕ16 mm、ϕ19 mm。

水枪喷水口径与水带接口的对应配套关系见表3-5。

表3-5 水枪喷水口径与水带接口口径的对应配套关系

水枪喷水口径/mm	水带接口口径/mm	备 注
13	50	消防流量＜3 L/s时，根据需要选用也可由计算选定
16	50或65	
19	65	

4. 报警按钮

为及时启动消防水泵，在水箱内的消防用水尚未用完以前，消防水泵应进入正常运转。故在每一个消火栓箱内或在其附近位置，必须设置报警按钮，用于给控制中心报警，控制中心人员接到报警信号后启动消防水泵的按钮。

5. 消防水喉

常用消防水喉有挂式和盘式两种。另外，还有消防水喉与消火栓设在同一个消火栓箱内的。挂式消防水喉，一般安装在墙上较为宽阔而方便使用的地点。盘式消防水喉是采用圆盘夹套，中心轴设有滑轮，将软管卷在盘内，常常安装在柱上或安全便于取用的地点。

消防水喉主要供非职业消防人员扑救初起火灾时使用，由于水枪口径小，流量小，所以水枪反作用力小，使用起来方便、安全。

3.2.3 室内消火栓给水系统的设计原则

3.2.3.1 布置要求

消火栓的布置要求如下：

(1) 设有消防给水的建筑物，其各层均应设置消火栓。

(2) 消火栓设在明显、易于取用的地点（走廊、楼梯间、大厅入口）。

(3) 消防电梯间前室内应设置消火栓。

(4) 栓口距地面高度为1.10 m。栓口宜向下或与墙面垂直安装。

(5) 室内消火栓的间距应由计算确定。高层厂房（仓库）、高架仓库和甲、乙类厂房中室内消火栓的间距不大于30.0 m；其他单层和多层建筑中室内消火栓的间距不大于50.0 m。

(6) 同一建筑物内应采用统一规格的消火栓、水枪和水带。消火栓的栓口直径应为65 mm，每条水带的长度不应大于25.0 m，水枪喷嘴口径不应小于19 mm。

3.2.3.2 充实水柱长度

密集射流是灭火时由直流水枪喷射出来的高速水流，具有射程远、冲击力大、机械破坏力强的特点。计算充实水柱长度的根本目的是确定消火栓栓口水压和消火栓保护半径。

《消防给水及消火栓系统技术规范》（GB 50974—2014）规定，充实水柱长度由计算确定，但不应小于规范规定的最小充实水柱长度。高层建筑、厂房、库房和室内净空高度超过8 m的民用建筑等场所，消火栓栓口动压不应小于0.35 MPa，且消防水枪充实水柱应按13 m计算；其他场所，消火栓栓口动压不应小于0.25 MPa，且消防水枪充实水柱应按10 m计算。

充实水柱长度计算：

$$S_k = (H_1 - H_2)/\sin\alpha \tag{3-2}$$

式中　S_k——水枪射出的充实水柱长度，m；

　　　H_1——被保护建筑物的层高，m；

　　　H_2——消火栓安装高度，一般为 1.1 m；

　　　α——水枪上倾角，一般为 45°，若有特殊困难，可适当加大，但考虑消防人员的安全和扑救效果，水枪的最大上倾角不应大于 60°。

例 3-2　有一层高为 4.2 m 的 6 层工业建筑，求所需充实水柱长度。

解：水枪与水平面夹角取 45°，根据公式 $S_k = (H_1 - H_2)/\sin\alpha = (4.2 - 1.1)/\sin 45° = \dfrac{4.2 - 1.1}{\frac{\sqrt{2}}{2}} = 4.38(\text{m})$。

所需充实水柱长度为 4.38 m。

按《消防给水及消火栓系统技术规范》（GB 50974—2014）规定，一般性低层或多层建筑，室内消火栓充实水柱不应小于 10 m 的规定，故取 10 m。

3.2.3.3　充实水柱与喷嘴压力的关系

假设射流离开喷嘴时没有阻力，也不考虑空气对射流的阻力，则水枪喷嘴压力：

$$h_q = \frac{v^2}{2g} \tag{3-3}$$

式中　v——水流速度，m/s；

　　　g——重力加速度，取 9.8 m/s²；

　　　h_q——水枪喷嘴压力，kPa（mH₂O）。

实际上喷嘴和空气对射流都有阻力，那么水枪的实际射流长度 h_f 与水枪喷嘴压力 h_q 有以下关系：

$$h_f = h_q - \Delta h \tag{3-4}$$

其中，

$$\Delta h = \frac{\lambda L}{d} \times \frac{v^2}{2g}（范宁公式） \tag{3-5}$$

已知：$L = h_f$，$h_q = v^2/2g$，故

$$\Delta h = \frac{\lambda h_f}{d} \times h_q$$

则

$$h_f = h_q - \frac{\lambda h_f}{d} \times h_q = h_q\left(1 - \frac{\lambda h_f}{d}\right)$$

$$h_q = \frac{h_f}{1 - \dfrac{\lambda h_f}{d}} \tag{3-6}$$

令 $\lambda/d = \varphi$，故

$$h_q = h_f/(1 - \varphi h_f) \tag{3-7}$$

又知充实水柱和实际射流长度有以下关系：

$$h_f = \alpha_f H_m \tag{3-8}$$

则

$$h_q = \alpha_f H_m/(1 - \varphi \alpha_f H_m) \tag{3-9}$$

或

$$H_m = h_q/\alpha_f(1 + \varphi h_q) \tag{3-10}$$

式中　h_q——水枪喷嘴压力，kPa(mH₂O)；

H_m——充实水柱高度，$kPa(mH_2O)$；

α_f——实验系数（见表 3-6），$\alpha_f = 1.19 + 80 \times (0.01S_k)^4$；　　　　　　　　（3-11）

φ——水枪与喷嘴口径 d 有关的系数（见表 3-7）。

$$\varphi = 0.25/[d + (0.1d)^3] \qquad (3-12)$$

表 3-6　实验系数 α_f

充实水柱高度 H_m/mH_2O	7	10	13	15	16
α_f	1.19	1.20	1.21	1.22	1.24

表 3-7　水枪的 φ 值

水枪喷嘴口径 d/mm	13	16	19	22	25
φ	0.016	0.012	0.010	0.008	0.006

关于由充实水柱高度 H_m 值确定水枪喷嘴压力的计算步骤如下。

（1）由水枪喷嘴口径 d，查表 3-7 求得系数 φ。

（2）由充实水柱高度 H_m，查表 3-6 求得 α_f。

（3）由式（3-9）求得 h_q。

1. 水枪射流量与喷嘴压力之间的关系

按照水枪喷嘴压力的计算公式得出 h_q 值，应按式（3-13）计算在该压力下的水枪流量：

$$q = \sqrt{Bh_q} \qquad (3-13)$$

式中　q——水枪流量，L/s；

B——水枪喷嘴的水流特性系数；与喷嘴口径有关，如表 3-8 所示；

h_q——水枪喷嘴压力，kPa。

表 3-8　水枪喷嘴的水流特性系数 B

水枪喷嘴口径 d/mm	13	16	19	22	25
B	0.346	0.793	1.577	2.836	4.728

为简化计算，根据公式制成表 3-9，可查得 $d = 13$ mm、16 mm、19 mm 时，不同充实水柱长度、水枪喷嘴处的压力值和实际流量值。

表 3-9　H_m-h_q-q 技术数据换算

充实水柱高度 H_m /mH_2O	喷嘴口径					
	13 mm		16 mm		19 mm	
	h_q/mH_2O	$q/(L/s)$	h_q/mH_2O	$q/(L/s)$	h_q/mH_2O	$q/(L/s)$
6	8.1	1.7	7.8	2.5	7.7	3.5
8	11.2	2.0	10.7	2.9	10.4	4.1
10	14.9	2.3	14.1	3.3	13.6	4.5
12	19.1	2.6	17.7	3.8	16.9	5.2
14	23.9	2.9	21.8	4.2	20.6	5.7
16	29.7	3.2	26.5	4.6	24.7	6.2

2. 消防水带的水头损失

消防水带的水头损失可按照下述公式计算：

$$h_d = A_d L_d q^2 \tag{3-14}$$

式中　h_d——水带的水头损失，$kPa(mH_2O)$；

　　　A_d——水带的比阻，可按表 3-10 查得；

　　　L_d——水带长度，m；

　　　q——水枪流量，L/s。

表 3-10　水带的比阻 A_d

水带直径/mm	$\phi 50$	$\phi 65$	$\phi 80$
麻质无衬	0.015 01	0.004 30	0.001 50
胶质衬里	0.006 77	0.001 72	0.000 75

3. 消火栓栓口处水压的确定

消火栓栓口处水压应按式（3-15）确定：

$$H_{xh} = h_q + h_d \tag{3-15}$$

式中　H_{xh}——消火栓栓口处水压，$kPa(mH_2O)$；

　　　h_q——水枪喷嘴压力，$kPa(mH_2O)$；

　　　h_d——水带的水头损失，$kPa(mH_2O)$。

4. 消火栓保护半径和间距

室内消火栓保护半径 R 可按式（3-16）计算：

$$R = L + L_k \tag{3-16}$$

式中　R——室内消火栓保护半径，m；

　　　L——水带铺设长度，m；

　　　L_k——水枪射流上倾角为 45° 计算时，S_k 在平面上的投影长度，$L_k = S_k \cos 45° \approx 0.707 S_k$。

计算消火栓保护半径时，水带长度应取 25 m，但因水带转折，故实际水带铺设长度应按 25×折减系数（0.8~0.9）计算。

5. 消火栓的布置间距

室内消火栓宜按行走距离计算其布置间距，并应符合下列规定。

（1）消火栓按 2 支消防水枪的 2 股充实水柱布置的建筑物，消火栓的布置间距不应大于 30 m。

（2）消火栓按 1 支消防水枪的 1 股充实水柱布置的建筑物，消火栓的布置间距不应大于 50 m。

单排布置，1 股充实水柱保护的消火栓间距 S_1 按式（3-17）计算：

$$S_1 = 2\sqrt{R^2 - b^2} \tag{3-17}$$

式中　S_1——1 排布置、1 股充实水柱保护的消火栓间距，m；

　　　R——消火栓保护半径，m；

　　　b——保护宽度的 1/2（当两边宽度不一样大时，取大者）。

单排布置，2 股充实水柱保护的消火栓间距 S_2 按式（3-18）计算：

$$S_2 = \sqrt{R^2 - b^2} \tag{3-18}$$

式中符号意义同式（3-17）。

应当注意，在计算并确定消火栓间距时，若计算值大于规定值，则应取规定值；若计算值小于规定值，则应取计算值。

当建筑物的保护宽度大于或等于消火栓保护圆直径时，为避免出现空白，应设双排、多排消火栓保护。

消火栓保护半径 R 的计算式：

$$R = cL + L_S$$

式中　R——消火栓保护半径，m；

　　　c——水带展开时的弯曲折减系数，一般取 $0.8\sim0.9$；

　　　L——水带铺设长度，m；

　　　L_S——水枪充实水柱高度在水平面上的投影长度。按水枪倾斜为 $45°$ 时计算，确定为 $0.707S_k$（m）。

6. 给水管网管径和管网水头损失

（1）管径的确定。根据给水管道中设计流量确定管径，计算公式如下：

$$D = \sqrt{\frac{4Q}{\pi v}}$$

式中　Q——管道设计流量，m^3/s；

　　　D——管道管径，m；

　　　v——管道中水流的流速，m/s。

已知管段的流量后，只要确定了流速就可求得管径。消火栓给水管道中的流速宜采用 $1.4\sim1.8$ m/s。可以根据此经济流速确定管径的范围，进而初步确定管径。

（2）管网水头损失的确定。消火栓给水系统管网水头损失按下式计算：

$$h_g = h_y + h_i \tag{3-19}$$

式中　h_g——管网水头损失，$kPa(mH_2O)$；

　　　h_y——管网沿程水头损失，$kPa(mH_2O)$；

　　　h_i——管网局部水头损失，$kPa(mH_2O)$。

管网沿程水头损失的计算：

$$h_y = il \tag{3-20}$$

式中　l——管网计算管长，m；

　　　i——单位长度水头损失，mH_2O/m，按下式计算：

当 $v < 1.2$ m/s 时：

$$i = 0.000\,912\,\frac{v^2}{d_j^{1.3}}\left(1 + \frac{0.867}{v}\right)^{0.3} \tag{3-21}$$

当 $v \geq 1.2$ m/s 时：

$$i = 0.001\,07\,\frac{v^2}{d_j^{1.3}} \tag{3-22}$$

式中　i——管道单位长度的水头损失，kPa/m；

　　　v——管道内平均水流速度，m/s；

d_j——管道计算内径，m，取值应按管道的内径减 1 mm 确定。

管网局部水头损失的计算：

$$h_i = \sum \xi \frac{v^2}{2g} \qquad (3-23)$$

式中　$\sum \xi$——管段局部阻力系数之和，可查相关表格；

v——管道内平均水流速度，m/s。

管网局部水头损失宜按式（3-23）计算。当资料不全时，局部水头损失可根据管道沿程水头损失的 10% ~ 30% 估算，具体可参照如下规定：

- 生产给水管网，生活、消防共用给水管网，生活、生产、消防共用给水管网按 20% 估算。
- 消火栓系统消防给水管网按 10% 估算。
- 生产、消防共用给水管网按 15% 估算。
- 自动喷水灭火系统管网按 20% 估算。

7. 系统用水量与竖管流量分配

系统用水量与竖管流量有直接关系。消火栓给水系统的布置都是以竖管穿越楼层布置的，除上、下部位的环管外，每条竖管在每层接出一个消火栓。一栋建筑的竖管按建筑标准层平面所布置的消火栓数量来决定。系统流量在各竖管的分配见表 3-11。

表 3-11　消火栓给水系统竖管流量分配

室内消火栓用水量/(L/s)	最不利部位消火栓竖管出水枪数/支	相邻消火栓竖管出水枪数/支	次相邻消火栓竖管出水枪数/支
10	2	—	—
20	2	2	—
25	3	2	—
30	3	3	—
40	3	3	2

注：计算时，消火栓应选在最高层的最不利部位的竖管。

8. 消防水泵流量和扬程的确定

消防水泵流量按各竖管水枪的出水流量之和计算。

消防水泵扬程为

$$H_b = H_{xh} + h_g + h_z \qquad (3-24)$$

式中　H_b——消防水泵扬程，mH_2O；

H_{xh}——最不利点处消火栓栓口水压，mH_2O；

h_g——消防水泵吸水口至最不利点处消火栓之间管道的水头损失，mH_2O；

h_z——消防水池水面与最不利点处消火栓之高差，mH_2O。

例 3-3　某塔式高层住宅楼平面面积为 24 m×24 m，高度小于 50 m，试确定其消火栓给水系统最不利点处消火栓口处水压。

解：根据《消防给水及消火栓系统技术规范》查表得消防用水量不小于 10 L/s，需 2 股射流，每股射流量 $q_{xh} = 5$ L/s，水枪射出的充实水柱长度 $H_m \geq 13$ m，采用直径 65 mm，

$L=20$ m 麻织水带，水枪喷口直径初步选为 19 mm，消火栓口的水压为 $H_{xh} = h_q + h_d$。

首先计算水枪喷口处所需水压，查表得 $\alpha_f = 1.21$，$\varphi = 0.010$。

$$h_q = \frac{\alpha_f H_m}{1 - \varphi \alpha_f H_m} = \frac{1.21 \times 13}{1 - 0.010 \times 1.21 \times 13} \approx 18.7 (\text{mH}_2\text{O})$$

校核水枪的射流量，查得 $B=1.577$：

$$q = \sqrt{Bh_q} = \sqrt{1.577 \times 18.7} \approx 5.43 (\text{L/s}) > 5 (\text{L/s})$$

其次计算水带的沿程水头损失（局部水头损失不计），查得水带直径 65 mm，则查得 $A_d = 0.004\,30$：

$$h_d = A_d L_d q^2 = 0.004\,30 \times 20 \times 5.43^2 \approx 2.54 (\text{mH}_2\text{O})$$

消火栓栓口处水压确定为

$$H_{xh} = h_q + h_d = 18.7 + 2.54 = 21.24 (\text{mH}_2\text{O})$$

3.2.3.4　消火栓处的分区与减压

1. 分区供水

消防给水系统的最高压力超过现行《消防给水及消火栓系统技术规范》的要求时，应采用分区给水系统。具体要求如下：

（1）系统工作压力大于 2.40 MPa。

（2）消火栓栓口处的静压力大于 1.0 MPa。

（3）自动水灭火系统报警阀处的工作压力大于 1.60 MPa 或喷头处的工作压力大于 1.20 MPa。

分区供水的形式应根据系统压力、建筑特征，经技术经济和安全可靠性等综合因素确定，可采用消防水泵并联或串联、减压水箱和减压阀减压的形式，但当系统的工作压力大于 2.40 MPa 时，应采用消防水泵串联或减压水箱分区供水形式。

2. 消火栓的减压

消火栓栓口的动压力不应大于 0.5 MPa；当大于 0.7 MPa 时，必须设置减压装置。一般在需要减压的各层消火栓入口处设置不同孔径的孔板，以消耗过剩的压力，或者直接采用减压稳压消火栓。

（1）室内消火栓的剩余压力的计算。室内消火栓栓口压力过大会带来两方面的不利。其一，出水压力增大，水枪的反作用力也大，将难以操作；其二，出水压力增大，消火栓出水量也增大，将会使消防水箱的储水量在较短时间内用完。因此，消除消火栓栓口剩余水压是十分必要的。减压后消火栓栓口的出水压力应在 $H_{xh} \sim 0.50$ MPa 之间（H_{xh} 为消火栓栓口要求的最小灭火水压）。消火栓剩余压力的计算应从两种工况来分析。

工况一：当水泵由下管网向上管网供水时，按下式计算：

$$H_{xsh} = H_b - H_{xh} - h_z - h_g$$

式中　H_{xsh}——计算层最不利点消火栓栓口剩余水压，mH_2O；

　　　H_b——水泵在设计流量时的扬程，mH_2O；

　　　H_{xh}——消火栓栓口所需最小灭火水压，mH_2O；

　　　h_z——计算消火栓与水泵最低点吸水面之间的高程差引起的静水压，mH_2O；

　　　h_g——水经水泵到计算层最不利点消火栓之间管道沿程和局部水头损失之

和，mH_2O。

工况二：当由消防水箱向下供水时，按下式计算：

$$H_{xsh} = h_z - H_{xh} - h_g$$

式中　H_{xsh}——计算层最不利点消火栓栓口剩余水压，mH_2O；

　　　h_z——消防水箱最低水位与计算层最不利点消火栓栓口之间的高差引起的静水压，mH_2O；

　　　H_{xh}——消火栓栓口所需最小灭火水压，mH_2O；

　　　h_g——由消防水箱至计算层最不利点消火栓之间的管道沿程水头损失和局部水头损失之和，mH_2O。

消火栓内压力和流量是一个多变值，工程设计中可以简化一些。减压计算中，出水压力超过 $50mH_2O$ 的消火栓不必每层计算，可以每隔 $3\sim5$ 层选用统一规格的孔板，只要满足栓口出水压力在 $H_{xh}\sim50\ mH_2O$ 之间即可。

（2）减压孔板的计算与选择，可以参见《给水排水设计手册》（第 2 册）（第二版）的 13.4.2 节。

3.2.4　室内消火栓给水系统的操作

发生火灾时，应迅速打开消火栓箱门（见图 3-6），紧急时可将玻璃门击碎。按下箱内控制按钮，向控制中心报警。取出水枪，拉出水带，同时把水带接口一端与消火栓接口连接，另一端与水枪连接，在地上拉直水带，把室内栓手轮顺时针开启方向旋开，同时双手紧握水枪，喷水灭火。

图 3-6　消火栓箱体

灭火完毕后，关闭室内栓及所有阀门，将水带冲洗干净，置于阴凉干燥处晾干后，按原水带安置方式置于栓箱内。已破碎的控制按钮玻璃清理干净，换上同等规格的玻璃片。检查栓箱内所配置的消防器材是否齐全、完好，如果有损坏，则应及时修复或配齐。

3.2.5　室外消火栓给水系统的组成与工作原理

室外消火栓给水系统的任务是通过室外消火栓为消防车等消防设备提供消防用水，或通过进户管为室内消防给水设备提供消防用水。室外消防给水系统应满足扑救火灾时各种消防用水设备对水量、水压和水质的基本要求。

3.2.5.1 室外消火栓给水系统的组成

室外消火栓给水系统通常是指室外消防给水系统，它是设置在建筑物外墙外的消防给水系统，主要承担城市、集镇、居住区或工矿企业等室外部分的消防给水任务。

室外消火栓给水系统由消防水源、消防供水设备、室外消防给水管网和室外消火栓灭火设施组成。

室外消防给水管网包括进水管、干管和相应的配件、附件，室外消火栓灭火设施包括室外消火栓、水带、水枪等，如图3-7所示。

（a）地上式室外消火栓　　　　　（b）地下式室外消火栓

图3-7　室外消火栓

3.2.5.2 室外消火栓给水系统的工作原理

1. 常高压消防给水系统

常高压消防给水系统管网内应经常保持足够的压力和消防用水量。当火灾发生后，现场人员可从设置在附近的消火栓箱内取出水带和水枪，将水带与消火栓栓口连接，接上水枪，打开消火栓的阀门，直接出水灭火。

2. 临时高压消防给水系统

临时高压消防给水系统中设有消防泵，平时管网内压力较低。当火灾发生后，现场人员可从设置在附近的消火栓箱内取出水带和水枪，将水带与消火栓栓口连接，接上水枪，打开消火栓的阀门，通知水泵房启动消防泵，使管网内的压力达到高压给水系统的水压要求，消火栓即可投入使用。

3. 低压消防给水系统

低压消防给水系统管网内的压力较低，当火灾发生后，消防队员打开最近的室外消火栓，将消防车与室外消火栓连接，从室外管网内吸水加入消防车内，然后利用消防车直接加压灭火，或者由消防车通过水泵接合器向室内管网内加压供水。

3.2.6 室外消火栓给水系统的操作

DN100、DN150 出水口专供灭火消防车吸水之用。DN65 出水口供连接水带后放水灭火之用。当使用 DN100、DN150 出水口时，必须将两个 DN65 出水口关闭，使用 DN65 出水口时，必须将不用的出水口关紧，防止漏水，以免影响水压。

室外消火栓的操作方法：第一步将消防水带铺开，第二步将水枪与水带快速连接，第三步连接水带与室外消火栓。连接完毕后，用室外消火栓专用扳手逆时针旋转，把螺杆旋到最大位置，打开消火栓。

室外消火栓使用完毕后，需打开排水阀，将消火栓内的积水排出，以免结冰将消火栓损坏。

3.2.7 消火栓给水系统的维护

消火栓给水系统的维护管理是确保系统正常完好、有效使用的基本保障。

3.2.7.1 室外消火栓给水系统的维护管理

1. 地下消火栓的维护管理

地下消火栓应每季度进行一次检查保养，其内容主要包括以下几点。

（1）用专用扳手转动消火栓启闭杆，观察其灵活性，必要时加注润滑油。

（2）检查橡胶垫圈等密封件有无损坏、老化或丢失等情况。

（3）检查栓体外表油漆有无脱落，有无锈蚀，如有应及时修补。

（4）入冬前检查消火栓的防冻设施是否完好。

（5）重点部位消火栓，每年应逐一进行一次出水试验，出水应满足压力要求。在检查中可使用压力表测试管网压力，或者连接水带做射水试验，检查管网压力是否正常。

（6）随时消除消火栓井周围及井内积存的杂物。

（7）地下消火栓应有明显标志，要保持室外消火栓配套器材和标志的完整有效。

2. 地上消火栓的维护管理

（1）用专用扳手转动消火栓启动杆，观察其灵活性，必要时加注润滑油。

（2）检查出水口闷盖是否密封，有无缺损。

（3）检查栓体外表油漆有无脱落，有无锈蚀，如有应及时修补。

（4）每年开春后入冬前对地上消火栓逐一进行出水试验，出水应满足压力要求。在检查中可使用压力表测试管网压力，或者连接水带做射水试验，检查管网压力是否正常。

（5）定期检查消火栓前端阀门井。

（6）保持配套器材的完备有效，无遮挡。

室外消火栓给水系统的检查除上述内容外，还应包括与有关单位联合进行的室外消火栓给水消防水泵、消防水池的一般性检查，如经常检查消防水泵各种闸阀是否处于正常状态，消防水池水位是否符合要求。

3.2.7.2 室内消火栓给水系统的维护管理

1. 室内消火栓箱的维护管理

室内消火栓箱内应经常保持干燥、清洁，防止锈蚀、碰伤或者其他损坏。每半年至少进行一次全面的检查维修。其主要有以下内容。

（1）检查消火栓和消防卷盘供水闸阀是否渗漏水，如果渗漏水，则应及时更换密封圈。

（2）对消防水带、水枪、消防卷盘及其他配件进行检查，全部附件应齐全完好，消防卷盘转动灵活。

（3）检查消火栓启泵按钮、指示灯及控制线路，应功能正常、没有故障。

（4）消火栓箱及箱内装配的部件外观没有破损、涂层没有脱落，箱门玻璃完好无缺。

（5）对消火栓、供水阀门及消防卷盘等所有转动部位应定期加注润滑油。

2. 供水管路的维护管理

室外阀门井中，进水管上的控制阀门应每个季度检查一次，核实其处在全开启状态。系统上所有的控制阀门均应采用铅封或者锁链固定在开启或者规定的状态。每月应对铅封、锁链进行一次检查，当有破坏或者损坏时应及时修理更换。

（1）对管路进行外观检查，如果有腐蚀、机械损伤等，则应及时修复。

（2）检查阀门有无漏水，若有漏水，则应及时修复。

（3）室内消火栓设备管路上的阀门为常开阀，平时不得将其关闭，应检查其开启状态。

（4）检查管路的固定是否牢固，如果有松动，则应及时加固。

3.3 自动喷水灭火系统

3.3.1 自动喷水灭火系统的分类与组成

自动喷水灭火系统是由洒水喷头、报警阀组、水流报警装置（水流指示器或压力开关）等组件，以及管道、供水设施等组成，能在发生火灾时喷水的自动灭火系统。

扫一扫，看视频

自动喷水灭火系统根据所使用喷头的形式，可分为闭式自动喷水灭火系统和开式自动喷水灭火系统两大类；根据系统的用途和配置状况，自动喷水灭火系统又分为湿式自动喷水灭火系统、干式自动喷水灭火系统、预作用自动喷水灭火系统、雨淋自动喷水灭火系统、水幕系统和防护冷却系统等。

1. 湿式自动喷水灭火系统

湿式自动喷水灭火系统（以下简称湿式系统）由闭式洒水喷头、湿式报警阀组、水流指示器或压力开关、供水与配水管道以及供水设施等组成。在准工作状态下，配水管道内充满用于启动系统的有压水。湿式系统的组成示意图如图 3-8 所示。

2. 干式自动喷水灭火系统

干式自动喷水灭火系统（以下简称干式系统）由闭式洒水喷头、干式报警阀组、水流指示器或压力开关、供水与配水管道、充气设备以及供水设施等组成。在准工作状态下，配水管道内充满用于启动系统的有压气体。干式系统的启动原理与湿式系统的启动原理相似，只是将传输喷头开放信号的介质由有压水改为有压气体。干式系统的组成示意图如图 3-9 所示。

3. 预作用自动喷水灭火系统

预作用自动喷水灭火系统（以下简称预作用系统）由闭式洒水喷头、预作用装置、水流报警装置、供水与配水管道、充气设备和供水设施等组成。在准工作状态下，配水管道内不充水，发生火灾时，由火灾自动报警系统、充气管道上的压力开关连锁控制预作用装置和启动消防水泵，并转换为湿式系统。预作用系统与湿式系统、干式系统的不同之处在于系统采用预作用装置，并配套设置火灾自动报警系统。预作用系统的组成示意图如图 3-10 所示。

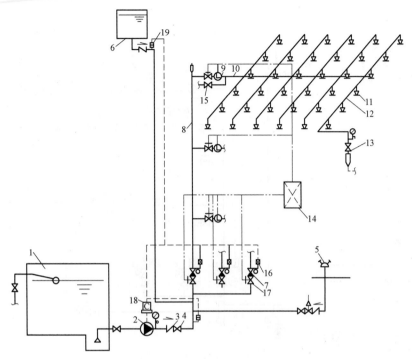

图 3-8　湿式系统的组成示意图

1—消防水池；2—消防水泵；3—止回阀；4—闸阀；5—消防水泵接合器；6—高位消防水箱；7—湿式报警阀组；

8—配水干管；9—水流指示器；10—配水管；11—闭式洒水喷头；12—配水支管；13—末端试水装置；14—报警控制器；

15—泄水阀；16—压力开关；17—信号阀；18—水泵控制柜；19—流量开关

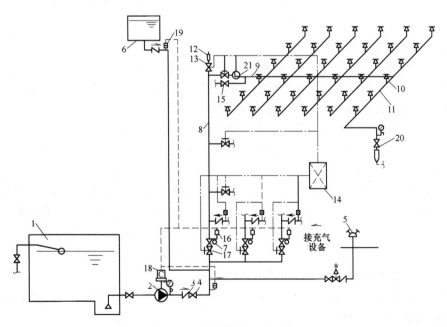

图 3-9　干式系统的组成示意图

1—消防水池；2—消防水泵；3—止回阀；4—闸阀；5—消防水泵接合器；6—高位消防水箱；7—干式报警阀组；

8—配水干管；9—配水管；10—闭式洒水喷头；11—配水支管；12—排气阀；13—电动阀；14—报警控制器；

15—泄水阀；16—压力开关；17—信号阀；18—水泵控制柜；19—流量开关；20—末端试水装置；21—水流指示器

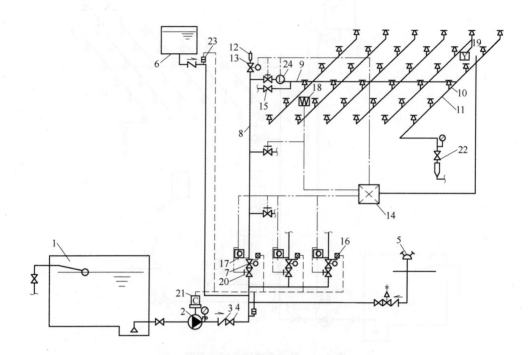

图 3-10　预作用系统的组成示意图

1—消防水池；2—消防水泵；3—止回阀；4—闸阀；5—消防水泵接合器；6—高位消防水箱；7—预作用装置；8—配水
干管；9—配水管；10—闭式洒水喷头；11—配水支管；12—排气阀；13—电动阀；14—报警控制器；15—泄水阀；
16—压力开关；17—电磁阀；18—感温探测器；19—感烟探测器；20—信号阀；21—水泵控制柜；22—末端试水装置；
23—流量开关；24—水流指示器

4. 雨淋自动喷水灭火系统

雨淋自动喷水灭火系统（以下简称雨淋系统）由开式洒水喷头、雨淋报警阀组、水流报警装置、供水与配水管道以及供水设施等组成。它与前几种系统的不同之处在于，雨淋系统采用开式洒水喷头，由雨淋报警阀组控制喷水范围，由配套的火灾自动报警系统或传动管控制，自动启动雨淋报警阀组和消防水泵。雨淋系统有电动、液动和气动控制方式，常用的电动与充液（水）传动管启动雨淋系统示意图分别如图 3-11 和图 3-12 所示。

5. 水幕系统

水幕系统由开式洒水喷头或水幕喷头、雨淋报警阀组或感温雨淋报警阀组、供水与配水管道、控制阀以及水流报警装置（水流指示器或压力开关）等组成。与前几种系统的不同之处在于，水幕系统不具备直接灭火的能力，而是用于防火分隔和冷却保护分隔物。水幕系统的组成与雨淋系统的组成基本一致，系统示意图可参照雨淋系统示意图。

6. 防护冷却系统

防护冷却系统由闭式洒水喷头、湿式报警阀组等组成，发生火灾时用于冷却防火卷帘、防火玻璃墙等防火分隔设施的闭式系统。

3.3.2　自动喷水灭火系统的工作原理与适用范围

不同类型的自动喷水灭火系统，其工作原理、控火效果等均有差异。因此，应根据设置

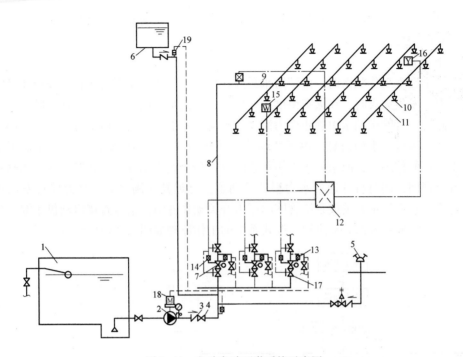

图 3-11 电动启动雨淋系统示意图

1—消防水池；2—消防水泵；3—止回阀；4—闸阀；5—消防水泵接合器；6—高位消防水箱；7—雨淋报警阀组；

8—配水干管；9—配水管；10—开式洒水喷头；11—配水支管；12—报警控制器；13—压力开关；

14—电磁阀；15—感温探测器；16—感烟探测器；17—信号阀；18—水泵控制柜；19—流量开关

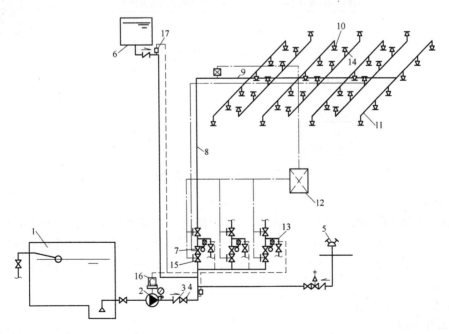

图 3-12 充液（水）传动管启动雨淋系统示意图

1—消防水池；2—消防水泵；3—止回阀；4—闸阀；5—消防水泵接合器；6—高位消防水箱；7—雨淋报警阀组；

8—配水干管；9—配水管；10—开式洒水喷头；11—配水支管；12—报警控制器；13—压力开关；14—闭式洒水喷头；

15—信号阀；16—水泵控制柜；17—流量开关

场所的建筑特征、火灾特点、环境条件等来确定自动喷水灭火系统的选型。

3.3.2.1 湿式系统

1. 工作原理

湿式系统在准工作状态时，由消防水箱或稳压泵、气压给水设备等稳压设施维持管道内的充水压力。发生火灾时，在火灾温度的作用下，闭式喷头的热敏元件动作，喷头开启并开始喷水。此时，管网中的水由静止变为流动，水流指示器动作送出电信号，在火灾报警控制器上显示某一区域喷水的信息。由于持续喷水泄压造成湿式报警阀的上部水压低于下部水压，在压力差的作用下，原来处于关闭状态的湿式报警阀自动开启。此时，压力水通过湿式报警阀流向管网，同时打开通向水力警铃的通道，延迟器充满水后，水力警铃发出声响警报，高位消防水箱流量开关或系统管网的压力开关动作并输出信号直接启动供水泵。供水泵投入运行后，完成系统的启动过程。湿式系统的工作原理如图 3-13 所示。

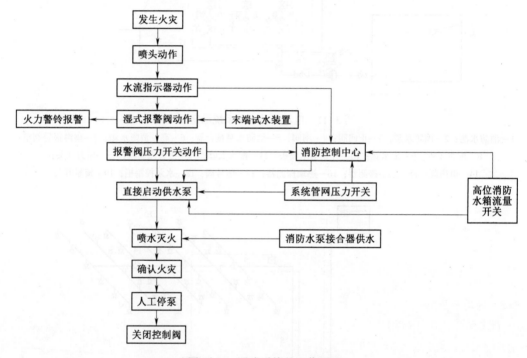

图 3-13　湿式系统的工作原理

2. 适用范围

湿式系统是应用最为广泛的自动喷水灭火系统之一，适合在温度不低于 4 ℃ 且不高于 70 ℃ 的环境中使用。在温度低于 4 ℃ 的场所使用湿式系统，存在系统管道和组件内充水冰冻的危险；在温度高于 70 ℃ 的场所采用湿式系统，存在系统管道和组件内充水蒸气压力升高而破坏管道的危险。

3.3.2.2 干式系统

1. 工作原理

干式系统在准工作状态时，由消防水箱或稳压泵、气压给水设备等稳压设施维持干式报警阀入口前管道内的充水压力，干式报警阀出口后的管道内充满有压气体（通常采用压缩空气），干式报警阀处于关闭状态。发生火灾时，在火灾温度的作用下，闭式洒水喷头的热敏元件动作，闭式洒水喷头开启，使干式报警阀的出口压力下降，加速器动作后促使干式报警阀迅速开启，管道开始排气充水，剩余压缩空气从系统最高处的排气阀和开启的喷头处喷出。此时，通向水力警铃和压力开关的通道被打开，水力警铃发出声响警报，高位消防水箱流量开关或管网压力开关动作并输出启泵信号，启动系统供水泵；管道完成排气充水过程后，开启的喷头开始喷水。从闭式洒水喷头开启至供水泵投入运行前，由消防水箱、气压给水设备或稳压泵等供水设施为系统的配水管道充水。干式系统的工作原理如图 3-14 所示。

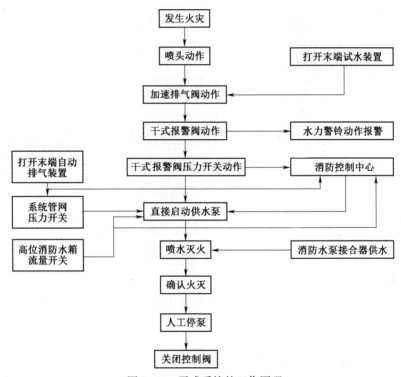

图 3-14　干式系统的工作原理

2. 适用范围

干式系统适用于环境温度低于 4 ℃ 或高于 70 ℃ 的场所。干式系统虽然解决了湿式系统不适用于高低温环境场所的问题，但由于准工作状态时配水管道内没有水，喷头动作、系统启动时必须经过一个管道排气、充水的过程，因此会出现滞后喷水现象，不利于系统及时控火、灭火。

3.3.2.3　预作用系统

1. 工作原理

预作用系统处于准工作状态时，由消防水箱或稳压泵、气压给水设备等稳压设施维持预作用装置入口前管道内的充水压力，预作用装置后的管道内平时无水或充以有压气体。发生火灾时，由火灾自动报警系统自动开启预作用报警阀的电磁阀，配水管道开始排气充水，使系统在闭式洒水喷头动作前转换成湿式系统，系统管网的压力开关或高位水箱的流量开关直接启动消防水泵并在闭式洒水喷头开启后立即喷水。预作用系统的工作原理如图 3-15 所示。

2. 适用范围

预作用系统可消除干式系统在喷头开放后延迟喷水的弊病，因此其在低温和高温环境中

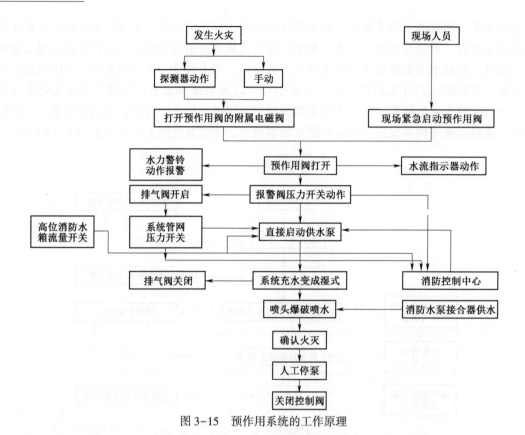

图 3-15　预作用系统的工作原理

可替代干式系统。系统处于准工作状态时，严禁管道漏水、严禁系统误喷的忌水场所应采用预作用系统。

3.3.2.4　雨淋系统

1. 工作原理

雨淋系统处于准工作状态时，由消防水箱或稳压泵、气压给水设备等稳压设施维持雨淋阀入口前管道内的充水压力。发生火灾时，由火灾自动报警系统或传动管自动控制开启雨淋报警阀和供水泵，向系统管网供水，由雨淋阀控制的开式洒水喷头同时喷水。雨淋系统的工作原理如图 3-16 所示。

2. 适用范围

雨淋系统的喷水范围由雨淋阀控制，在系统启动后立即大面积喷水。因此，雨淋系统主要适用于需大面积喷水、快速扑灭火灾的特别危险场所。火灾的水平蔓延速度快、闭式洒水喷头的开放不能及时使喷水有效覆盖着火区域，或室内净空高度超过一定高度且必须迅速扑救初起火灾，或火灾危险等级属于严重危险级Ⅱ级的场所，应采用雨淋系统。

3.3.2.5　水幕系统

1. 工作原理

水幕系统处于准工作状态时，由消防水箱或稳压泵、气压给水设备等稳压设施维持管道内的充水压力。发生火灾时，由火灾自动报警系统联动开启报警组，系统管网压力开关启动供水泵，向系统管网和喷头供水。

2. 适用范围

防火分隔水幕系统利用密集喷洒形成的水墙或多层水帘，可封堵防火分区处的孔洞，阻

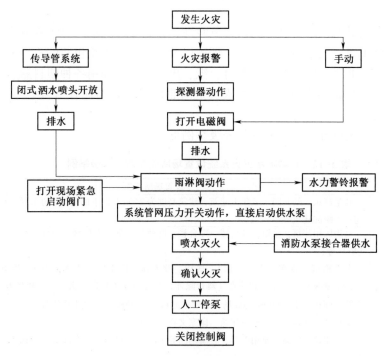

图 3-16 雨淋系统的工作原理

挡火灾和烟气的蔓延，因此适用于局部防火分隔处。防护冷却水幕系统则利用喷水在物体表面形成的水膜，控制防火分区处分隔物的温度，使分隔物的完整性和隔热性免遭火灾破坏，因此适用于对防火卷帘、防火玻璃墙等防火分隔设施的冷却保护。

3.3.3　自动喷水灭火系统的主要设计参数

自动喷水灭火系统的设计应以《自动喷水灭火系统设计规范》（GB 50084—2017）等国家现行标准和规范为依据，根据设置场所和保护对象特点，确定火灾危险等级、防护目的和设计基本参数。

3.3.3.1　火灾危险等级

自动喷水灭火系统设置场所的火灾危险等级共分为 4 类 8 级，即轻危险级、中危险级（Ⅰ、Ⅱ级）、严重危险级（Ⅰ、Ⅱ级）和仓库危险级（Ⅰ、Ⅱ、Ⅲ级）。

1. 轻危险级

轻危险级一般是指可燃物品较少、火灾放热速率较低、外部增援和人员疏散较容易的场所。

2. 中危险级

中危险级一般是指内部可燃物数量、火灾放热速率中等，初起火灾不会引起剧烈燃烧的场所。大部分民用建筑和工业厂房划归中危险级。根据此类场所种类多、范围广的特点，再细分为中Ⅰ级和中Ⅱ级。

3. 严重危险级

严重危险级一般是指火灾危险性大，且可燃物品数量多，火灾发生时容易引起猛烈燃烧并可能迅速蔓延的场所。

4. 仓库危险级

根据仓库储存物品及其包装材料的火灾危险性，将仓库火灾危险等级划分为Ⅰ、Ⅱ、Ⅲ级。仓库火灾危险Ⅰ级一般是指储存食品、烟酒以及用木箱、纸箱包装的不燃或难燃物品的场所；仓库火灾危险Ⅱ级一般是指储存木材、纸、皮革等物品和用各种塑料瓶、盒包装的不燃物品及各类物品混杂储存的场所；仓库火灾危险Ⅲ级一般是指储存 A 组塑料与橡胶及其制品等物品的场所。

自动喷水灭火系统设置场所火灾危险等级举例见表 3-12。

表 3-12 自动喷水灭火系统设置场所火灾危险等级举例

火灾危险等级		设置场所举例
轻危险级		住宅建筑、幼儿园、老年人建筑，建筑高度为 24 m 及以下的旅馆、办公楼，仅在走道设置闭式系统的建筑等
中危险级	Ⅰ级	高层民用建筑：旅馆、办公楼、综合楼、邮政楼、金融电信楼、指挥调度楼、广播电视楼（塔）等； 公共建筑（含单、多、高层）：医院、疗养院；图书馆（书库除外）、档案馆、展览馆（厅）；影剧院、音乐厅和礼堂（舞台除外）及其他娱乐场所；火车站、机场及码头的建筑；总建筑面积小于 5000 m² 的商场、总建筑面积小于 1000 m² 的地下商场等； 文化遗产建筑：木结构古建筑、国家文物保护单位等； 工业建筑：食品、家用电器、玻璃制品等工厂的备料与生产车间等，冷藏库、钢屋架等建筑构件
	Ⅱ级	民用建筑：书库、舞台（葡萄架除外）、汽车停车场、总建筑面积为 5000 m² 及以上的商场、总建筑面积为 1000 m² 及以上的地下商场、净空高度不超过 8 m、物品高度不超过 3.5 m 的自选商场等； 工业建筑：棉、毛、麻、丝、化纤的纺织、织物及其制品，木材木器及胶合板，谷物加工，烟草及其制品，饮用酒（啤酒除外），皮革及其制品，造纸及纸制品，制药等工厂的备料与生产车间
严重危险级	Ⅰ级	印刷厂，酒精制品、可燃液体制品等工厂的备料及车间，净空高度不超过 8 m、物品高度超过 3.5 m 的自选商场等
	Ⅱ级	易燃液体喷雾操作区域，固体易燃物品、可燃的气溶胶制品、溶剂清洗、喷涂油漆、沥青制品等工厂的备料及生产车间，摄影棚、舞台葡萄架下部
仓库危险级	Ⅰ级	食品、烟酒，木箱、纸箱包装的不燃及难燃物品等
	Ⅱ级	木材、纸、皮革、谷物及其制品，棉、毛、麻、丝、化纤及其制品，家用电器、电缆、B组塑料与橡胶及其制品，钢塑混合材料制品，各种塑料瓶盒包装的不燃物品及各类物品混杂储存的仓库等
	Ⅲ级	A 组塑料与橡胶及其制品、沥青制品等

注：①A 组塑料、橡胶：丙烯腈-丁二烯-苯乙烯共聚物（ABS）、缩醛（聚甲醛）、聚甲基丙烯酸甲酯、玻璃纤维增强聚酯（FRP）、热塑性聚酯（PET）、聚丁二烯、聚碳酸酯、聚乙烯、聚丙烯、聚苯乙烯、聚氨基甲酸酯、高增塑聚氯乙烯（PVC，如人造革、胶片等）、苯乙烯-丙烯腈（SAN）等；丁基橡胶、乙丙橡胶（EPDM）、发泡类天然橡胶、腈橡胶（丁腈橡胶）、聚酯合成橡胶、丁苯橡胶（SBR）等；

②组塑料、橡胶：醋酸纤维素、醋酸丁酸纤维素、乙基纤维素、氟塑料、锦纶（锦纶 6、锦纶 6/6）、三聚氰胺甲醛、酚醛塑料、硬聚氯乙烯（PVC，如管道、管件等）、聚偏二氟乙烯（PVDC）、聚偏氟乙烯（PVDF）、聚氟乙烯（PVF）、脲甲醛等；

③氯丁橡胶、不发泡类天然橡胶、硅橡胶等；

④粉末、颗粒、压片状的 A 组塑料

3.3.3.2　自动喷水灭火系统设计基本参数

自动喷水灭火系统的设计基本参数应根据建筑物的不同用途、规模及其火灾危险等级等因素确定。

1. 民用建筑和工业厂房的系统设计基本参数

对于民用建筑和工业厂房，系统设计基本参数应符合表 3-13 的要求。仅在走道设置洒水喷头的闭式系统，其作用面积应按最大疏散距离所对应的走道面积确定；在装有网格、栅板类通透性吊顶的场所，系统的喷水强度应按表 3-13 规定值的 1.3 倍确定；干式系统的作用面积按表 3-13 规定值的 1.3 倍确定。系统最不利点处喷头的工作压力不应低于 0.05 MPa。

表 3-13　民用建筑和工业厂房采用湿式系统的设计基本参数

火灾危险等级		最大净空高度 h/m	喷水强度/[L/(min·m²)]	作用面积/m²
轻危险级			4	
中危险级	Ⅰ级	$h \leqslant 8$	6	160
	Ⅱ级		8	
严重危险级	Ⅰ级		12	260
	Ⅱ级		16	

2. 民用建筑和厂房高大空间场所的系统设计基本参数

民用建筑和厂房高大空间场所采用的湿式系统，其设计基本参数应符合表 3-14 的规定。表中未列入的场所，应根据该表规定场所的火灾危险性质类比确定。当民用建筑高大空间场所的最大净空高度为 12 m<h<18 m 时，应采用非仓库型特殊应用喷头。最大净空高度超过 8 m 的超级市场采用的湿式系统，其设计基本参数应按仓库湿式系统设计基本参数执行。

3. 不同仓库内的系统设计基本参数

对于不同仓库，系统设计基本参数应根据仓库内物质的火灾危险性质、储存的方式以及系统所选用的喷头类型，按照《自动喷水灭火系统设计规范》（GB 50084—2017）的有关规定确定。

（1）仓库危险级Ⅰ级场所湿式系统的设计基本参数。火灾危险等级为仓库危险级Ⅰ级的储存仓库及类似场所，采用湿式系统时，其设计基本参数应符合表 3-15 的规定。

表 3-14　民用建筑和厂房高大空间场所采用湿式系统的设计基本参数

适用场所		最大净空高度 h/m	喷水强度/[L/(min·m²)]	作用面积/m²	喷头间距 S/m
民用建筑	中庭、体育馆、航站楼等	$8 < h \leqslant 12$	12	160	$1.8 \leqslant S \leqslant 3.0$
		$12 < h \leqslant 18$	15		
	影剧院、音乐厅、会展中心等	$8 < h \leqslant 12$	15		
		$12 < h \leqslant 18$	20		
厂房	制衣制鞋、玩具、木器、电子生产车间等	$8 < h \leqslant 12$	15		
	棉纺厂、麻纺厂、泡沫塑料生产车间等		20		

表 3-15　仓库危险级 I 级场所湿式系统的设计基本参数

储存方式	最大净空高度 h/m	最大储物高度 h_s/m	喷水强度 /[L/(min·m²)]	作用面积 /m²	持续喷水时间/h
堆垛、托盘	9.0	$h_s \leq 3.5$	8.0	160	1.0
		$3.5 < h_s \leq 6.0$	10.0	200	1.5
		$6.0 < h_s \leq 7.5$	14.0		
单、双、多排货架		$h_s \leq 3.0$	6.0	160	
		$3.0 < h_s \leq 3.5$	8.0		
单、双排货架		$3.5 < h_s \leq 6.0$	18.0		
		$6.0 < h_s \leq 7.5$	14.0+1J	200	
多排货架		$3.5 < h_s \leq 4.5$	12.0		
		$4.5 < h_s \leq 6.0$	18.0		
		$6.0 < h_s \leq 7.5$	18.0+1J		

注：① 货架储物高度大于 7.5 m 时，应设置货架内置洒水喷头。顶板下洒水喷头的喷水强度不应低于 18.0 L/(min·m²)，作用面积不应小于 200 m²，持续喷水时间不应小于 2.0 h。

② 字母"J"表示货架内置洒水喷头，"J"前的数字表示货架内置洒水喷头的层数。

（2）仓库危险级 II 级场所湿式系统的设计基本参数。火灾危险等级为仓库危险级 II 级的储存仓库及类似场所，采用湿式系统时，其设计基本参数应符合表 3-16 的规定。

（3）仓库危险级 III 级场所湿式系统的设计基本参数。火灾危险等级为仓库危险级 III 级的储存仓库及类似场所，采用湿式系统时，其设计基本参数具体参考标准规范。

（4）混杂储存仓库湿式系统的设计基本参数。仓库危险级 I 级、II 级的仓库中混杂储存有仓库危险级 III 级的货品，采用湿式系统时，其设计基本参数具体参考标准规范。

表 3-16　仓库危险级 II 级场所湿式系统的设计基本参数

储存方式	最大净空高度 h/m	最大储物高度 h_s/m	喷水强度 /[L/(min·m²)]	作用面积 /m²	持续喷水时间/h
堆垛、托盘	9.0	$h_s \leq 3.5$	8.0	160	1.5
		$3.5 < h_s \leq 6.0$	16.0	200	2.0
		$6.0 < h_s \leq 7.5$	22.0		
单、双、多排货架		$h_s \leq 3.0$	8.0	160	1.5
		$3.0 < h_s \leq 3.5$	12.0	200	
单、双排货架		$3.5 < h_s \leq 6.0$	24.0	280	
		$6.0 < h_s \leq 7.5$	22.0+1J		
多排货架		$3.5 < h_s \leq 4.5$	18.0	200	2.0
		$4.5 < h_s \leq 6.0$	18.0+1J		
		$6.0 < h_s \leq 7.5$	18.0+2J		

注：① 货架储物高度大于 7.5 m 时，应设置货架内置洒水喷头。顶板下洒水喷头的喷水强度不应低于 20 L/(min·m²)，作用面积不应小于 200 m²，持续喷水时间不应小于 2.0 h。

② 字母"J"表示货架内置洒水喷头，"J"前的数字表示货架内置洒水喷头的层数。

（5）采用早期抑制快速响应洒水喷头的系统设计基本参数。仓库和类似场所采用早期抑制快速响应洒水喷头时，湿式系统设计基本参数具体参考标准规范。

（6）采用仓库型特殊应用喷头的湿式系统设计基本参数。仓库和类似场所采用仓库型特殊应用喷头时，湿式系统设计基本参数具体参考标准规范。

4. 局部应用系统的设计基本参数

室内最大净空高度不超过 8 m，且保护区域总建筑面积不超过 1000 m² 及火灾等级为轻危险级或中危险级 I 级场所的民用建筑可采用局部应用湿式系统，系统应采用快速响应喷头，喷水强度不应低于 6 L/（min·m²），持续喷水时间不应低于 0.5 h 洒水。洒水喷头的选型、布置和作用面积（按开放式洒水喷头数确定）应符合下列要求。

（1）采用标准覆盖面积洒水喷头的系统。采用标准覆盖面积洒水喷头的系统，洒水喷头的布置应符合轻危险级或中危险级 I 级场所的有关规定，作用面积内开放式洒水喷头数量应符合表 3-17 的规定。

表 3-17　采用标准覆盖面积洒水喷头时作用面积内开放式洒水喷头数量

保护区域总建筑面积和最大厅室建筑面积	开放式洒水喷头数量/只
保护区域总建筑面积超过 300 m² 或最大厅室建筑面积超过 200 m²	10
保护区域总建筑面积不超过 300 m²	最大厅室洒水喷头数量+2 当少于 5 只时，取 5 只；当多于 8 只时，取 8 只

（2）采用扩大标准覆盖面积洒水喷头的系统。采用扩大标准覆盖面积洒水喷头的系统，洒水喷头应采用正方形布置，其布置间距应按照直立型、下垂型扩大覆盖面积洒水喷头的布置间距要求，且不应小于 2.4 m，作用面积应按开放式洒水喷头数量不少于 6 只确定。

5. 水幕系统设计基本参数

水幕系统设计基本参数应符合表 3-18 的规定。当采用防护冷却水幕系统保护防火卷帘、防火玻璃墙等防火分隔设施时，系统应独立设置，喷头设置高度不应超过 8 m；当喷头设置高度为 4~8 m 时，应采用快速响应洒水喷头；当喷头设置高度不超过 4 m 时，喷水强度不应小于 0.5 L/（s·m）；当超过 4 m 时，每增加 1 m，喷水强度应增加 0.1 L/（s·m）；喷头设置应确保喷洒到被保护对象后布水均匀，喷头间距应为 1.8~2.4 m；喷头溅水盘与防火分隔设施的水平距离不应大于 0.3 m，与顶板的距离应符合国家消防技术标准和规范的要求；持续喷水时间不应小于系统设置部位的耐火极限要求。

表 3-18　水幕系统设计基本参数

水幕系统类别	喷水点高度 h/m	喷水强度/[L/（s·m）]	喷头工作压力/MPa
防火分隔水幕	h≤12	2.0	0.1
防护冷却水幕	h≤4	0.5	

6. 持续喷水时间

除《自动喷水灭火系统设计规范》（GB 50084—2017）另有特殊规定外，自动喷水灭火系统的持续喷水时间应按火灾延续时间不小于 1.0 h 确定。

3.3.4 自动喷水灭火系统的主要组件与设置要求

自动喷水灭火系统主要由洒水喷头、报警阀组、水流指示器、压力开关和末端试水装置等组件组成。下面主要介绍其结构组成和设置要求。

3.3.4.1 洒水喷头

根据结构组成、安装方式、热敏元件、覆盖面积应用场所，洒水喷头可分为不同的类型，见表3-19，其设置要求也有所区别。

表3-19 洒水喷头的分类

分 类 依 据	洒 水 喷 头
按结构形式分类	闭式洒水喷头
	开式洒水喷头
按安装方式分类	下垂型洒水喷头
	直立型洒水喷头
	边墙型洒水喷头
	吊顶型洒水喷头
按热敏元件分类	玻璃球洒水喷头
	易熔元件洒水喷头
按覆盖面积分类	标准覆盖面积洒水喷头
	扩大标准覆盖面积洒水喷头
按应用场所分类	早期抑制快速响应洒水喷头
	家用洒水喷头
	特殊应用洒水喷头
按响应时间分类	快速响应洒水喷头
	标准响应洒水喷头
	特殊响应洒水喷头

1. 喷头分类

闭式洒水喷头具有释放机构，由玻璃球、易熔元件、密封件等零件组成。平时，闭式熔喷头的出水口由释放机构封闭，达到公称动作温度时，玻璃球破裂或易熔元件熔化，释放机构自动脱落，喷头开启喷水。闭式洒水喷头具有定温探测器和定温阀及布水器的作用。开式洒水喷头（包括水幕喷头）没有释放机构，喷口呈常开状态。各种喷头的构造如图3-17~图3-19所示。

按照单只喷头的保护面积进行分类，喷头可分为标准覆盖面积洒水喷头和扩大标准覆盖面积洒水喷头。标准覆盖面积洒水喷头是指流量系统 $K \geqslant 80$，一只喷头的最大保护面积不超过 20 m² 的直立型洒水喷头、下垂型洒水喷头及一只喷头的最大保护面积不超过 18 m² 的边墙型洒水喷头；扩大标准覆盖面积洒水喷头是指流量系统 $K \geqslant 80$，一只喷头的最大保护面积大于标准覆盖面积洒水喷头的保护面积且不超过 36 m² 的洒水喷头，包括直立型洒水喷头、下垂型洒水喷头和边墙型扩大标准覆盖面积洒水喷头。

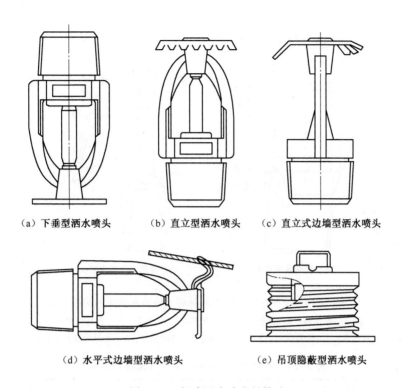

（a）下垂型洒水喷头　　（b）直立型洒水喷头　　（c）直立式边墙型洒水喷头

（d）水平式边墙型洒水喷头　　　　（e）吊顶隐蔽型洒水喷头

图 3-17　闭式洒水喷头的构造

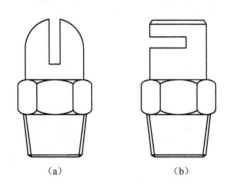

（a）　　　　　　　（b）

图 3-18　水幕洒水喷头的构造

　　喷头根据其响应时间（灵敏度），可分为快速响应洒水喷头、特殊响应洒水喷头和标准响应洒水喷头。快速响应洒水喷头的响应时间系数为 $RTI \leqslant 50(m \cdot s)^{0.5}$，特殊响应洒水喷头的响应时间系数为 $50 < RTI \leqslant 80(m \cdot s)^{0.5}$，标准响应洒水喷头的响应时间系数为 $80 < RTI \leqslant 350(m \cdot s)^{0.5}$。

　　根据国家标准《自动喷水灭火系统 第 1 部分：洒水喷头》（GB 5135.1—2003），玻璃球洒水喷头的公称动作温度分为 13 个温度等级，易熔元件洒水喷头的公称动作温度分为 7 个温度等级。为了区分不同公称动作温度的喷头，将感温玻璃球中的液体和易熔元件洒水喷头的轭臂标识不同的颜色，见表 3-20。

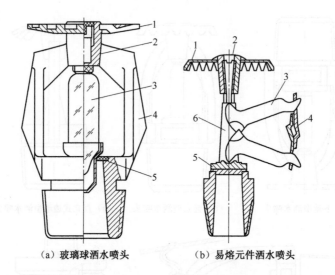

(a) 玻璃球洒水喷头　　　　　(b) 易熔元件洒水喷头

图3-19　玻璃球洒水喷头和易熔元件洒水喷头的构造

(a) 1—溅水盘；2—调整螺钉；3—玻璃球；4—框架；5—密封垫及封堵

(b) 1—溅水盘；2—调整螺钉；3—悬臂支承；4—热敏元件；5—密封垫及封堵；6—框架

表3-20　闭式洒水喷头的公称动作温度和色标

玻璃球洒水喷头		易熔元件洒水喷头	
公称动作温度/℃	工作液色标	公称动作温度/℃	轭臂色标
57	橙	57~77	无色
68	红	80~107	白
79	黄	121~149	蓝
93	绿	163~191	红
107	绿	204~246	绿
121	蓝	260~302	橙
141	蓝	320~343	橙
163	紫		
182	紫		
204	黑		
227	黑		
260	黑		
343	黑		

2. 喷头选型与设置要求

(1) 基本要求。设置闭式系统的场所，所选喷头的类型和场所的最大净空高度应符合表3-21的规定，但仅用于保护室内钢屋架等建筑构件的洒水喷头和货架内置洒水喷头，可不受此表规定的限制。闭式系统喷头的动作温度宜高于环境最高温度30 ℃。

表 3-21　洒水喷头类型和场所净空高度

设置场所		喷头类型			场所净空高度 h/m
		一只喷头的保护面积	响应时间性能	流量系数 K	
民用建筑	普通场所	标准覆盖面积洒水喷头	快速响应洒水喷头 特殊响应洒水喷头 标准响应洒水喷头	$K \geqslant 80$	$h \leqslant 8$
		扩大标准覆盖面积洒水喷头	快速响应洒水喷头	$K \geqslant 80$	
	高大空间场所	标准覆盖面积洒水喷头	快速响应洒水喷头	$K \geqslant 115$	$8 < h \leqslant 12$
		非仓库型特殊应用洒水喷头			
		非仓库型特殊应用洒水喷头			$12 < h \leqslant 18$
厂房		标准覆盖面积洒水喷头	特殊响应洒水喷头 标准响应洒水喷头	$K \geqslant 80$	$h \leqslant 8$
		扩大标准覆盖面积洒水喷头	标准响应洒水喷头	$K \geqslant 80$	
		标准覆盖面积洒水喷头	特殊响应洒水喷头 标准响应洒水喷头	$K \geqslant 115$	$8 < h \leqslant 12$
		非仓库型特殊应用洒水喷头			
仓库		标准覆盖面积洒水喷头	特殊响应洒水喷头 标准响应洒水喷头	$K \geqslant 80$	$h \leqslant 9$
		仓库型特殊应用洒水喷头			$h \leqslant 12$
		早期抑制快速响应洒水喷头			$h \leqslant 13.5$

（2）喷头选型。

1）对于湿式系统，在吊顶下布置喷头时，应采用下垂型洒水喷头或吊顶型洒水喷头；顶板为水平面的轻危险级、中危险级Ⅰ级住宅建筑、宿舍、旅馆建筑客房、医疗建筑病房和办公室，可采用边墙型洒水喷头；易受碰撞的部位，应采用带保护罩的洒水喷头或吊顶型洒水喷头；在不设吊顶的场所内设置喷头，当配水支管布置在梁下时，应采用直立型洒水喷头。顶板为水平且无梁、通风管道等障碍物影响喷头洒水的场所，可采用扩大标准覆盖面积洒水喷头；住宅建筑和宿舍、公寓等非住宅居住建筑宜采用家用洒水喷头。自动喷水防护冷却系统可采用边墙型洒水喷头。

2）对于干式系统和预作用系统，应采用直立型洒水喷头或干式下垂型洒水喷头。

3）对于水幕系统，防火分隔水幕应采用开式洒水喷头或水幕洒水喷头，防护冷却水幕应采用水幕洒水喷头。

4）对于公共娱乐场所，中庭环廊，医院、疗养院的病房及治疗区域，老年、少儿、残疾人的集体活动场所，超出水泵接合器供水高度的楼层，地下商业场所，宜采用快速响应洒水喷头。当采用快速响应洒水喷头时，系统应为湿式系统。

5）不宜选用隐蔽式洒水喷头，确需采用时，应仅适用于轻危险级和中危险级Ⅰ级场所。

（3）喷头布置。

1）直立型、下垂型标准覆盖面积洒水喷头的布置。其包括同一根配水支管上喷头的间距及相邻配水支管的间距，应根据系统设置场所的火灾危险等级、喷头类型和工作压力确定，并应符合表 3-22 的要求，且不应小于 1.8 m。

表 3-22　直立型、下垂型标准覆盖面积洒水喷头的布置

火灾危险等级	正方形布置的边长/m	矩形或平行四边形布置的长边边长/m	一只喷头的最大保护面积/m²	喷头与端墙的距离/m	
				最大	最小
轻危险级	4.4	4.5	20.0	2.2	0.1
中危险级Ⅰ级	3.6	4.0	12.5	1.8	
中危险级Ⅱ级	3.4	3.6	11.5	1.7	
严重危险级、仓库危险级	3.0	3.6	9.0	1.5	

注：① 设置单排洒水喷头的闭式系统，其洒水喷头间距应按地面不留喷空白点确定。
　　② 严重危险级或仓库危险级场所宜采用流量系数大于 80 的洒水喷头。

2）直立型、下垂型扩大标准覆盖面积洒水喷头的布置。其应采用正方形布置，其布置间距不应大于表 3-23 的规定，且不应小于 2.4 m。

表 3-23　直立型、下垂型扩大标准覆盖面积洒水喷头的布置

火灾危险等级	正方形布置的边长/m	一只喷头的最大保护面积/m²	喷头与端墙的距离/m	
			最大	最小
轻危险级	5.4	29.0	2.7	0.1
中危险级Ⅰ级	4.8	23.0	2.4	
中危险级Ⅱ级	4.2	17.5	2.1	
严重危险级	3.6	13.0	1.8	

3）边墙型标准覆盖面积洒水喷头的布置。其最大保护跨度与间距应符合表 3-24 的规定。

4）边墙型扩大标准覆盖面积洒水喷头的布置。边墙型扩大标准覆盖面积洒水喷头的最大保护跨度和配水管上洒水喷头的间距，应按洒水喷头在工作压力下能够喷湿对面墙和邻近墙距溅水盘 1.2 m 以下的墙面确定，且保护面积内的喷水强度符合民用建筑和工业厂房采用湿式系统的设计基本参数的规定。

表 3-24　边墙型标准覆盖面积洒水喷头的最大保护跨度与间距

火灾危险等级	配水支管上洒水喷头的最大间距/m	单排洒水喷头的最大保护跨度/m	两排相对洒水喷头的最大保护跨度/m
轻危险级	3.6	3.6	7.2
中危险级Ⅰ级	3.0	3.0	6.0

注：① 两排相对洒水喷头应交错布置。
　　② 室内跨度大于两排相对洒水喷头的最大保护跨度时，应在两排相对洒水喷头中间增设一排洒水喷头。

5）直立型、下垂型早期抑制快速响应洒水喷头及特殊响应洒水喷头和家用洒水喷头的布置。除吊顶型洒水喷头及吊顶下设置的洒水喷头外，直立型、下垂型早期抑制快速响应洒水喷头及特殊响应洒水喷头和家用洒水喷头溅水盘与顶板的距离应符合表 3-25 的规定。

表 3-25　喷头溅水盘与顶板的距离

喷头类型		喷头溅水盘与顶板的距离 S_L/mm
早期抑制快速响应洒水喷头	直立型	$100 \leqslant S_L \leqslant 150$
	下垂型	$150 \leqslant S_L \leqslant 360$
特殊响应洒水喷头		$150 \leqslant S_L \leqslant 200$
家用洒水喷头		$25 \leqslant S_L \leqslant 100$

6）图书馆、档案馆、商场、仓库中通道上方洒水喷头的布置。图书馆、档案馆、商场、仓库中通道上方宜设有洒水喷头。洒水喷头与被保护对象的水平距离不应小于 0.3 m，喷头溅水盘与保护对象的最小垂直距离不应小于表 3-26 的规定。

表 3-26　喷头溅水盘与保护对象的最小垂直距离

喷头类型	最小垂直距离/mm
标准覆盖面积洒水喷头、扩大标准覆盖面积洒水喷头	450
特殊响应洒水喷头、早期抑制快速响应洒水喷头	900

7）货架内置洒水喷头的布置。货架内置洒水喷头宜与顶板下洒水喷头交错布置，其溅水盘与上方层板的距离应符合《自动喷水灭火系统设计规范》（GB 50084—2017）的规定，与其下部储物顶面的垂直距离不应小于 150 mm。当货架内置洒水喷头上方有孔洞、缝隙时，可在洒水喷头的上方设置挡水板。挡水板应为正方形或圆形金属板，其平面面积不宜小于 0.12 m²，周围弯边的下沿宜与洒水喷头的溅水盘平齐。

8）通透性吊顶场所洒水喷头的布置。装设网格、栅板类通透性吊顶场所，当通透面积占吊顶总面积的比例大于 70% 时，喷头应设置在吊顶上方，且通透性吊顶开口部位的净宽度不应小于 10 mm，开口部位的厚度不应大于开口的最小宽度。洒水喷头间距及溅水盘与吊顶上表面的距离应符合表 3-27 的规定。

9）闷顶和技术夹层内洒水喷头的设置。净空高度大于 800 mm 的闷顶和技术夹层内应设置洒水喷头，当闷顶内敷设的配电线路采用不燃材料套管或封闭式金属线槽保护，风管保温材料等采用不燃、难燃材料制作，且无其他可燃物时，闷顶和技术夹层内可不设置洒水喷头。

表 3-27　通透性吊顶场所洒水喷头的布置要求

火灾危险等级	喷头间距 S/m	喷头溅水盘与吊顶上表面的最小距离/mm
轻危险级、中危险级Ⅰ级	$S \leqslant 3.0$	450
	$3.0 < S \leqslant 3.6$	600
	$S > 3.6$	900
中危险级Ⅱ级	$S \leqslant 3.0$	600
	$S > 3.0$	900

10）水幕洒水喷头的布置。防火分隔水幕的喷头布置，应保证水幕的宽度不小于 6 m。采用水幕洒水喷头时，喷头不应少于 3 排；采用开式洒水喷头时，喷头不应少于 2 排。防护冷却水幕的喷头宜布置成单排，当防火卷帘、防火玻璃墙等防火分隔设施需采用防护冷却系统保护时，喷头应根据可燃物的情况，在防火分隔设施的一侧或两侧布置；外墙可只在需要

保护的一侧布置。

11）斜面顶板或吊顶场所的洒水喷头布置。当顶板或吊顶为斜面时，喷头应垂直于斜面，并应按斜面距离确定洒水喷头间距。坡屋顶的屋脊处应设一排洒水喷头，当屋顶坡度不小于 1/3 时，喷头溅水盘至屋脊的垂直距离不应大于 800 mm；当屋顶坡度小于 1/3 时，喷头溅水盘至屋脊的垂直距离不应大于 600 mm。

12）边墙型洒水喷头溅水盘与顶板和背墙的距离。采用边墙型洒水喷头时，其溅水盘与顶板和背墙的距离应符合表 3-28 的规定。

表 3-28　边墙型洒水喷头溅水盘与顶板和背墙的距离

喷头类型		喷头溅水盘与顶板的距离 S_L/mm	喷头溅水盘与背墙的距离 S_W/mm
边墙型标准覆盖面积洒水喷头	直立型	$100 \leqslant S_L \leqslant 150$	$50 \leqslant S_W \leqslant 100$
	水平式	$150 \leqslant S_L \leqslant 300$	—
边墙型扩大覆盖面积洒水喷头	直立型	$100 \leqslant S_L \leqslant 150$	$100 \leqslant S_W \leqslant 150$
	水平式	$150 \leqslant S_L \leqslant 300$	—
边墙型家用洒水喷头		$100 \leqslant S_L \leqslant 150$	—

13）洒水喷头布置的其他要求。同一场所内的洒水喷头应布置在同一个平面上，并应贴近顶板安装，使闭式洒水喷头处于有利于接触火灾热气流的位置，除吊顶型洒水喷头及吊顶下设置的洒水喷头外，直立型、下垂型标准覆盖面积洒水喷头和扩大标准覆盖面积洒水喷头的溅水盘与顶板的距离不应小于 75 mm，且不应大于 150 mm。当在梁或其他障碍物的下方布置洒水喷头时，洒水喷头与顶板之间的距离不应大于 300 mm。梁和障碍物及密肋梁板下布置的洒水喷头，其溅水盘与梁等障碍物及密肋梁板底面的垂直距离不应小于 25 mm，且不应大于 100 mm。当在梁间布置洒水喷头时，洒水喷头与梁的距离应符合表 3-29 的规定。确有困难时，其溅水盘与顶板的距离不应大于 550 mm，以避免洒水遭受阻挡。梁间布置的洒水喷头，其溅水盘与顶板的距离达到 550 mm 仍不能符合表 3-29 的规定时，应在梁底面的下方增设洒水喷头。洒水喷头与障碍物距离的其他要求，应符合国家消防技术标准和规范的规定。

表 3-29　洒水喷头与梁、通风管道等障碍物的距离　　　　　　（单位：mm）

洒水喷头与梁、通风管道的水平距离 a	喷头溅水盘与梁或通风管道的底面的垂直距离 b		
	标准覆盖面积洒水喷头	扩大标准覆盖面积洒水喷头、家用洒水喷头	早期抑制快速响应洒水喷头、特殊响应洒水喷头
$a < 300$	0	0	0
$300 \leqslant a < 600$	$b \leqslant 60$	0	$b \leqslant 40$
$600 \leqslant a < 900$	$b \leqslant 140$	$b \leqslant 30$	$b \leqslant 140$
$900 \leqslant a < 1200$	$b \leqslant 240$	$b \leqslant 80$	$b \leqslant 250$
$1200 \leqslant a < 1500$	$b \leqslant 350$	$b \leqslant 130$	$b \leqslant 380$
$1500 \leqslant a < 1800$	$b \leqslant 450$	$b \leqslant 180$	$b \leqslant 550$
$1800 \leqslant a < 2100$	$b \leqslant 600$	$b \leqslant 230$	$b \leqslant 780$
$a \geqslant 2100$	$b \leqslant 880$	$b \leqslant 350$	$b \leqslant 780$

3.3.4.2 报警阀组

自动喷水灭火系统根据不同的系统选用不同的报警阀组。

1. 报警阀组的分类及组成

报警阀组分为湿式报警阀组、干式报警阀组、雨淋报警阀组和预作用报警装置。

（1）湿式报警阀组。

1）湿式报警阀组的组成。湿式报警阀是湿式系统的专用阀门，是只允许水流入系统，并在规定压力、流量下驱动配套部件报警的一种单向阀。湿式报警阀组的主要元件为止回阀，其开启条件与入口压力及出口流量有关，它与延迟器、水力警铃、压力开关、控制阀等组成报警阀组，如图 3-20 所示。

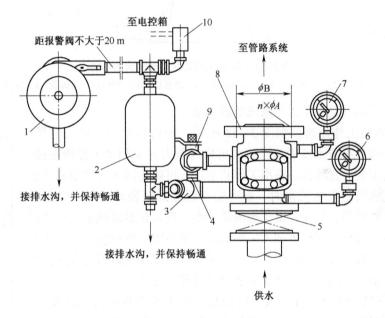

图 3-20 湿式报警阀组的组成

1—水力警铃；2—延迟器；3—过滤器；4—试验球阀；5—水源控制阀；6—进水侧压力表；
7—出水侧压力表；8—报警阀；9—排水球阀；10—压力开关

2）湿式报警阀工作原理。湿式报警阀组中报警阀的结构有两种，即隔板座圈型和导阀型。隔板座圈型湿式报警阀的结构如图 3-21 所示。

隔板座圈型湿式报警阀上设有进水口、报警口、测试口、检修口和出水口，阀内部设有阀瓣、阀座等组件，是控制水流方向的主要可动密封件。在准工作状态时，阀瓣上下充满水，水的压力近似相等。由于阀瓣上面与水接触的面积大于下面与水接触的面积，因此阀瓣受到的水压合力向下。在水压力及自重的作用下，阀瓣落在阀座上，处于关闭状态。当水源压力出现波动或冲击时，通过补偿器（或补水单向阀）使上、下腔压力保持一致，水力警铃不发出警报，压力开关不接通，阀瓣仍处于准工作状态。补偿器具有防止误报或误动作功能。闭式洒水喷头喷水灭火时，补偿器来不及补水，阀瓣上面的水压下降，当其下降到使下腔的水压足以开启阀瓣时，下腔内的水便向洒水管网及动作喷头供水，同时水沿着报警阀的环形槽进入报警口，流向延迟器、水力警铃，水力警铃发出声响警报，压力开关开启，发出

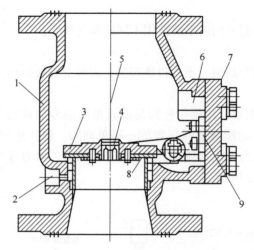

图 3-21　隔板座圈型湿式报警阀的结构

1—阀体；2—报警口；3—阀瓣；4—补水单向阀；5—测试口；6—检修口；7—阀盖；8—座圈；9—支架

电接点信号并启动自动喷水灭火系统的供水泵。

3）延迟器的工作原理。如图 3-22 所示，延迟器是一个罐式容器，其入口与报警阀的报警水流通道连接，出口与压力开关和水力警铃连接，延迟器入口前安装有过滤器。在准工作状态下，可防止因压力波动而产生误报警。当配水管道发生渗漏时，有可能引起湿式报警阀阀瓣的微小开启，使水进入延迟器。但是，由于水的流量小，进入延迟器的水会从延迟器底部的节流孔排出，使延迟器无法充满水，更不能从出口流向压力开关和水力警铃。只有当湿式报警阀开启，经报警通道进入延迟器的水流将延迟器注满并由出口溢出时，才能驱动水力警铃和压力开关。

4）水力警铃的工作原理。水力警铃是一种靠水力驱动的机械警铃，安装在报警阀组的报警管道上。报警阀开启后，水流进入水力警铃并形成一股高速射流，冲击水轮带动铃锤快速旋转，敲击铃盖发出声响警报。水力警铃的构造如图 3-23 所示。

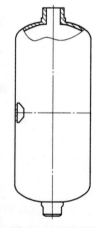

图 3-22　延迟器

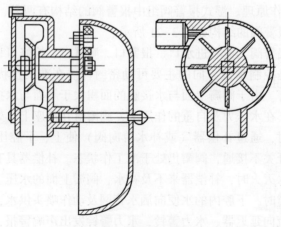

图 3-23　水力警铃的构造

（2）干式报警阀组。

1）干式报警阀组的组成。干式报警阀组主要由干式报警阀、水力警铃、压力开关、空压机、安全阀、控制阀等组成，如图 3-24 所示。干式报警阀的阀瓣将阀门分成两部分，出口侧与系统管路相连，内充压缩空气；进口侧与水源相连，配水管道中的气压抵住阀瓣，使配水管道始终保持干管状态，通过两侧气压和水压的压力变化控制阀瓣的封闭与开启。喷头开启后，干式报警阀自动开启，其后续的一系列动作类似于湿式报警阀组。

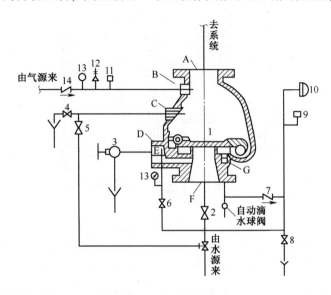

图 3-24　干式报警阀组

A—报警阀出口；B—充气口；C—注水口、排水口；D—主排水口；E—试警铃口；F—供水口；G—信号报警口
1—报警阀；2—水源控制阀；3—主排水阀；4—排水阀；5—注水阀；6—试警铃阀；7，14—止回阀；8—小孔阀；9—压力开关；10—警铃；11—低压压力开关；12—安全阀；13—扭力表

2）干式报警阀工作原理。干式报警阀的构造如图 3-25 所示。其中的阀瓣、水密封阀座、气密封阀座组成隔断水、气的可动密封件。在准工作状态下，干式报警阀处于关闭位置，橡胶面的阀瓣紧紧地闭合于两个同心的水、气密封阀座上，内侧为水密封圈，外侧为气密封圈，内、外侧之间的环形隔离室与大气相通，大气由报警接口配管通向平时开启的自动滴水球阀。在注水口加水，加到打开注水排水阀有水流出为止，然后关闭注水口。注水是为了使气垫圈起密封作用，防止系统中的空气泄漏到隔离室或大气中。只要管道的气压保持在适当值，阀瓣就始终处于关闭状态。

（3）雨淋报警阀组。

1）雨淋报警阀组的组成。雨淋报警阀是通过电动、机械或其他方法开启，使水能够自动流入喷水灭火系统并同时进行报警的一种单向阀组装置。其按照结构分为隔膜式、推杆式、活塞式、蝶阀式雨淋报警阀。雨淋报警阀广泛应用于雨淋系统、水幕系统、水雾系统、泡沫系统等各类开式自动喷水灭火系统中。雨淋报警阀组的组成如图 3-26 所示。

2）雨淋报警阀工作原理。雨淋报警阀是水流控制阀，可以通过电动、液动、气动及机械方式开启，其构造如图 3-27 所示。

雨淋报警阀的阀腔分成上腔、下腔和控制腔三部分。控制腔与供水管道连通，中间设限

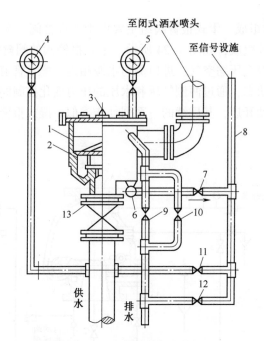

图 3-25 干式报警阀的构造

1—阀体；2—差动双盘阀板；3—充气塞；4—阀前压力表；5—阀后压力表；
6—角阀；7—止回阀；8—信号管；9~11—截止阀；12—小孔阀；13—总闸阀

流传压的孔板。供水管道中的压力水推动控制腔中的膜片，进而推动驱动杆顶紧阀瓣锁定杆，锁定杆产生力矩，把阀瓣锁定在阀座上。阀瓣使下腔的压力水不能进入上腔。控制腔泄压时，使驱动杆作用在阀瓣锁定杆上的力矩低于供水压力作用在阀瓣上的力矩，于是阀瓣开启，供水进入配水管道。

（4）预作用报警装置。预作用报警装置由预作用报警阀组、控制盘、气压维持装置和空气供给装置等组成，它是通过电动、气动、机械或其他方式控制报警阀组开启，使水能够单向流入喷水灭火系统并同时进行报警的一种单向阀组装置。

2. 报警阀组的设置要求

自动喷水灭火系统应根据不同的系统形式设置相应的报警阀组。保护室内钢屋架等建筑构件的闭式系统，应设置独立的报警阀组；水幕系统应设置独立的报警阀组或感温雨淋报警阀。

报警阀组宜设在安全且易于操作、检修的地点，环境温度不低于 4 ℃ 且不高于 70 ℃，距地面的距离宜为 1.2 m。水力警铃应设置在有人值班的地点附近，其与报警阀连接的管道直径应为 20 mm，总长度不宜大于 20 m；水力警铃的工作压力不应大于 0.05 MPa。

一个报警阀组控制的洒水喷头数，对于湿式系统、预作用系统不宜超过 800 只，对于干式系统不宜超过 500 只。串联接入湿式系统配水干管的其他自动喷水灭火系统，应分别设置独立的报警阀组，其控制的洒水喷头数计入湿式报警阀组控制的喷头总数。每个报警阀组供水的最高和最低位置喷头的高程差不宜大于 50 m。

控制阀安装在报警阀的入口处，用于在系统检修时关闭系统。控制阀应保持在常开位置、保证系统时刻处于警戒状态。使用信号阀时，其启闭状态的信号反馈到消防控制中心；

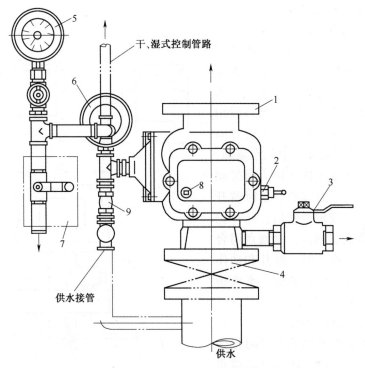

图 3-26 雨淋报警阀组的组成

1—雨淋阀；2—自动滴水阀；3—排水球阀；4—供水控制阀；5—隔膜室压力表；
6—供水压力表；7—紧急手动控制装置；8—阀瓣复位轴；9—节流阀

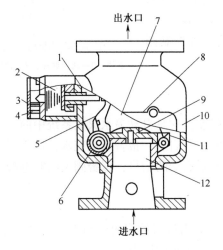

图 3-27 雨淋报警阀的构造

1—驱动杆总成；2—侧腔；3—固锥弹簧；4—节流孔；5—锁止机构；6—复位手轮；
7—上腔；8—检修盖板；9—阀瓣总成；10—阀体总成；11—复位扭簧；12—下腔

使用其他阀门时，必须用锁具锁定阀位。

例 3-4　某建筑采用的湿式系统经计算需要喷头 2000 只，请问需要多少个报警阀？

解： 2000÷800≈3（个），需要 3 个报警阀进行控制。

3.3.4.3 水流指示器

1. 水流指示器的组成

水流指示器是在自动喷水灭火系统中，将水流信号转换成电信号的一种水流报警装置，一般用于湿式、干式、预作用、循环启闭式、自动喷水-泡沫联用系统中。水流指示器的叶片与水流方向垂直，喷头开启后引起管道中的水流动，当架片或膜片感知水流的作用力时带动传动轴动作，接通延时线路，延时器开始计时。达到延时设定时间后，叶片仍向水流方向偏转无法回位，电触点闭合输出信号。当水流停止时，叶片和动作杆复位，触点断开，信号消除。水流指示器的结构如图3-28所示。

2. 水流指示器设置要求

（1）水流指示器的功能是及时报告发生火灾的部位。在设置闭式自动喷水灭火系统的建筑内，每个防火分区和每个楼层均应设置水流指示器。

（2）仓库内顶板下洒水喷头与货架内洒水喷头应分别设置水流指示器。

（3）当水流指示器前端设置控制阀时，应采用信号阀。

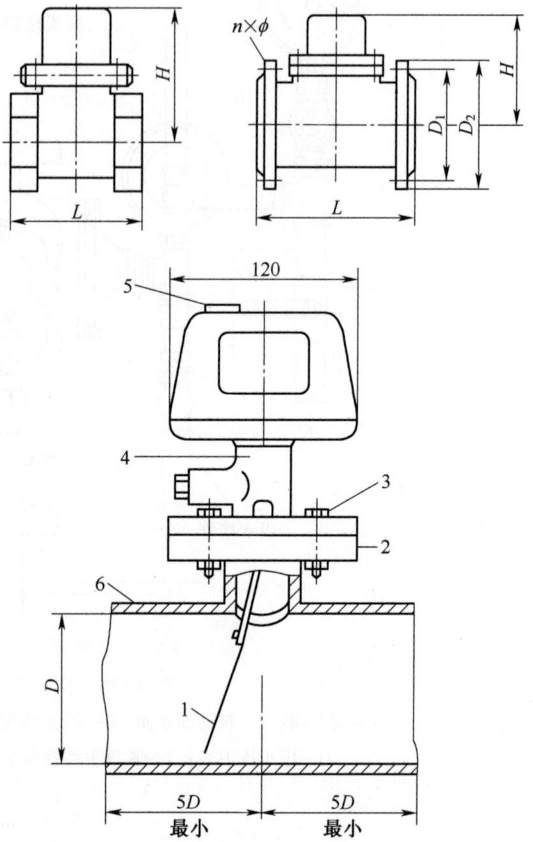

图3-28 螺纹式和法兰式水流指示器的结构
1—桨片；2—法兰底座；3—螺栓；4—本体；5—接线孔；6—管道

3.3.4.4 压力开关

1. 压力开关的结构组成

压力开关是一种压力传感器，它是自动喷水灭火系统中的一个部件，其作用是将系统的压力信号转化为电信号。报警阀开启后，报警管道充水，压力开关受到水压的作用后接通电触点，输出报警阀开启及供水泵启动的信号，报警阀关闭时电触点断开。压力开关的构造如图3-29所示。

2. 压力开关设置要求

（1）压力开关安装在延迟器出口后的报警管道上。自动喷水灭火系统应采用压力开关控制稳压泵，并应能调节启停稳压泵的压力。

（2）雨淋系统和防火分隔水幕，其水流报警装置宜采用压力开关。

3.3.4.5 末端试水装置

1. 末端试水装置的结构组成

末端试水装置由试水阀、压力表以及试水接头等组成，其作用是检验系统的可靠性，测试干式系统和预作用系统的管道充水时间。末端试水装置的构造如图3-30所示。

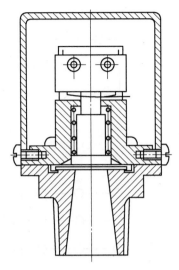

图 3-29 压力开关的构造

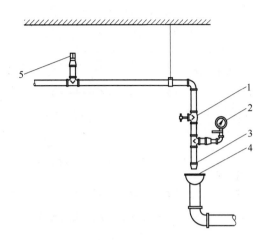

图 3-30 末端试水装置的构造
1—截止阀；2—压力表；3—试水接头；
4—排水漏斗；5—最不利点处洒水喷头

2. 末端试水装置设置要求

（1）每个报警阀组控制的最不利点处洒水喷头应设置末端试水装置，其他防火分区和楼层应设置直径为 25 mm 的试水阀。

（2）末端试水装置和试水阀应设在便于操作的部位，且应配备有足够排水能力的排水设施。

（3）末端试水装置应由试水阀、压力表以及试水接头组成。末端试水装置出水口的流量系数应与系统同楼层或同防火分区选用的喷头相等。末端试水装置的出水，应采用孔口出流的方式排入排水管道。

3.3.4.6 配水管网的布置

以立管为基准，立管与配水管网之间的连接方式，即配水管网的布置形式有 4 种。端-中布置形式如图 3-31 所示；端-侧布置形式如图 3-32 所示。

配水管两侧每根配水支管控制的标准喷头数，轻、中危险级场所，喷头数不超过 8 只；严重危险级及仓库危险级场所，喷头数均不超过 6 只。

3.3.5 水力计算与基本要求

管网水力计算的任务是确定系统在火灾时有足够的水量和工作压力供火场灭火。水力计算可以合理确定系统的管径和设计秒流量，以便正确选用消防泵。

3.3.5.1 管径的确定

自动喷水灭火系统中管道的管径应根据管道允许流速和所通过的流量来确定。管道内水流速度宜采用经济流速，一般不超过 5 m/s，但对某些配水支管，为了减压必须增加沿程阻力损失，就需要减小管径，加大流速，但不应大于 10 m/s。自动喷水灭火系统中管道的管径也可根据作用面积内洒水喷头开放的个数来初步确定，见表 3-30。

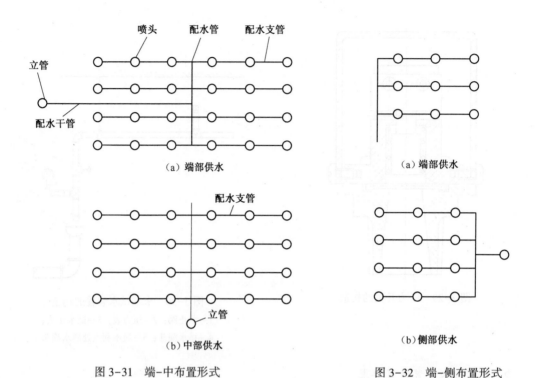

图 3-31　端-中布置形式　　　　　图 3-32　端-侧布置形式

表 3-30　轻危险级、中危险级场所中配水支管、配水管控制的标准洒水喷头数

公称直径/mm	控制的标准洒水喷头数/只	
	轻危险级	中危险级
25	1	1
32	3	3
40	5	4
50	10	8
65	18	12
80	48	32
100	—	64

注：配水管两侧每根配水支管控制的标准洒水喷头数，轻危险级、中危险级场所不应超过 8 只，严重危险级及仓库危险级场所均不应超过 6 只，以避免水头损失过大。

3.3.5.2　作用面积位置的确定

按照自动喷水灭火系统管道布置。先确定最不利点处位置，水力计算选定的最不利点处作用面积，宜为矩形，其长边应平行于配水支管，其长度不宜小于作用面积平方根的 1.2 倍。作用面积的大小应符合规定，不允许小于规范值，也不应超过规范值过多。其规范值，根据危险等级查表 3-13。

3.3.5.3　消防用水量的计算

（1）自动喷水灭火系统计算用水量 Q_L（L/s）见表 3-31。

表 3-31　自动喷水灭火系统计算用水量

火灾危险等级		喷水强度 /[L/(min·m²)]	作用面积/m²	计算用水量 /(L/s)	计算方式
轻危险级		4	160	11	4×160/60
中危险级	Ⅰ级	6		16	6×160/60
	Ⅱ级	8		21	8×160/60
严重危险级	Ⅰ级	12	260	52	12×260/60
	Ⅱ级	16		69	16×260/60

（2）自动喷水灭火系统设计秒流量 Q_S（L/s）。自动喷水灭火系统保护的区域有时是若干个楼层，而系统的水力计算又是以最不利点处的作用面积确定的，火灾发生在最有利的楼层时，由于洒水喷头工作压力高，喷水量大，总流量也会增大。故在计算自动喷水灭火系统设计秒流量时应在计算秒流量的基础上乘以安全系数 1.15~1.3，即

$$Q_S = (1.15 \sim 1.3)Q_L \tag{3-25}$$
$$Q_L = 喷水强度 \times 作用面积$$

式中　Q_S——设计秒流量，L/s；

　　　Q_L——计算秒流量，L/s。

（3）消防用水量。自动喷水灭火系统的持续喷水时间，应按火灾延续时间不小于 1.0 h 确定。据此可确定消防用水量，如对于发生在中危险级Ⅰ级场所的火灾，喷水强度为 6 L/(min·m²)，计算用水量为 16 L/s，由式（3-25）计算设计秒流量 $Q_S = (1.15 \sim 1.3)Q_L = (1.15 \sim 1.3) \times 16 = 18.4 \sim 20.8$(L/s)；按 $Q_S = 20.8$ L/s 计算，总消防用水量 $= 20.8 \times 3600 \times \dfrac{1}{1000} = 75$（m³/h）。

3.3.5.4　喷头的出水量

自动喷水灭火系统喷头的流量应按下式计算：

$$q = K\sqrt{10P} \tag{3-26}$$

式中　q——喷头流量，L/min；

　　　P——喷头工作压力，MPa；

　　　K——喷头流量系数。

3.3.5.5　管道水流阻力损失计算

1. 管道单位长度的沿程阻力损失

管道单位长度的沿程水头损失应按下式计算：

$$i = 0.001\,07 \times \frac{v^2}{d_j^{1.3}} \tag{3-27}$$

式中　i——每米管道的沿程水头损失，mH₂O/m；

　　　v——管道内水的平均流速，m/s；

　　　d_j——管道的计算内径，m，取值应按管道内径减 1 mm 确定。

对于常用的镀锌管道，式（3-27）可改为

$$i = AQ^2 \tag{3-28}$$

式中 A——管道比阻值，S^2/L^2，见表 3-32 和表 3-33。如用铸铁管，比阻值 A 可查阅相关
　　　　给排水手册；

　　　Q——管道流量，L/s。

表 3-32　镀锌钢管的比阻值 A

DN/mm	25	32	40	50	70	80	100	125	150
A	0.436 7	0.093 86	0.044 53	0.011 08	0.002 893	0.001 168	0.000 267 4	0.000 086 23	0.000 033 95

表 3-33　中等管径钢管的比阻值 A

DN/mm	125	150	200	250
A	0.000 106 2	0.000 044 95	0.000 009 273	0.000 002 583

2. 管道沿程阻力损失

管道沿程阻力损失可按下式计算：

$$h_{沿} = iL = ALQ^2 \tag{3-29}$$

式中 $h_{沿}$——管道沿程水头损失，mH_2O；

　　　L——管道长度，m。

3. 管道允许流速

管道内的水流速度宜采用经济流速，钢管一般不大于 5 m/s，铸铁管为 3 m/s，必要时虽然可超过 5 m/s，但不应大于 10 m/s。计算时可用表 3-34 的流速系数值直接乘以流量，校核流速是否超过允许值，如不满足要求，即应对初定管径进行调整。流速表达式如下：

$$U = K_C Q \tag{3-30}$$

式中 U——管内水的计算流速，m/s；

　　　K_C——管道流速系数，m/L，见表 3-34；

　　　Q——管道流量，L/s。

表 3-34　流速系数 K_C 值

镀锌管道管径/mm	15	20	25	32	40	50	70	80	100	125	150
K_C/(m/L)	5.852	3.105	1.883	1.054	0.796	0.471	0.284	0.201	0.115	0.075	0.053

中等钢管管径/mm	125	150	200	250
K_C/(m/L)	0.081	0.059	0.032	0.020

4. 管道局部阻力损失

（1）按当量长度法计算。用当量长度法计算管网的局部阻力损失是《自动喷水灭火系统设计规范》（GB 50084—2017）所推荐的方法。各种管道配件及阀件的当量长度见表 3-35。

表 3-35　当量长度

管件名称	管件直径/mm								
	25	32	40	50	70	80	100	125	150
45°弯头/m	0.3	0.3	0.6	0.6	0.9	0.9	1.2	1.5	2.1
90°弯头/m	0.6	0.9	1.2	1.5	1.8	2.1	3.1	3.7	4.3
三通或四通/m	1.5	1.8	2.4	3.1	3.7	4.6	6.1	7.6	9.2
蝶阀/m	—	—	—	1.8	2.1	3.1	3.7	2.7	3.1
闸阀/m	—	—	—	0.3	0.3	0.3	0.6	0.6	0.9
止回阀/m	1.5	2.1	2.7	3.4	4.3	4.9	6.7	8.3	9.8
异径接头/m	32/25	40/32	50/40	70/50	80/70	100/80	125/100	150/125	200/150
	0.2	0.3	0.3	0.5	0.6	0.8	1.1	1.3	1.6

注：① 过滤器当量长度取值，由生产厂提供。

② 当异径接头的出口直径不变而入口直径提高 1 级时，其当量长度应增大 0.5 倍；提高 2 级或 2 级以上时，其当量长度应增大 1.0 倍。

管道局部阻力损失计算，公式如下：

$$h_{局} = iL_e \tag{3-31}$$

式中　$h_{局}$——管道局部阻力损失，mH_2O；

i——每米管道的沿程水头损失，mH_2O/m；

L_e——管道的当量长度，m，见表 3-35。

（2）按管路沿程阻力损失的百分数计算。这是《建筑给水排水设计标准》（GB 50015—2019）所规定的方法。当消防与生活、生产共用给水管网时，其局部阻力损失按沿程阻力损失的 20% 计取。这种方法简洁，被广泛采用。

（3）报警阀、水流指示器的局部阻力损失计算。报警阀局部阻力损失按下式计算：

$$h_{报} = B_K Q^2 \tag{3-32}$$

式中　$h_{报}$——报警阀的阻力损失，mH_2O；

B_K——报警阀的比阻值，见表 3-36；

Q——通过报警阀的流量，L/s。

表 3-36　报警阀的比阻值

名　称	公称直径 d/mm	
	100	150
湿式报警阀	0.003 02	0.000 869
干式报警阀	—	0.001 6
干湿式报警阀	0.007 26	0.002 8
雨淋报警阀	0.006 34	0.001 4

按《自动喷水灭火系统设计规范》（GB 50084—2017）规定，湿式报警阀、水流指示器

的局部阻力水头损失可取 2 mH$_2$O，雨淋报警阀可取 7 mH$_2$O，在自动喷水灭火系统设计中也可直接按上述数值选取。但应注意，生产厂在产品样本中应说明该项取值是否符合上述规定，当不符合时，应提出相应的数据，供设计者选用。

(4) 管道总阻力损失。自动喷水灭火系统管道总阻力损失，可按下式计算：

$$\sum h = h_{沿} + h_{局} + h_{报} + h_{水流指示器} \tag{3-33}$$

3.3.5.6 管道流量计算

在自动喷水灭火系统管网中，每个喷头的出水量 q 与其喷头特性系数 B、工作水头 H 有关，即

$$q = \sqrt{BH} \quad 或 \quad q = K\sqrt{H} \tag{3-34}$$

式中　q——喷头或节点的流量，L/s；

　　　B——喷头特性系数，与喷头流量系数和喷头口径有关，L^2/(s^2·m)；

　　　H——喷头处水压，mH$_2$O；

　　　K——喷头的流量特性系数。

标准喷头的流量特性系数

H 的计量单位	kPa	mH$_2$O
K 值	0.133	0.42

例 3-5　求标准喷头在 0.1 MPa（10 mH$_2$O）压力下的喷头特性系数 B。

解：标准喷头的流量特性系数 $K = 0.42$，故

$$q = 0.42\sqrt{H} = 0.42 \times \sqrt{10} \approx 1.33(\text{L/s})$$

将标准喷头在 0.1 MPa 工作压力下的流量 $q = 1.33$ L/s 代入式（3-34），有

$$B = \frac{q^2}{H} = \frac{1.33^2}{10} = 0.176\,89\left[\text{L}^2/(\text{s}^2 \cdot \text{m})\right]$$

3.3.5.7 系统水力计算方法

1. 作用面积法

作用面积法所得的计算流量是假定作用面积内所有喷头的工作压力和流量都等于最不利点处喷头的工作压力和流量，因此作用面积内喷头全部开放时，其总流量是最不利点处喷头流量和作用面积内喷头数量的乘积，可按 nq 计算。

作用面积法计算时忽略了管道阻力损失对喷头工作压力的影响，使计算流量偏小于实际流量，但作用面积法简单、快捷，尚能满足需要，因此一般轻、中危险级建筑内的自动喷水灭火系统可以使用作用面积法进行水力计算。

2. 沿途特性系数计算法

沿途特性系数计算法所得的计算秒流量是作用面积内喷头的实际流量之和，沿途特性系数计算法所得的流量准确是推荐的水力计算方法，但是这种计算方法比较麻烦。目前在计算机的支持下，已解决了计算上的麻烦。

例 3-6　图 3-33 所示为自动喷水灭火系统管网原理，采用 $\phi15$ mm 闭式标准洒水喷头，最不利点处喷头的工作压力为 0.1 MPa（10 mH$_2$O），支管 I 管段的水力损失计算列于表 3-37。试作水力计算分析。

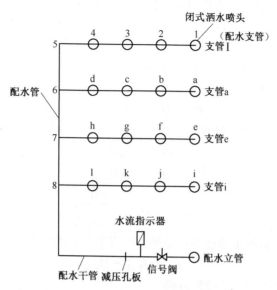

图 3-33　自动喷水灭火系统管网原理

表 3-37　支管 I 管段的水力损失计算

节点喷头	管段	特性系数	节点水压/mH$_2$O	流量/(L/s)			管径/mm	管道比阻/(S^2/L^2)	管道长度/m	水头损失/mH$_2$O	计算方式
		B	H	Q_1	Q	Q^2	d	A	L	ΔH	
1		B	H_1								$q_1 = \sqrt{BH_1}$ ($B = 0.176\,89$, $H_1 = 10$ mH$_2$O)
	2-1				$Q_{2-1}=q_1$	Q_{2-1}^2	d_{2-1}	A_{2-1}	L_{2-1}	ΔH_{2-1}	$\Delta H_{2-1} = (A_{2-1}L_{2-1}Q_{2-1}^2) \times 1.2$
2		B	H_2	q_2							$q_2 = \sqrt{BH_2} = \sqrt{B\,(H_1+\Delta H_{2-1})}$; $H_2 = H_1 + \Delta H_{2-1}$
	3-2				$Q_{3-2} = q_1 + q_2$	Q_{3-2}^2	d_{3-2}	A_{3-2}	L_{3-2}	ΔH_{3-2}	$\Delta H_{3-2} = (A_{3-2}L_{3-2}Q_{3-2}^2) \times 1.2$ $Q_{3-2} = q_1 + q_2$
3		B	H_3	q_3							$q_3 = \sqrt{BH_3} = \sqrt{B\,(H_2+\Delta H_{3-2})}$; $H_3 = H_2 + \Delta H_{3-2}$
	4-3				$Q_{4-3} = q_1 + q_2 + q_3$	Q_{4-3}^2	d_{4-3}	A_{4-3}	L_{4-3}	ΔH_{4-3}	$\Delta H_{4-3} = (A_{4-3}L_{4-3}Q_{4-3}^2) \times 1.2$ $Q_{4-3} = q_1 + q_2 + q_3$
4		B	H_4	q_4							$q_4 = \sqrt{BH_4} = \sqrt{B\,(H_3+\Delta H_{4-3})}$; $H_4 = H_3 + \Delta H_{4-3}$
	5-4				$Q_{5-4} = q_1 + q_2 + q_3 + q_4$	Q_{5-4}^2	d_{5-4}	A_{5-4}	L_{5-4}	ΔH_{5-4}	$\Delta H_{5-4} = (A_{5-4}L_{5-4}Q_{5-4}^2) \times 1.2$ $Q_{5-4} = q_1 + q_2 + q_3 + q_4$

注：在水头损失 ΔH 的计算中，管段局部阻力损失可按沿程阻力损失 20%，或按当量长度法计取。

解：支管 I，在节点 5 只有传输流量而没有支出流量，则

$$Q_{6-5} = Q_{5-4} = q_1 + q_2 + q_3 + q_4 \tag{3-35a}$$

由图 3-33 知

$$\Delta H_{5-4} = H_5 - H_4 = (A_{5-4} L_{5-4} Q_{5-4}^2) \times 1.2 \tag{3-35b}$$

与支管 I 计算方法相同，对支管 a 可得

$$\Delta H_{6-d} = H_6 - H_d = (A_{6-d} L_{6-d} Q_{6-d}^2) \times 1.2 \tag{3-35c}$$

以上两式相除，并设两支管水力条件（管材、管长、喷头口径及位置等）相同，则

$$\frac{Q_{6-d}^2}{Q_{5-4}^2} = \frac{\Delta H_{6-d}}{\Delta H_{5-4}}$$

得

$$Q_{6-d} = Q_{5-4} \sqrt{\frac{\Delta H_{6-d}}{\Delta H_{5-4}}} \tag{3-35d}$$

如图 3-33 所示，根据水流连续性原理，可得节点 6 的传输流量为

$$q_6 = Q_{5-4} + Q_{6-d} \tag{3-35e}$$

将式（3-35d）代入式（3-35e）得

$$q_6 = Q_{5-4}\left(1 + \sqrt{\frac{\Delta H_{6-d}}{\Delta H_{5-4}}}\right) = Q_{6-5}\left(1 + \sqrt{\frac{\Delta H_{6-d}}{\Delta H_{5-4}}}\right) \tag{3-35f}$$

因为节点 6 的水压

$$H_6 = H_d + \Delta H_{6-d} = H_5 + \Delta H_{6-5} \tag{3-35g}$$

将式（3-35g）代入式（3-35f）得

$$q_6 = Q_{6-5}\left(1 + \sqrt{\frac{H_6 - H_d}{H_5 - H_4}}\right) \tag{3-35h}$$

按式（3-35h）求 q_6 值是比较烦琐的。

简化计算，令 $\sqrt{\dfrac{H_6 - H_d}{H_5 - H_4}} = \sqrt{\dfrac{H_6}{H_5}}$，可得

$$q_6 = Q_{6-5}\left(1 + \sqrt{\frac{H_6}{H_5}}\right) = Q_{6-5} + Q_{6-5}\sqrt{\frac{H_6}{H_5}} \tag{3-35i}$$

从图 3-33 可以看出：

$$q_6 = Q_{6-5} + Q_{6-d} \tag{3-35j}$$

结合式（3-35i）可得

$$Q_{6-d} = Q_{6-5}\sqrt{\frac{H_6}{H_5}} \tag{3-35k}$$

式（3-35k）的意义：由于节点 6 的实际水压为 H_6，故其供给支管 a 的流量为 Q_{6-5} 的 $\sqrt{\dfrac{H_6}{H_5}}$ 倍，$\sqrt{\dfrac{H_6}{H_5}}$ 为调整系数。

同理可得

$$q_7 = Q_{7-6} + Q_{7-6}\sqrt{\frac{H_7}{H_6}} \tag{3-35l}$$

式中 q_7——节点 7 处流量，L/s；

      Q_{7-6}——管段（7-6）流量，L/s；

      H_7——节点 7 处水压，mH$_2$O。

$$H_7 = H_6 + \Delta H_{7-6} = H_6 + (A_{7-6}L_{7-6}Q_{7-6}^2) \times 1.2$$

继续简化计算各管段（节点）的流量值，直到按作用面积内全部喷头开启所需的流量值为止。这样便可求出管网所需的流量以及所需起点压力。

3.3.5.8　自动喷水灭火系统所需的水压

自动喷水灭火系统水泵扬程或系统入口的供水压力按下式计算：

$$H_b = \sum h + H_p + Z \tag{3-36}$$

式中　H_b——水泵扬程或系统入口的供水压力，mH_2O；

$\sum h$——自动喷水灭火系统管道总阻力损失，mH_2O；

H_p——最不利点处喷头的工作压力，mH_2O；

Z——最不利点处喷头与消防水池的最低水位或系统入口管的水平中心线之间的高程差，当系统入口管或消防水池最低水位高于最不利点处喷头时，Z 应取负值（mH_2O）。

3.3.5.9　喷水强度的验算

系统设计流量的计算，应保证任意作用面积内的平均喷水强度不低于表 3-31 的规定值。最不利点处作用面积内任意 4 个喷头围合范围内的平均喷水强度，轻、中危险级不应低于表 3-31 规定值的 85%，严重危险级和仓库危险级不应低于表 3-31 的规定值。

3.3.5.10　水箱高度的计算

火灾初期，水泵未启动前，首先启用高位水箱扑灭初起火灾。根据经验，大部分火灾都是开启 5 个以内喷头扑灭的。在确定水箱高度时，一般应保证作用面积内最不利点处 4 个喷头围合范围内的平均喷水强度，同时满足最不利点处喷头的最低工作压力。经计算，如果水箱高度不足，则必须设置增压系统满足初起火灾的扑救能力。

3.4　细水雾灭火系统

随着人类社会的发展及科学的进步，火灾种类和形式发生了很大变化，人类利用水来灭火的方法也相应地向前发展。根据水灭火技术的发展，可分为 4 个阶段。

扫一扫，看视频

（1）水量大，局部应用——消火栓——吸热。

（2）雾滴>1 mm，局部应用——自动喷淋系统——吸热。

（3）雾滴<1 mm，局部应用——水喷雾系统——吸热、窒息。

（4）雾滴<400 μm，全淹没、局部应用——细水雾灭火系统——冷却、窒息、阻隔热辐射。

细水雾灭火系统是由供水装置、过滤装置、控制阀、细水雾喷头等组件和供水管道组成的，能自动和人工启动并喷放细水雾进行灭火的固定灭火系统。

3.4.1　细水雾灭火系统的灭火机理

3.4.1.1　细水雾的定义与分级

1. 细水雾的定义

细水雾是指在最小设计工作压力下，经喷头喷出并在喷头轴线下方 1.0 m 处的平面上形成的水雾液滴粒径 $D_{v0.50}$ 小于 200 μm，$D_{v0.9}$ 小于 400 μm 的水雾液滴。

$D_{v0.9}$ 是一种以喷雾液滴的体积来表示液滴大小的方法。当依照体积测量时，即表示喷雾液滴总体积中，10% 是由直径大于该数值的液滴，另 90% 是由直径小于该数值的液滴组成的。

一般情况下，细水雾是指雾滴直径 $D_{v0.9} \leq 400$ μm。

2. 细水雾的分级

细水雾按水雾中水微粒的大小分为 3 级，如图 3-34 所示。Ⅰ级细水雾为 $D_{v0.1} \leq 100$ μm 与 $D_{v0.9} \leq 200$ μm 连线的左侧部分，Ⅱ级细水雾为 $D_{v0.1} \leq 200$ μm 与 $D_{v0.9} \leq 400$ μm 之间的部分且不属于Ⅰ级的水雾，Ⅲ级细水雾为 $D_{v0.1} > 200$ μm 与 $D_{v0.9} \leq 1000$ μm 之间的部分。

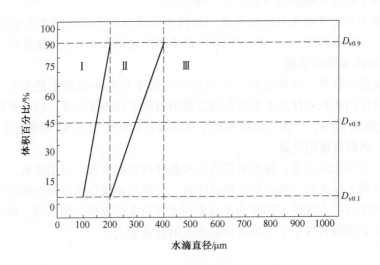

图 3-34　细水雾分类及粒径

3.4.1.2　细水雾的成雾原理

1. 单流体系统射流成雾原理

液体以很快的速度被释放出来，由于液体与周围空气的速度差而被撕碎成细水雾；液体射流被冲击到一个固定的表面，由于冲击力将液体打散成细水雾；两股成分类似的液体射流相互碰撞，将液体射流打散成细水雾；超声波和静电雾化器将射流液体振动或电子粉碎成细水雾；液体在压力容器中被加热到高于沸点，突然被释放到大气压力状态形成细水雾。

2. 双流体异管系统射流成雾原理

由一套管道向喷头提供灭火介质，另外一套管道提供雾化介质，两种在分离管道系统中传输的物质在喷头处混合，相互碰撞，从而产生细水雾。

3. 双流体同管系统射流成雾原理

雾化介质与灭火介质在一套管道内混合，其成雾原理同单流体系统。

3.4.1.3　细水雾的灭火机理

细水雾的灭火机理主要是表面冷却、窒息、辐射热阻隔和浸湿作用。除此之外，细水雾还具有乳化等作用，而在灭火过程中，往往会有几种作用同时发生，从而有效灭火。

1. 吸热冷却

细小水滴在受热后易于汽化，在气、液相态变化过程中，从燃烧物质表面或火灾区域吸收大量的热量。燃烧物质表面温度迅速下降后，会使热分解中断，燃烧随即终止。表 3-38 列出了雾滴直径、每升水的表面积、汽化时间和自由下落速度之间的关系。从表 3-38 中可以看出，雾滴直径越小，每升水的表面积就越大，汽化所需要的时间就越短，吸热作用和效率就越高。对于相同的水量，细水雾雾滴所形成的表面积至少比传统水喷淋喷头（包括水喷雾喷头）喷出的水滴所形成的表面积大 100 倍，因此细水雾灭火系统的冷却作用是非常明显的。

表 3-38　雾滴直径、每升水的表面积、汽化时间和自由下落速度之间的关系

雾滴直径/mm	每升水的表面积/ m²	汽化时间/s	自由下落速度/(m/s)
10.0	0.6	620	9.2
1.0	6.0	6.2	4.0
0.1	60.0	0.062	0.35
0.01	600.0	0.000 62	0.003

2. 隔氧窒息

雾滴在受热后汽化形成原体积 1680 倍的水蒸气，最大限度地排斥火场的空气，使燃烧物质周围的氧含量降低，燃烧即会因缺氧而受到抑制或中断。系统启动后形成水蒸气完全覆盖整个着火面的时间越短，窒息作用越明显。

3. 辐射热阻隔

细水雾喷入火场后，形成的水蒸气迅速将燃烧物、火焰和烟雾笼罩，对火焰的辐射热具有极佳的阻隔能力，能够有效抑制辐射热引燃周围其他物品，达到防止火焰蔓延的效果。

4. 浸湿作用

颗粒大、冲量大的雾滴会冲击到燃烧物表面，从而使燃烧物得到浸湿，阻止其进一步挥发可燃气体。另外，系统喷出的细水雾还可以充分将着火位置以外的燃烧物浸湿，从而抑制火灾的蔓延和发展。

3.4.2　细水雾灭火系统的分类

细水雾灭火系统主要按工作压力、应用方式、动作方式、雾化介质和供水方式进行分类。

1. 按工作压力分类

（1）低压系统。低压系统是指系统分布管网工作压力小于或等于 1.21 MPa 的细水雾灭火系统。

（2）中压系统。中压系统是指系统分布管网工作压力大于 1.21 MPa 且小于 3.45 MPa 的细水雾灭火系统。

（3）高压系统。高压系统是指系统分布管网工作压力大于或等于 3.45 MPa 的细水雾灭火系统。

2. 按应用方式分类

（1）全淹没应用方式。全淹没应用方式是指向整个防护区内喷放细水雾，并持续一定

时间，保护其内部所有保护对象的系统应用方式。全淹没应用方式适用于扑救相对封闭空间内的火灾。

（2）局部应用方式。局部应用方式是指直接向保护对象喷放细水雾，并持续一定时间，保护空间内某具体保护对象的系统应用方式。局部应用方式适用于扑救大空间内具体保护对象的火灾。

3．按动作方式分类

（1）开式系统。开式系统是指采用开式细水雾喷头的细水雾灭火系统，包括全淹没应用方式和局部应用方式。系统由火灾自动报警系统控制，自动开启分区控制阀（箱）和启动供水泵，向开式细水雾喷头供水。

（2）闭式系统。闭式系统是指采用闭式细水雾喷头的细水雾灭火系统，又可以分为湿式系统、干式系统和预作用系统三种形式。

4．按雾化介质分类

（1）单流体系统。单流体系统是指使用单个管道向每个喷头供给灭火介质的细水雾灭火系统。

（2）双流体系统。双流体系统是指水和雾化介质分管供给并在喷头处混合的细水雾灭火系统。

5．按供水方式分类

（1）泵组式系统。泵组式系统是指采用泵组（或稳压装置）作为供水装置的细水雾灭火系统，适用于高压系统、中压系统和低压系统。

（2）瓶组式系统。瓶组式系统是指采用储水容器储水、储气容器进行加压供水的细水雾灭火系统，适用于中压系统、高压系统。

（3）瓶组与泵组结合式系统。瓶组与泵组结合式系统是指既采用泵组又采用瓶组作为供水装置的细水雾灭火系统，适用于高压系统、中压系统和低压系统。

3.4.3 细水雾灭火系统的组成与控制方式及工作流程

细水雾灭火系统由水源（储水池、储水箱、储水瓶）、供水装置（泵组推动或瓶组推动）、系统管网、控制阀组、细水雾喷头以及火灾自动报警与联动控制系统组成。

3.4.3.1 开式细水雾灭火系统

1．系统组成

开式细水雾灭火系统包括全淹没应用方式和局部应用方式，是采用开式细水雾喷头，由配套的火灾自动报警系统自动连锁或远控、手动启动后，控制一组喷头同时喷水的自动细水雾灭火系统。泵组式细水雾灭火系统的示意图如图3-35所示。

泵组式细水雾灭火系统的部件名称及其功能见表3-39。

2．系统控制方式

该系统具有自动启动控制、电气手动启动控制、应急启动控制三种控制方式。

（1）自动启动控制。将火灾报警灭火控制器、水泵控制柜的控制方式均设为"自动"方式，系统即处于自动灭火控制状态。当保护区出现火情时，火灾探测器将火灾信号送往火灾报警灭火控制器，火灾报警灭火控制器发出声光报警信号，同时发出灭火指令打开相应保护区的选择阀（或分区控制阀组）和泵组，向相应保护区喷射细水雾实施灭火。

确认火灾扑灭后，按下火灾报警灭火控制器上的复位按钮，即可关闭选择阀和泵组。手动按下压力开关复位按钮，使系统恢复到伺服状态。

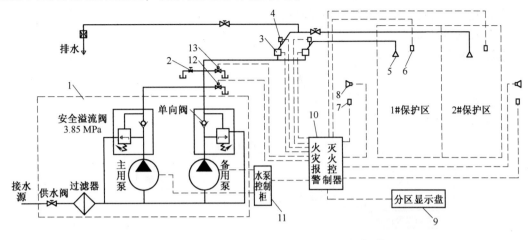

图 3-35　泵组式细水雾灭火系统的示意图

表 3-39　泵组式细水雾灭火系统的部件名称及其功能

序号	名　称	功　能
1	泵组	灭火时供水
2	试验阀	常闭，对泵进行检查试验时打开
3	选择阀	常闭，灭火时打开，使压力水流向失火区域
4	压力开关	水通过时动作，反馈信号到火灾报警灭火控制器
5	喷头	喷放细水雾，实施灭火
6	火灾探测器	探测火灾信号并传递信号给火灾报警灭火控制器
7	手动报警按钮	实现系统电气手动操作
8	声光报警器	提醒有关人员发生火情
9	分区显示盘	重复显示火灾报警信息
10	火灾报警灭火控制器	接收火灾信号并发出报警信号与灭火指令
11	水泵控制柜	实现水泵的启动
12	旁通阀	实现泵无负荷启动
13	溢流电磁阀（含溢流接头）	必要时配置，溢流多余的水流量

（2）电气手动启动控制。当保护区人为发现火情时，按下相应区域的手动报警按钮或火灾报警灭火控制器上的相应区的启动按钮，即可按预定程序启动灭火系统，释放细水雾，实施灭火。

确认火灾扑灭后，复位手动报警按钮和火灾报警灭火控制器上的复位按钮，即可关闭选择阀和泵组。手动按下压力开关复位按钮，使系统恢复到伺服状态。

火灾报警灭火控制器在自动状态下，具有电气手动控制优先功能。

（3）应急启动控制。当保护区出现火情，火灾报警灭火控制系统失灵时，手动打开相应保护区选择阀，再将水泵控制柜"自动/手动"选择开关置于"手动"位置，按下水泵控制柜上的启动按钮，即可向相应保护区喷射细水雾实施灭火。

确认火灾扑灭后，按下水泵控制柜上的停止按钮关闭水泵，手动关闭选择阀，并手动按下压力开关复位按钮，使系统恢复到伺服状态。

3. 系统动作流程

系统动作流程如图 3-36 所示。

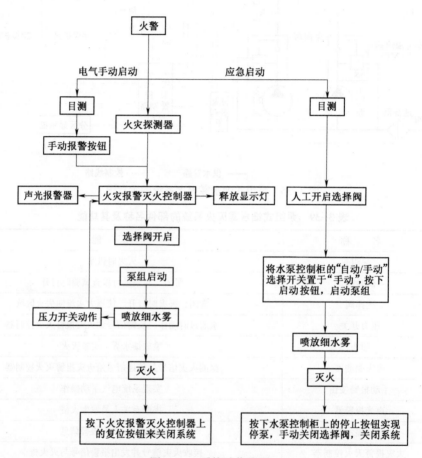

图 3-36　系统动作流程

3.4.3.2　闭式细水雾灭火系统

1. 系统组成

闭式细水雾灭火系统采用闭式细水雾喷头，根据使用场所的不同，闭式细水雾灭火系统又可以分为湿式系统、干式系统和预作用系统三种形式。闭式细水雾灭火系统适宜于采用非密集柜存储的图书库、资料库和档案库等保护对象。

2. 工作原理

除喷头不同外，闭式细水雾灭火系统的工作原理与闭式自动喷水灭火系统的工作原理相同，有关细水雾灭火系统的组成与工作原理参见自动喷水灭火系统的有关内容。

3.4.4　细水雾灭火系统的适用范围

细水雾灭火系统适用于扑救以下火灾：

（1）可燃固体火灾（A 类）。细水雾灭火系统可以有效扑救相对封闭空间内的可燃固体表面火灾，包括纸张、木材、纺织品和塑料泡沫、橡胶等固体火灾等。

（2）可燃液体火灾（B 类）。细水雾灭火系统可以有效扑救相对封闭空间内的可燃液体火灾，包括正庚烷或汽油等低闪点可燃液体和润滑油、液压油等中、高闪点可燃液体火灾。

（3）电气火灾（E 类）。细水雾灭火系统可以有效扑救电气火灾，包括电缆、控制柜等电子、电气设备火灾和变压器火灾等。

细水雾灭火系统不能直接用于能与水发生剧烈反应或产生大量有害物质的活泼金属及其化合物火灾，具体包括以下几种：

（1）活泼金属，如锂、钠、钾、镁、钛、锆、铀、钚等。

（2）金属醇盐，如甲醇钠等。

（3）金属氨基化合物，如氨基钠等。

（4）碳化物，如碳化钙等。

（5）卤化物，如氯化甲酰、氯化铝等。

（6）氢化物，如氢化铝锂等。

（7）卤氧化物，如三溴氧化磷等。

（8）硅烷，如三氯-氟化甲烷等。

（9）硫化物，如五硫化二磷等。

（10）氰酸盐，如甲基氰酸盐等。

细水雾灭火系统不能直接应用于可燃气体火灾，包括液化天然气等低温液化气体的火灾。

细水雾灭火系统不适用于可燃固体的深位火灾。

3.4.5　细水雾灭火系统的设计参数

在综合分析细水雾灭火系统设置场所的火灾危险性及其火灾特性、设计防护目标、防护对象的特征和环境条件的基础上，合理选择系统类型，确定系统设计参数。

3.4.5.1　系统选型

细水雾灭火系统的设计，应综合考虑保护对象的火灾危险性及其火灾特性、防护目标和环境条件等因素，合理选型。

（1）下列场所宜选择全淹没应用方式的开式系统：液压站、配电室、电缆隧道、电缆夹层、电子信息系统机房、文物库，以及密集柜储存的图书库、资料库和档案库。

（2）下列场所宜选择局部应用方式的开式系统：油浸变压器室、涡轮机房、柴油发电机房、润滑油站和燃油锅炉房、厨房内烹饪设备及其排烟罩和排烟管道部位。

（3）下列场所可选择闭式系统：采用非密集柜储存的图书库、资料库和档案库。

（4）宜采用泵组式系统：难以设置泵房或消防供电不能满足系统工作要求的场所，可选择瓶组式系统，但闭式系统不应采用瓶组式系统。

3.4.5.2　设计参数——依据火灾模拟试验结果或相关规定来确定

细水雾灭火系统的基本设计参数应根据细水雾灭火系统的特性和防护区的具体情况确定。喷头的最低设计工作压力不应小于 1.2 MPa。

1. 闭式系统的设计参数

闭式系统的作用面积不宜小于 140 m²，每套泵组所带喷头数量不应超过 100 只。系统的喷雾强度、喷头的布置间距和安装高度宜根据火灾模拟试验结果确定。当喷头的设计工作压力不小于 10 MPa 时，也可根据喷头的安装高度按表 3-40 的规定确定系统的最小喷雾强度和喷头的布置间距。当喷头的设计工作压力小于 10 MPa 时，应经试验确定系统的最小喷雾强度、喷头的布置间距和安装高度。

表 3-40 闭式系统的最小喷雾强度、喷头的布置间距和安装高度

应用场所	喷头的安装高度/m	系统的最小喷雾强度/[L/(min·m²)]	喷头的布置间距/m
采用非密集柜储存的图书库、资料库、档案库	>3.0 且≤5.0	3.0	>2.0 且≤3.0
	≤3.0	2.0	

2. 全淹没应用方式的开式系统的设计参数

全淹没应用方式的开式系统，其最小喷雾强度、喷头的布置间距、安装高度和工作压力宜根据火灾模拟试验结果确定，也可根据喷头的安装高度按表 3-41 的规定确定系统的最小喷雾强度和喷头的布置间距。当喷头的实际安装高度介于表 3-41 中规定的高度值之间时，系统的最小喷雾强度应取较高安装高度时的规定值。

表 3-41 全淹没应用方式的开式系统喷头的工作压力、安装高度、喷雾强度和喷头的布置间距

应用场所		喷头的工作压力/MPa	喷头的安装高度/m	系统的最小喷雾强度/[L/(min·m²)]	喷头的最大布置间距/m
油浸变压器室、液压站、润滑油站、柴油发电机室、燃油锅炉房等		>1.2 且≤3.5	≤7.5	2.0	2.5
电缆隧道、电缆夹层			≤5.0	2.0	
文物库、以密集柜储存的图书库、资料库和档案库			≤3.0	0.9	
油浸变压器室、涡轮机室等		≥10.0	≤7.5	1.2	3.0
液压站、柴油发电机室、燃油锅炉房等			≤5.0	1.0	
电缆隧道、电缆夹层			>3.0 且≤5.0	2.0	
			≤3.0	1.0	
文物库、以密集柜储存的图书库、资料库和档案库			>3.0 且≤5.0	2.0	
			≤3.0	1.0	
电子信息系统机房、通信机房	主机工作空间		≤3.0	0.7	
	地板夹层		≤0.5	0.3	

3.4.5.3 全淹没应用方式的开式系统的防护区容积

全淹没应用方式的开式系统，其单个防护区的容积，泵组式系统不宜大于 3000 m³，瓶组式系统不宜超过 260 m³。当大于该体积时，宜将该防护区分成多个更小的防护区进行保护，并应符合下列规定。

（1）当各分区的火灾危险性相同或相近时，系统的设计参数可根据其中容积最大分区的参数确定。

（2）当各分区的火灾危险性存在较大差异时，系统的设计参数应分别按各自分区的参数确定。

3.4.5.4　局部应用方式的开式系统的保护面积

局部应用方式的开式系统，其保护面积应按下列规定确定。

（1）对于外形规则的保护对象，应为该保护对象的外表面面积。

（2）对于外形不规则的保护对象，应为包容该保护对象的最小规则形体的外表面面积。

（3）对于可能发生可燃液体流淌火或喷射火的保护对象，除应符合上述要求外，还应包括可燃液体流淌火或喷射火可能影响到的区域的水平投影面积。

3.4.5.5　局部应用方式的开式系统保护存在可燃液体场所的设计参数

局部应用方式的开式系统保护存在可燃液体火灾的场所时，系统的设计参数应根据国家授权的认证检验机构认证检验时获得的试验数据确定，且不应超出试验限定的条件。

3.4.5.6　系统设计响应时间

开式系统的设计响应时间不应大于 30 s。采用全淹没应用方式的瓶组式系统，当同一防护区内采用多组瓶组时，各瓶组必须能同时启动，其动作响应时差不应大于 2 s。

3.4.5.7　系统持续喷雾时间

系统的设计持续喷雾时间应符合表 3-42 的规定。

表 3-42　细水雾灭火系统的设计持续喷雾时间

保护对象	设计持续喷雾时间
油浸变压器室、柴油发电机房	不小于 20 min
液压站、润滑油站	
燃油锅炉房、涡轮机房	
配电室、电气设备间、电缆夹层、电缆隧道	不小于 30 min
电子信息机房、通信机房等电子机房	
图书库、资料库、档案库、文物库	
厨房烹饪设备、排烟罩、排烟管道	持续喷雾时间 15 s，冷却时间 15 min

3.4.5.8　实体火灾模拟试验结果的应用

在工程应用中采用实体火灾模拟试验结果时，应符合下列规定。

（1）系统设计喷雾强度不应小于试验所用喷雾强度。

（2）喷头最低工作压力不应小于试验测得最不利点处喷头的工作压力。

（3）喷头布置间距和安装高度分别不应大于试验时的喷头间距和安装高度。

（4）喷头的安装角度应与试验安装角度一致。

3.4.6　细水雾灭火系统的组件与设置要求

细水雾灭火系统主要由供水装置、细水雾喷头、控制阀、过滤装置、末端试水装置和系统管网等组件组成。本小节主要介绍系统的组件及其设置要求。

3.4.6.1 供水装置

1. 泵组供水装置

泵组式系统的供水装置由储水箱、水泵、水泵控制柜、安全阀等部件组成。

（1）储水箱。系统的储水箱应采用密闭结构，并应采用不锈钢或其他能保证水质的材料制作，且应具有防尘、避光的技术措施。储水箱应设置保证自动补水的装置，并应设置液位显示装置、高低液位报警装置和溢流阀、透气、放空装置。

（2）水泵。泵组式系统应设置独立的水泵。水泵应具有自动和手动启动功能以及巡检功能，当巡检中接到启动命令时，应能立即退出巡检，进入正常运行状态。系统的水泵应设置备用泵，其工作性能应与最大一台主泵相同，主备泵应具有自动切换功能，并应能手动操作停泵。水泵应采用自灌式引水或其他可靠的引水方式，泵的出水总管上应设置压力显示装置、安全阀和泄放试验阀。每台泵的出水口均应设置止回阀。当水泵采用柴油机作为动力时，应保证其能持续运行 60 min。闭式系统的泵组式系统应设置稳压泵。其流量不应大于系统中水力最不利点处一只喷头的流量，工作压力应满足工作泵的启动要求。

（3）水泵控制柜。水泵控制柜应布置在干燥、通风的部位，便于操作和检修，其防护等级不应低于 IP54。

（4）安全阀。安全阀设置在水泵的出水总管上，其动作压力应为系统最大工作压力的 1.15 倍。

2. 瓶组供水装置

瓶组式系统的供水装置由储水容器、储气容器和压力显示装置等部件组成。储水容器、储气容器均应设置安全阀。使用多个储水容器和储气容器的瓶组式系统，同一集流管下储水容器或储气容器的规格、充装量和充装压力应分别一致。储水量和储气量应根据保护对象的重要性、维护恢复时间等设置备用量。对于恢复时间超过 48 h 的瓶组式系统，应按主用量 100% 设置备用量。容器组的布置应便于检查、测试、重新灌装和维护，其操作面距墙或操作面之间的距离不宜小于 0.8 m。

3.4.6.2 细水雾喷头

细水雾喷头是将水流进行雾化并实施喷雾灭火的重要部件。根据成雾原理的不同，细水雾喷头的构造也不同。例如，7 孔开式细水雾喷头由喷头体、微型喷嘴、芯体、滤网等 8 个零件构成。一定压力的水通过滤网进入喷头后，在压力的作用下沿弹簧、喷嘴和喷嘴芯围成的螺旋空间产生高速旋转运动，水流到达喷头小孔后被完全击碎，沿喷嘴出口锥面射出，形成极微小的水雾液滴。

1. 喷头的分类

（1）按动作方式分类。细水雾灭火系统的喷头按动作方式可分为开式细水雾喷头和闭式细水雾喷头。

（2）按细水雾产生原理分类。细水雾灭火系统的喷头按细水雾产生原理可分为撞击式细水雾喷头、离心式细水雾喷头等。

（3）按开孔数量分类。细水雾灭火系统的喷头按开孔数量可分为单孔细水雾喷头和多孔细水雾喷头。

（4）按材质分类。细水雾灭火系统的喷头按材质可分为不锈钢细水雾喷头、黄铜细水雾喷头等。

（5）按适用性分类。细水雾灭火系统的喷头按适用性可分为通用喷头和专用喷头，如电缆类电气火灾专用喷头、可燃液体火灾专用喷头、可燃固体火灾专用喷头、计算机类电气火灾专用喷头等。

（6）按作用分类。细水雾灭火系统的喷头按所起到的作用又可分为灭火专用喷头、冷却防护喷头和水雾封堵喷头等。

2. 喷头的选择

（1）对于喷头的喷孔易被外部异物堵塞的场所，应选用具有相应防护措施且不影响细水雾喷放效果的喷头，如粉尘场所应选用带防尘罩（端盖）的喷头，但在喷雾时不应造成喷雾阻挡和对人员造成伤害。

（2）对于电子数据处理机房、通信机房的地板夹层，宜选择适用于低矮空间的喷头。

（3）对于闭式系统，应选择响应时间指数不大于 50 （m·s）$^{0.5}$ 的喷头，其公称动作温度宜高于环境最高温度 30 ℃，且同一防护区内应采用相同热敏性能的喷头。

（4）对于腐蚀性环境应选用用防腐材料制成或具有防腐镀层的喷头。

（5）对于电气火灾危险场所的细水雾灭火系统不宜采用撞击雾化型细水雾喷头。

3. 喷头的布置要求

（1）闭式系统喷头的布置要求。闭式系统的喷头布置应能保证细水雾喷放均匀并完全覆盖保护区域；喷头与墙壁的距离不应大于喷头最大布置间距的 1/2；喷头与其他遮挡物的距离应保证遮挡物不影响喷头正常喷放细水雾，当无法避免时，应采取补偿措施；喷头的感温组件与顶棚或梁底的距离不宜小于 75 mm，并不宜大于 150 mm。当场所内设置吊顶时，喷头可贴邻吊顶布置。

（2）开式系统喷头的布置要求。开式系统的喷头布置与闭式系统喷头的布置要求相同，但对于电缆隧道或夹层，开式系统喷头宜布置在电缆隧道或夹层的上部，并应能使细水雾完全覆盖整个电缆或电缆桥架。

（3）局部应用方式的开式系统喷头的布置要求。采用局部应用方式的开式系统，其喷头布置应能保证细水雾完全包络或覆盖保护对象或部位，喷头与保护对象的距离不宜小于 0.5 m。用于保护室内油浸变压器时，变压器高度超过 4 m 的，喷头宜分层布置；冷却器距变压器本体超过 0.7 m 的，应在其间隙内增设喷头；喷头不应直接对准高压进线套管；变压器下方设置集油坑的，喷头布置应能使细水雾完全覆盖集油坑。

（4）喷头与无绝缘带电设备的间距。喷头与无绝缘带电设备的最小距离不应小于表 3-43 的规定。

表 3-43　喷头与无绝缘带电设备的最小距离

带电设备额定电压等级 V/kV	最小距离/m
110<V≤ 220	2.2
35<V≤ 110	1.1
V≤35	0.5

（5）喷头备品。系统应按喷头的型号规格存储备用喷头，其数量不应小于相同型号规格喷头实际设计使用总数的 1%，且分别不应少于 5 只。

3.4.6.3 控制阀

控制阀是细水雾灭火系统的重要组件，是执行火灾自动报警系统控制器启/停指令的重要部件。控制阀的设置要求应符合以下几点。

1. 控制阀的选择

（1）雨淋阀。中压、低压细水雾灭火系统的控制阀可以采用雨淋阀。但细水雾灭火系统中使用的雨淋阀的工作压力应满足系统工作的压力要求。

（2）分配阀。高压细水雾灭火系统的控制阀组通常采用分配阀，它类似于卤代烷灭火系统中的选择阀，其不但具备选择阀的功能，而且具有启动系统和关闭系统双重功能；也可采用电动阀和手动阀组合的方式完成控制阀组的功能。

2. 控制阀的设置

开式系统应按防护区设置分区控制阀，且宜在分区控制阀上或阀后邻近位置设置泄放试验阀。闭式系统应按楼层或防火分区设置分区控制阀，且应为带开关锁定或开关指示的阀组。分区控制阀宜靠近防护区设置，并应设置在防护区外便于操作、检查和维护的位置。

3. 动作信号反馈装置

分区控制阀上宜设置系统动作信号反馈装置。当分区控制阀上无系统动作信号反馈装置时，应在分区控制阀后的配水干管上设置系统动作信号反馈装置。

3.4.6.4 过滤装置

过滤装置是细水雾灭火系统中重要的组件之一。过滤器的设置应符合下列要求。

（1）在储水箱进水口处以及出水口处或控制阀前应设置过滤器。系统控制阀组前的管道应就近设过滤器；当细水雾喷头无滤网时，雨淋控制阀组后应设过滤器；最大的过滤器过滤等级或目数应保证不大于喷头最小过流尺寸的 80%。

（2）在每一个细水雾喷头的供水侧应设一个喷头过滤网，对于喷口最小过流尺寸大于 1.2 mm 的多喷嘴喷头或喷口最小过流尺寸大于 2 mm 的单喷嘴喷头，可不设喷头过滤网。

（3）管道过滤器的最小尺寸应根据系统的最大过流流量和工作压力确定。

（4）管道过滤器应具有防锈功能，并设在便于维护、更换的位置，应设旁通管，以便清洗。

3.4.6.5 末端试水装置

细水雾灭火系统的闭式系统应在每个报警阀组后管网的最不利点处设置试水装置，其设置要求同自动喷水灭火系统，并应符合下列规定。

（1）试水阀前应设置压力表。

（2）试水阀出口的流量系数应与一只喷头的流量系数等效。

（3）试水阀的接口大小应与管网末端的管道一致，测试水的排放不应对人员和设备等造成危害。

（4）细水雾灭火系统的开式系统应在分区控制阀上或阀后邻近位置设置泄放试验阀。

3.4.6.6 系统管网

细水雾灭火系统的管道应采用冷拔法制造的奥氏体不锈钢钢管或其他耐腐蚀和耐压性能相当的金属管道。管道的材质和性能应符合现行国家标准《流体输送用不锈钢无缝钢管》（GB/T 14976—2012）和《机械结构用不锈钢焊接钢管》（GB/T 12770—2012）的有关规定。系统最大工作压力不小于 3.5 MPa 时，应采用现行国家标准《不锈钢和耐热钢 牌号及化学成分》（GB/T 20878—2007）中规定的牌号为 $O_{22}Cr_{17}Ni_{12}Mo_2$ 的奥氏体不锈钢无缝钢管。

系统管道连接件的材质应与管道相同。系统管道宜采用专用接头或法兰连接，也可采用亚弧焊焊接。

系统管道和管道附件的公称压力不应小于系统的最大工作压力。对于泵组式系统，水泵吸水口至储水箱之间的管道、管道附件、阀门的公称压力不应小于 1.0 MPa。

采用全淹没应用方式的开式系统，管网宜均衡布置。对于油浸变压器，系统管道不宜横跨变压器的顶部，且不应影响设备的正常操作。

系统管道应采用防晃金属支架、吊架固定在建筑构件上，并应能承受管道充满水时的重量及冲击。系统管道支架、吊架的间距不应大于表 3-44 的规定。

表 3-44　细水雾灭火系统管道支架、吊架的最大间距

管道外径/mm	≤16	20	24	28	32	40	48	60	≥76
最大间距/m	1.5	1.8	2.0	2.2	2.5	2.8	2.8	3.2	3.8

注：设置在有爆炸危险环境中的系统，其管网和组件应采取可靠的静电导除措施。

3.4.7　细水雾灭火系统的控制要求

作为自动灭火系统的一种方式，细水雾灭火系统需要与火灾自动报警系统进行联动，以实现火灾时自动启动功能。本小节主要介绍细水雾灭火系统的联动要求。

1. 控制方式

瓶组式系统应具有自动、手动和机械应急操作控制方式，其机械应急操作应能在瓶组间直接手动启动系统。

泵组式系统应具有自动、手动控制模式。

（1）自动控制模式：发生火灾时，当防护区内一种类型（或一种灵敏度）火灾探测器报警时，防护区内声光报警器动作；当两种不同类型（或两种灵敏度）的火灾探测器均报警时，防护区外声光报警器动作、本防护（分）区控制阀电磁阀打开、高压泵组控制模块动作泵组启动，对本防护区实施细水雾喷雾灭火。灭火后需手动停泵。

（2）手动控制模式：人员已经确认发生火灾，而防护区内两种不同类型（或两种灵敏度）的火灾探测器尚未互与报警或报警系统失效情况下，人工手动按下设置于防护区门外的本分区的紧急喷放按钮，声光报警器动作，对应分区的灭火控制盘发出 DC 24 V 启动信号给细水雾装置控制柜，由细水雾装置控制柜进行控制，打开箱式区域控制阀组、启动高压泵组，对本防护区实施细水雾喷雾灭火。灭火后需手动停泵。

（3）机械手动控制模式：在自动及手动控制系统失效情况下，可人工现场手动打开分区控制阀箱内的控制阀，并在消防值班室的消防联动控制柜上或泵房的高压水泵控制盘上手动启动高压泵组，对该防护区实施喷雾灭火。

2. 联动要求

（1）开式系统的自动控制应能在接收两个独立的火灾自动报警系统后自动启动。闭式系统的自动控制应能在喷头动作后，由动作系统反馈装置直接连锁自动启动。

（2）应根据保护对象可燃物类型及燃烧特点，选用两种不同类型的火灾探测器（或者

选用同一类型两种灵敏度的火灾探测器）设置在防护区内。建议采用拥有独立地址的探测器，至少同一类型（或同一灵敏度）的探测器拥有一个独立地址，接入建筑内的火灾自动报警系统。探测器的选型、设置及安装应按《火灾自动报警系统设计规范》（GB 50116—2013）及《火灾自动报警系统施工及验收规范》（GB 50166—2007）的相关要求执行。

（3）开式系统分区控制阀应符合下列规定。

1）应具有接收控制信号实现启动、反馈阀门启闭或故障信号的功能。

2）应具有自动、手动启动和机械应急操作启动功能，关闭阀门应采用手动操作方式。

3）应在明显位置设置对应于防护区或保护对象的永久性标识，并应标明水流方向。

4）排水管不低于DN15，并接入建筑排水管网。

（4）每个防护区内外及主要通道门上方内外均设置声光报警器，每个防护区主要通道门口均设置喷洒指示灯。

（5）止喷按钮的使用。当发生火警误报、自动或手动误喷放等情况时，为避免长时间冷喷雾造成不必要的水渍损失，按下止喷按钮可立即停止本防护区的细水雾喷放，同时应尽快手动停止高压细水雾泵组，并复位火灾自动报警系统。

（6）火灾报警联动控制系统应能远程启动水泵或瓶组、开式系统分区控制阀，并应能接收水泵的工作状态、分区控制阀的启泵状态及细水雾喷放的反馈信号。

（7）系统应设置备用电源。系统的主备电源应能自动和手动切换。

3.4.8　水力计算

3.4.8.1　水力计算步骤

（1）低压系统管道的水压损失。

按下式计算：

$$P_f = 6.05 \frac{LQ^{1.85}}{C^{1.85} d^{4.87}} \times 10^4 \tag{3-37}$$

式中　P_f——管道的总水压损失，MPa；

Q——管道的流量，L/min；

L——管道计算长度，m；

C——海澄-威廉系数，对于铜管和不锈钢管，$C=130$；

d——管道内径，mm。

（2）中压、高压系统管道的水压损失。

按下式计算：

$$P_f = 0.225\,2\frac{fL\rho\,Q^2}{d^5} \tag{3-38}$$

$$Re = 21.22\frac{Q\rho}{d\mu}$$

$$\Delta = \frac{\varepsilon}{d}$$

式中　P_f——管道的总水压损失，包括沿程水头损失和局部水头损失，MPa；

Q——管道的流量，L/min；

L——管道计算长度，包括管段的长度和该管段内管接件、阀门等的当量长度，m；

f——摩阻系数，根据 Re 和 Δ 值按照 Moody 图确定，如图 3-37 所示；

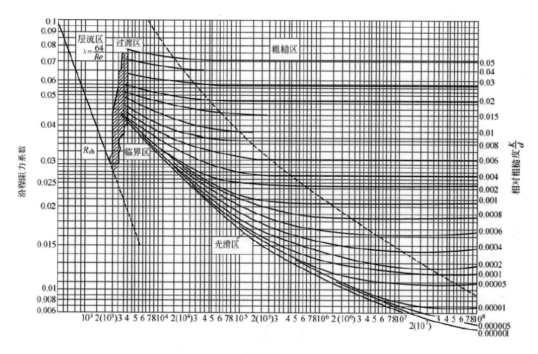

图 3-37　管道水压损失 Moody 图

d——管道内径，mm；

ρ——流体密度，kg/m³，根据水的密度及其动力黏度系数表确定，见表 3-45；

Re——雷诺数；

μ——动力黏度，cp，根据水的密度及其动力黏度系数表确定，见表 3-45；

Δ——管道相对粗糙度；

ε——管道粗糙度，mm；对于铜管，取 0.001 5 mm；对于不锈钢管，取 0.045 mm。

注意：当系统的管径大于等于 20 mm 且流速小于 7.6 m/s 时，其管道水压损失（沿程损失）也可按照低压系统管道的水压损失的公式计算。

表 3-45　水的密度及其动力黏度系数

温度/℃	水的密度/(kg/m³)	水的动力黏度系数/cp
4.4	999.9	1.50
10.0	999.7	1.30
15.6	998.7	1.10
21.1	998.0	0.95
26.7	996.6	0.85
32.2	995.4	0.74
37.8	993.6	0.66

（3）管件和阀门的局部水头损失宜根据其当量长度计算。

（4）系统管道内的水流速度不宜大于 10 m/s，不应超过 20 m/s。

（5）系统的设计供水压力。

按下式计算：

$$P_t = \sum P_f + P_e + P_s \tag{3-39}$$

式中 P_t——系统的设计供水压力，MPa；

P_e——最不利点处喷头与储水箱或储水容器最低水位的静压差，MPa；

P_s——最不利点处喷头的工作压力，MPa。

（6）喷头的设计流量。

按下式计算：

$$q = K\sqrt{10P} \tag{3-40}$$

式中 q——喷头的设计流量，L/min；

K——喷头的流量系数，$L/[min \cdot (MPa)^{1/2}]$；

P——喷头的设计工作压力，MPa。

（7）系统的设计流量。

按下式计算：

$$Q_s = \sum_{i=1}^{n} q_i \tag{3-41}$$

式中 Q_s——系统的设计流量，L/min；

n——累计计算喷头数；

q_i——计算喷头的设计流量，L/min。

注意：对于全淹没应用系统，应为最大一个防护区内喷头的流量之和；对于区域应用系统，应为系统被保护区及相邻防护区内的喷头同时开放时的流量之和，取其中最大值；对于局部应用系统，应为系统保护面积内所有喷头的流量之和；对于闭式系统，应为水力计算最不利点处的作用面积内所有喷头的流量之和。

（8）系统储水箱或储水容器的设计。

系统储水箱或储水容器所需有效容积应按下式计算：

$$V = Q_s t \tag{3-42}$$

式中 V——储水箱或储水容器的设计所需有效容积，L；

t——系统的设计喷雾时间，min。

当火灾情况下能保证连续可靠补水时，泵组式系统储水箱的储水容量可减去火灾时系统持续喷雾时间内的补充水量，但不应小于设计所需用量的 50%。

泵组式系统储水箱的补水流量不应小于系统设计流量。

3.4.8.2 示例

某图书馆，保护区为档案库房和数字中心机房，高压细水雾消防系统保护区域三个，总面积约894m²。根据该项目的火灾类型属于 A 型火灾，考虑其火灾特点选用开式系统进行保护，本项目采用一套高压细水雾泵组。具体保护方式下各防护区的设计参数见表3-46。

表 3-46　各防护区的设计参数

序号	防护区域名称	喷头安装高度/m	面积/m²	保护对象	系统类型
1	2 层档案库 1	3.0	188.5	工作层	全空间应用
2	5 层档案库 2	3.0	337.5	工作层	分区应用系统
3	5 层数据中心机房	3.0	103.4	工作层	全空间应用

1. 设计参数

(1) 系统持续喷雾时间 30 min。

(2) 开式系统的响应时间不大于 30 s。

(3) 最不利点处喷头工作压力不低于 10 MPa。

(4) 档案库最小设计喷雾强度为 1.0 L/(min·m²)；数据中心机房最小设计喷雾强度为 0.7 L/(min·m²)。

(5) 细水雾粒径 $D_{v0.5}$ 小于 65 μm、$D_{v0.9}$ 小于 100 μm。

2. 设计计算

(1) 喷头选择。根据保护对象的火灾危险性及空间尺寸选用高压细水雾喷头。根据各防护区尺寸确定喷头布置间距及数量，见表 3-47。

表 3-47　喷头布置间距及数量

序号	防护区域名称	喷头安装高度/m	面积/m²	保护对象	系统类型	喷头数量/只
1	2 层档案库 1	3.0	188.5	工作层	全空间应用	28
2	5 层档案库 2	3.0	337.5	工作层	分区应用系统	54
3	5 层数据中心机房	3.0	103.4	工作层	全空间应用	15

所有档案库房采用 $K=0.7$ 的开式喷头，$q=7$ L/min，安装间距不大于 3.0 m，不小于 1.5 m，距墙不大于 1.5 m。加密喷头为两排，排间距宜为 1.25~1.5 m。

(2) 水力计算方法。开式系统按照最大防护区内同时动作最大喷头数流量之和计算。

1) 系统计算流量。最大流量防护区为 5 层档案库 2，设计流量为同时开启 54 只喷头流量计算，其计算流量：

$$Q_j = \sum_{i=1}^n q_i = 54 \times 7 = 378 \ (L/min)$$

式中　Q_j——系统计算流量，L/min；

　　　n——最不利点处灭火区内同时启动喷雾的喷头数量；

　　　q_i——喷头的实际流量，L/min，应按细水雾喷头的实际工作压力 P_i (MPa) 计算。

由此得系统设计流量

$$Q_S = K_S \cdot Q_j = 1.05 \times 378 \approx 397(L/min)，K_S 取 1.05$$

2) 喷雾强度计算。细水雾单个喷头流量按下式计算：

$$q = K\sqrt{10P}$$

式中　q——喷头的设计流量，L/min；

K——喷头的流量系数，L/[min·(MPa)$^{1/2}$]；

P——喷头的设计工作压力，MPa。

该设计采用 K 系数为 0.7 的喷头，计算单个喷头的流量为 7 L/min。

$$喷雾强度 = Q_j/S$$

最大保护区举例：5 层档案库房 2 面积为 337.5 m^2，喷头数量为 54 只，则

$$喷雾强度 = 7×54÷337.5 = 1.12 [L/(min·m^2)]$$

大于国家规范要求。

其他区域经计算喷雾强度均大于国家规范要求。

3）系统供水压力的计算。按照最不利点处防护区，依据达西公式对此保护区进行管道阻力损失计算后得出系统供水压力。

管道阻力损失计算公式——达西公式：

$$\Delta P_m = 2.252\frac{fL\rho Q^2}{d^5} \tag{3-43}$$

雷诺数：

$$Re = 21.22\frac{Q\rho}{d\mu} \tag{3-44}$$

系统工作压力计算如下。

最不利点处防护区为 5 层档案库房 2：

$$H = \sum P_m + h_0 + Z/100 = 10.91(MPa)$$

式中 H——系统的供水压力，MPa；

$\sum P_m$——管道水力损失，MPa（根据达西公式作水力计算表）；

h_0——喷头的工作压力，MPa，取 10 MPa；

Z——最不利点处喷头与泵出口的高程差 20 m。

4）高压细水雾泵组的选择。系统根据设计流量：$Q_j = 397$ L/min，系统供水压力：$H = 10.91$ MPa，选择高压细水雾泵组一套。

泵组流量≥400 L/min。

注意： 高压细水雾泵组参数以各厂家提供实际参数为准。

5）增压泵的确定。增压泵的流量按照细水雾泵组总出水流量确定，泵的扬程按照高压细水雾泵组进水压力要求不小于 0.20 MPa，不大于 0.6 MPa 进行选泵：

增压泵选用 2 台（一用一备），$Q = 20$ m^3/h，$H = 35$ m，$N = 4.0$ kW。

6）系统供水系统计算。系统设置（3000 mm×2500 mm×2000 mm）不锈钢水箱，由给排水专业提供 1 路引入管到水箱进水处。

系统引入管管径的确定：

$$v = \frac{Q \times 10^{-3}}{\pi \times \left(\frac{D}{2}\right)^2 \times 60} \tag{3-45}$$

式中 Q——系统流量，L/min；

D——管径，m；

v——流速，m/s，取 1.2 m/s。

经计算得 $D = 83.79$ mm，设计取 DN100。

3.5　气体灭火系统

扫一扫，看视频

气体灭火系统是以一种或多种气体作为灭火介质，通过这些气体在整个防护区内或保护对象周围的局部区域建立起灭火剂浓度实现灭火的系统。

气体灭火系统应用广泛，具有灭火效率高、灭火速度快、保护对象无污损等优点。气体灭火系统一般根据灭火介质命名，目前比较常用的气体灭火系统有二氧化碳灭火系统、七氟丙烷灭火系统、惰性气体灭火系统等。

气体灭火系统常用于一些不能用水扑救的场所，从而避免火灾重大损失。例如，电信机房、发电机房、电气设备用房、图书档案库、科研实验楼、油品厂房等。

3.5.1　气体灭火系统的灭火机理

气体灭火系统的灭火机理与气体灭火剂的属性有着密不可分的关系，不同的灭火剂，其灭火机理不相同。

灭火的基本机理包括冷却、窒息、隔离和化学抑制。前三种灭火作用主要是物理过程，后一种是化学过程。常见的三类气体灭火系统的灭火机理如下。

（1）二氧化碳灭火机理主要是在于窒息，其次是冷却。在常温常压条件下，二氧化碳的物态为气相，当储存于密封高压气瓶中，低于临界温度 31.4 ℃时，是以气、液两相共存的。在灭火过程中，当二氧化碳从储存气瓶中释放出来，压力骤然下降，使得二氧化碳由液态转变成气态，分布于燃烧物的周围，稀释空气中的氧气含量，氧气含量低于15%时，燃烧即将终止，这是二氧化碳所产生的窒息作用。同时二氧化碳释放时又因焓降的关系，温度急剧下降，形成细微的固体干冰粒子，干冰吸取其周围的热量而升华，即能产生冷却燃烧物的作用。

（2）七氟丙烷灭火剂是一种无色无味、不导电的气体，其密度大约是空气密度的 6 倍，可在一定压力下呈液态储存。该灭火剂为洁净药剂，释放后无残余物，不会污染环境和保护对象。一方面，七氟丙烷灭火剂是以液态的形式喷射到保护区内的，在喷出喷头时，液态灭火剂迅速转变成气态需要吸收大量的热量，降低了保护区和火焰周围的温度；另一方面，七氟丙烷灭火剂的热解产物对燃烧过程也具有相当程度的抑制作用。

（3）惰性气体主要是通过稀释氧气浓度、隔绝空气等窒息作用来实现灭火目的，本书以 IG541 气体灭火系统为例重点讲述。IG541 混合气体灭火剂是由氮气、氩气和二氧化碳气体按一定比例混合而成的气体，由于这些气体都是在大气层中自然存在，且来源丰富，对大气层臭氧没有损耗，也不会对地球的"温室效应"产生影响，更不会产生具有长久影响大气寿命的化学物质。混合气体无毒、无色、无味、无腐蚀性及不导电，既不支持燃烧，又不与大部分物质产生反应。从环保的角度来看，是一种较为理想的灭火剂。

3.5.2　气体灭火系统的分类与组成

3.5.2.1　气体灭火系统的分类

1. 按使用的灭火剂分类

（1）二氧化碳灭火系统。二氧化碳灭火系统是以二氧化碳作为灭火介质的气体灭火系统。二氧化碳是一种惰性气体，对燃烧具有良好的窒息和冷却作用。

二氧化碳灭火系统按灭火剂储存压力不同可分为高压系统（指灭火剂在常温下储存的系统）和低压系统（指灭火剂在-20~-18℃低温下储存的系统）两种应用形式。管网起点计算压力（绝对压力）：高压系统应取5.17 MPa，低压系统应取2.07 MPa。

（2）七氟丙烷灭火系统。七氟丙烷灭火系统是以七氟丙烷作为灭火介质的气体灭火系统。七氟丙烷灭火剂属于卤代烷灭火剂系列，具有灭火能力强、灭火剂性能稳定的特点，其臭氧层损耗能力（ODP）为0，全球温室效应潜能值（GWP）很小，不会破坏大气环境。但七氟丙烷灭火剂的有毒性反应（LOAEL）浓度为10.5%，项目设计和使用时应引起重视。

（3）惰性气体灭火系统。惰性气体灭火系统包括IG01（氩气）灭火系统、IG100（氮气）灭火系统、IG55（氩气、氮气）灭火系统、IG541（氩气、氮气、二氧化碳）灭火系统。由于惰性气体纯粹来自自然，是一种无毒、无色、无味、惰性及不导电的纯"绿色"气体，故又称洁净气体灭火系统。目前市场上应用最为广泛的是IG541灭火系统。

2. 按系统的结构特点分类

（1）无管网灭火系统。无管网灭火系统是指按一定的应用条件，将灭火剂储存装置和喷放组件等预先设计、组装成套且具有联动控制功能的灭火系统，又称预制灭火系统。该系统又分为柜式气体灭火装置［图3-38（a）］和悬挂式气体灭火装置［图3-38（b）］两种类型，其适应于较小的、无特殊要求的防护区。

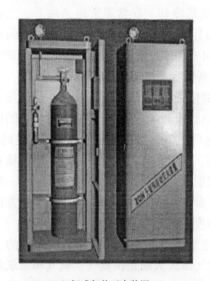 

（a）柜式气体灭火装置　　　　　　（b）悬挂式气体灭火装置

图3-38　气体灭火装置

（2）管网灭火系统。管网灭火系统是指按一定的应用条件进行计算，将灭火剂从储存装置经由干管、支管输送至喷放组件实施喷放的灭火系统。管网灭火系统又可分为组合分配灭火系统和单元独立灭火系统。

组合分配灭火系统是指用一套灭火系统储存装置同时保护两个或两个以上防护区或保护对象的气体灭火系统。组合分配灭火系统（见图3-39）的灭火剂设计用量是按最大的一个防护区或保护对象来确定的，如组合中某个防护区需要灭火，则通过选择阀、容器阀等控制，定向释放灭火剂。这种灭火系统的优点使储存容器数和灭火剂用量可以大幅度减少，有较高应用价值。

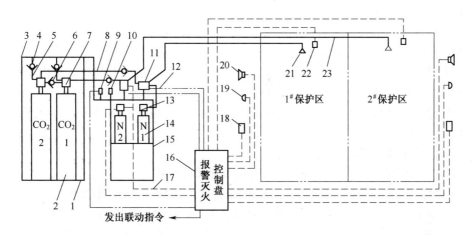

图 3-39 组合分配灭火系统示意图

1—XT 灭火剂储瓶框架；2—灭火剂储瓶；3—集流管；4—液流单向阀；5—软管；6—气流单向阀；
7—瓶头阀；8—启动管道；9—压力信号器；10—安全阀；11—选择阀；12—信号反馈线路；13—电磁阀；
14—启动钢瓶；15—QXT 启动瓶框架；16—报警灭火控制盘；17—控制线路；18—手动控制盒；
19—光报警器；20—声报警器；21—喷嘴；22—火灾探测器；23—灭火剂输送管道

注意：

1）设计七氟丙烷灭火系统及 IG541 灭火系统时，一个组合分配灭火系统所保护的防护区不应超过 8 个。

2）设计二氧化碳灭火系统时，并没有保护区个数的限制，但是当组合分配灭火系统保护 5 个及以上的防护区或保护对象时，或者在 48 h 内不能恢复时，二氧化碳应有备用量，备用量不应小于系统设计的储存量。

单元独立灭火系统是指用一套灭火剂系统储存装置保护一个防护区的灭火系统。一般来说，用单元独立灭火系统保护的防护区在位置上是单独的，离其他防护区较远而不便于组合，或是两个防护区相邻，但有同时失火的可能。当一个防护区包括两个以上封闭空间也可以用一个单元独立灭火系统来保护，但设计时必须做到系统储存的灭火剂能够满足这几个封闭空间同时灭火的需要，并能同时供给它们各自所需的灭火剂量。

3. 按应用方式分类

（1）全淹没灭火系统。全淹没灭火系统是指在规定的时间内，向防护区喷射一定浓度的气体灭火剂，并使其均匀地充满整个防护区的灭火系统。全淹没灭火系统的喷头宜均匀布置在防护区的顶部（除非防护场所特殊要求，可沿防护区四周墙壁布置喷头。另外，如果防护区有地板层，宜贴紧地面布置喷嘴），火灾发生时，喷射的灭火剂与空气的混合气体迅速在此空间内建立有效扑灭火灾的灭火浓度，并将灭火剂浓度保持一段所需要的时间，即通过灭火剂气体将封闭空间淹没实施灭火。

（2）局部应用灭火系统。局部应用灭火系统是指在规定的时间内，向保护对象以设计喷射率直接喷射气体灭火剂，在保护对象周围形成局部高浓度，并持续一定时间的灭火系统。局部应用灭火系统的喷头均匀布置在保护对象的四周，火灾发生时，将灭火剂直接而集中地喷射在保护对象上，使其笼罩在整个保护对象外表面，即在保护对象周围局部范围内达到较高的灭火剂气体浓度实施灭火。

4．按加压方式分类

（1）自压式气体灭火系统。自压式气体灭火系统是指灭火剂无须加压而是依靠自身饱和蒸气压力进行输送的灭火系统。

（2）内储压式气体灭火系统。内储压式气体灭火系统是指灭火剂在瓶组内用惰性气体进行加压储存，系统动作时灭火剂靠瓶组内的充压气体进行输送的灭火系统。

（3）外储压式气体灭火系统。外储压式气体灭火系统是指系统动作时灭火剂由专设的充压气体瓶组按设计压力对其进行充压的灭火系统。

3.5.2.2　气体灭火系统的组成

1．高压二氧化碳灭火系统、内储压式七氟丙烷灭火系统

高压二氧化碳灭火系统、内储压式七氟丙烷灭火系统由灭火剂瓶组、驱动气体瓶组（可选）、称重装置（仅限高压二氧化碳灭火系统）、单向阀、选择阀、驱动装置、集流管、连接管、喷头、信号反馈装置、安全泄放装置、控制盘、检漏装置、管道管件及吊钩支架等组成，如图3-40所示。

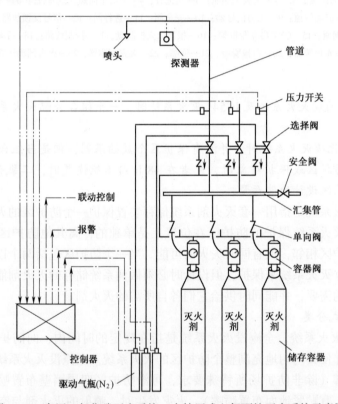

图3-40　高压二氧化碳灭火系统、内储压式七氟丙烷灭火系统示意图

2．外储压式七氟丙烷灭火系统

外储压式七氟丙烷灭火系统由灭火剂瓶组、加压气体瓶组、驱动气体瓶组（可选）、单向阀、选择阀、减压装置、驱动装置、集流管、连接管、喷头、信号反馈装置、安全泄放装置、控制盘、检漏装置、管道管件及吊钩支架等组成。

3. 惰性气体灭火系统

惰性气体灭火系统由灭火剂瓶组、驱动气体瓶组（可选）、单向阀、选择阀、减压装置、驱动装置、集流管、连接管、喷头、信号反馈装置、安全泄放装置、控制盘、检漏装置、管道管件及吊钩支架等组成。

4. 低压二氧化碳灭火系统

低压二氧化碳灭火系统由灭火剂储存装置、总控阀、驱动器、喷头、管道超压泄放装置、信号反馈装置、控制器等组成。

5. 无管网灭火系统

（1）柜式气体灭火系统。该装置一般由箱体、容器阀、灭火剂瓶组、信号反馈装置、喷嘴、火灾报警灭火控制器、火灾探测器、手动控制盒、声光报警器、放气显示灯等组成。其电气控制部分可与消防控制中心联动，如图 3-41 所示。

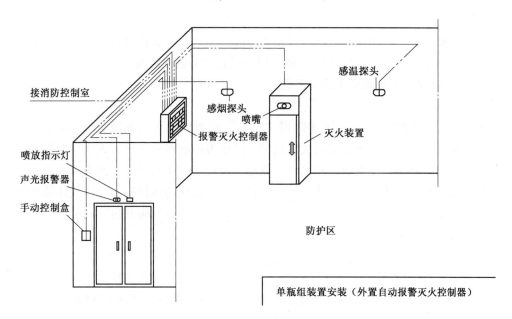

图 3-41 柜式气体灭火系统示意图

（2）悬挂式气体灭火系统。该装置由灭火剂储存容器、启动释放组件、悬挂支架等组成。

3.5.3 气体灭火系统的工作原理与控制方式

3.5.3.1 高压二氧化碳灭火系统、内储压式七氟丙烷灭火系统、惰性气体灭火系统

1. 自动控制方式

将灭火控制器上控制方式选择键拨到"自动"位置时，灭火系统处于自动控制状态。当保护区发生火情，火灾探测器发出火灾信号，经报警控制器确认后，灭火控制器即发出声、光报警信号，同时发出联动指令，相关设备联动，经过一段延时时间，发出灭火指令，打开电磁型驱动容器阀释放驱动气体，驱动气体通过驱动管道打开相应的选择阀和容器阀，释放灭火剂，实施灭火。

2. 电气手动控制方式

将灭火控制器上控制方式选择键拨到"手动"位置时，灭火系统处于手动控制状态。当保护区发生火情，按下手动控制盒或控制器上"启动"按钮，灭火控制器即发出声、光报警信号，同时发出联动指令，相关设备联动，经过一段延时时间，发出灭火指令，打开电磁型驱动容器阀释放驱动气体，驱动气体通过驱动管道打开相应的选择阀和容器阀，释放灭火剂，实施灭火。

3. 机械应急操作

当保护区发生火情，控制器不能有效地发出灭火指令时，应立即通知有关人员迅速撤离现场，打开或关闭联动设备，然后拔出相应电磁型驱动容器阀上的插销，操作手柄即可打开电磁型驱动容器阀，释放驱动气体，驱动气体开启选择阀、容器阀，释放灭火剂，实施灭火。

4. 紧急停止操作

当发出火灾警报，而在延时时间内发现不需要启动灭火系统进行灭火时，按下手动控制盒内或灭火控制器上的"紧急停止"按钮，即可阻止灭火指令的发出。

3.5.3.2 外储压式七氟丙烷灭火系统

1. 自动控制方式

将灭火控制器上控制方式选择键拨到"自动"位置时，灭火系统处于自动控制状态。当保护区发生火情，火灾探测器发出火灾信号，经报警控制器确认后，灭火控制器即发出声光报警信号，同时发出联动指令，相关设备联动，经过一段延时时间，发出灭火指令，打开电磁瓶头阀释放驱动气体，驱动气体通过驱动管道打开相应的选择阀和充压气体瓶头阀，充压气体进入灭火剂储瓶，当压力升至系统工作压力时，压力控制阀开启，同时打开灭火剂瓶头阀，释放灭火剂，实施灭火。

2. 电气手动控制方式

将灭火控制器上控制方式选择键拨到"手动"位置时，灭火系统处于手动控制状态。当保护区发生火情，按下手动控制盒或控制器上"启动"按钮，灭火控制器即发出声光报警信号，同时发出联动指令，相关设备联动，经过一段延时时间，发出灭火指令，打开电磁瓶头阀释放驱动气体，驱动气体通过驱动管道打开相应的选择阀和充压气体瓶头阀，充压气体进入灭火剂储瓶，当压力升至系统工作压力时，压力控制阀开启，同时打开灭火剂瓶头阀，释放灭火剂，实施灭火。

3. 机械应急操作

当保护区发生火情，控制器不能有效地发出灭火指令时，应立即通知有关人员迅速撤离现场，打开或关闭联动设备，然后拔出相应电磁瓶头阀上的安全插销，操作手柄即可打开电磁瓶头阀，释放驱动气体，驱动气体开启选择阀、充压气体瓶头阀，充压气体进入灭火剂储瓶，当压力升至系统工作压力时，压力控制阀和灭火剂瓶头阀开启，释放灭火剂，实施灭火。

4. 泄漏报警

当灭火剂瓶组中的灭火剂因储存容器有孔洞等原因导致灭火剂泄漏，系统会发出声光报警信号。

5. 紧急停止操作

当发出火灾警报，而在延时时间内发现不需要启动灭火系统进行灭火时，按下手动控制盒内或灭火控制器上的"紧急停止"按钮，即可阻止灭火指令的发出。

3.5.3.3　柜式七氟丙烷灭火系统

柜式七氟丙烷气体灭火装置控制器有两种控制方式：自动控制方式和手动控制方式。

1. 自动控制方式

将控制器上控制方式选择开关置于"自动"位置时，灭火装置处于自动控制状态。本灭火装置配有感烟火灾探测器和感温火灾探测器。当只有一种探测器发出火灾信号时，控制器即发出异常声光报警信号，通知有异常情况发生，而并不启动灭火装置。

当两种探测器同时发出火灾信号时，探测器会发出火灾声光报警信号，通知有火灾发生，请有关人员撤离现场，并向控制中心发出火灾信号，控制器发出联动指令，关闭风机、防火阀等联动设备，经过一段时间延时后，发出灭火指令，打开容器阀，释放灭火剂实施灭火。为防止因探测器误动作引起灭火剂释放，或火灾较小值班人员能自行扑灭，在报警过程中发现不需要启动灭火装置的情况，可按下手动控制盒内或灭火控制器上的"紧急停止"按钮，阻止控制器灭火指令的发出，不启动灭火装置，避免造成不必要的浪费和混乱。

2. 手动控制方式

将控制器上控制方式选择开关置于"手动"位置时，灭火装置处于电气手动控制状态。在该控制方式下，当探测器发出火灾信号时，控制器发出火灾声光报警信号，但并不启动灭火装置。工作人员可通过按下"紧急启动"按钮，延时时间内人员撤离，灭火装置启动，实施灭火。

3.5.4　气体灭火系统的适用范围

气体灭火系统根据灭火剂种类、灭火机理不同，其适用的范围也各不相同，下面分类进行介绍。

1. 二氧化碳灭火系统

二氧化碳灭火系统用于扑救灭火前可切断气源的气体火灾，液体火灾或石蜡、沥青等可熔化的固体火灾，固体表面火灾及棉毛、织物、纸张等部分固体深位火灾，电气火灾。

本系统不得用于扑救硝化纤维、火药等含氧化剂的化学制品火灾，钾、钠、镁、钛、锆等活泼金属火灾，氢化钾、氢化钠等金属氢化物火灾。

二氧化碳全淹没灭火系统不应用于经常有人停留的场所。

2. 七氟丙烷灭火系统

七氟丙烷灭火系统适于扑救电气火灾、液体表面火灾或可熔化的固体火灾、固体表面火灾、灭火前可切断气源的气体火灾。

本系统不得用于扑救下列物质的火灾：含氧化剂的化学制品及混合物，如硝化纤维、硝酸钠等；活泼金属，如钾、钠、镁、钛、锆、铀等；金属氢化物，如氢化钾、氢化钠等；能自行分解的化学物质，如过氧化氢、联胺等；可燃固体物质的深位火灾。

3. 其他气体灭火系统

其他气体灭火系统适用于扑救电气火灾、固体表面火灾、液体火灾、灭火前能切断气源的气体火灾。

本系统不得用于扑救下列物质的火灾：硝化纤维、硝酸钠等氧化剂或含氧化剂的化学制品火灾；钾、钠、镁、钛、锆、铀等活泼金属火灾；氢化钾、氢化钠等金属氢化物火灾；过氧化氢、联胺等能自行分解的化学物质火灾；可燃固体物质的深位火灾。

3.5.5 气体灭火系统的设计参数

气体灭火系统的设计应以《建筑设计防火规范（2018 年版）》（GB 50016—2014）、《气体灭火系统设计规范》（GB 50370—2005）、《气体灭火系统施工及验收规范》（GB 50263—2007）、《二氧化碳灭火系统设计规范（2010 年版）》（GB 50193—1993）等国家现行规范和标准为依据，根据保护对象、系统设置类型、灭火剂种类等不同，确定设计基本参数。

3.5.5.1 防护区的设置要求

1. 防护区的划分

防护区的划分应根据封闭空间的结构特点和位置来划分，防护区划分应符合下列规定：防护区宜以单个封闭空间划分；同一区间的吊顶层和地板下需同时保护时，可合为一个防护区；采用管网灭火系统时，一个防护区的面积不宜大于 800 m²，且容积不宜大于 3600 m³；采用预制灭火系统时，一个防护区的面积不宜大于 500 m²，且容积不宜大于 1600 m³。

2. 耐火性能

防护区围护结构及门窗的耐火极限均不宜低于 0.5 h，吊顶的耐火极限不宜低于 0.25 h。

全淹没灭火系统防护区建筑物构件耐火时间（一般为 30 min）包括探测火灾时间、延时时间、释放灭火剂时间及保持灭火剂设计浓度的浸渍时间。延时时间为 30 s，释放灭火剂时间对于扑救表面火灾应不大于 1 min，对于扑救固体深位火灾不应大于 7 min。

3. 耐压性能

在全封闭空间释放灭火剂时，空间内的压力会迅速增加，如果超过建筑构件承受能力，防护区就会遭到破坏，从而造成灭火剂流失、灭火失败和火灾蔓延的严重后果。防护区围护结构承受内压的允许压力，不宜低于 1200 Pa。

4. 泄压能力

对于全封闭的防护区，应设置泄压口，泄压口应位于防护区净高的 2/3 以上。防护区设置的泄压口，宜设在外墙上。泄压口面积按相应气体灭火系统设计规定计算。对于设有防爆泄压设施或门窗缝隙未设密封条的防护区可不设泄压口。

5. 封闭性能

在防护区的围护构件上不宜设置敞开孔洞，否则将会造成灭火剂流失。在必须设置敞开孔洞时，应设置能手动和自动关闭的装置。在喷放灭火剂前，应自动关闭防护区内除泄压口外的开口。

6. 环境温度

对于七氟丙烷灭火系统及惰性气体灭火系统，防护区环境温度宜为 -10~50 ℃。

对于二氧化碳灭火系统，当防护区的环境温度超过 100 ℃时，二氧化碳的设计用量应在设计规范计算值的基础上每超过 5 ℃增加 2%。当防护区的环境温度低于 -20 ℃时，二氧化碳的设计用量应在设计规范计算值的基础上每降低 1 ℃增加 2%。

3.5.5.2　安全要求

(1) 设置气体灭火系统的防护区应设疏散通道和安全出口，保证防护区内所有人员在 30 s 内撤离完毕。

(2) 防护区内的疏散通道及出口，应设消防应急照明灯具和疏散指示标志灯。防护区内应设火灾声报警器，必要时，可增设闪光报警器。防护区的入口处应设火灾声光报警器和灭火剂喷放指示灯，以及防护区采用的相应气体灭火系统的永久性标志牌。灭火剂喷放指示灯信号，应保持到防护区通风换气后，以手动方式解除。

(3) 防护区的门应向疏散方向开启，并能自行关闭；用于疏散的门必须能从防护区内打开。

(4) 灭火后的防护区应通风换气，地下防护区和无窗或设固定窗扇的地上防护区，应设置机械排风装置，排风口宜设在防护区的下部并应直通室外。通信机房、计算机房等场所的通风换气次数应不小于每小时 5 次。

(5) 经过有爆炸危险和变电、配电场所的管网，以及布设在以上场所的金属箱体等，应设防静电接地。

(6) 有人工作防护区的灭火设计浓度或实际使用浓度，不应大于有毒性反应浓度。

(7) 防护区内设置的预制灭火系统的充压压力不应大于 2.5 MPa。

(8) 灭火系统的手动控制与应急操作应有防止误操作的警示显示与措施。

(9) 设有气体灭火系统的场所，宜配置空气呼吸器。

3.5.5.3　储瓶间的要求

(1) 符合耐火等级不低于二级的有关规定及有关压力容器存放的规定。

(2) 应有直通室外或疏散通道的出口，钢瓶间门应向外开启。

(3) 对于七氟丙烷灭火系统及惰性气体灭火系统，气瓶室的环境温度宜为 $-10 \sim 50$ ℃；对于高压二氧化碳灭火系统，储存装置的环境温度为 $0 \sim 49$ ℃；对于低压二氧化碳灭火系统，储存装置应远离热源，其位置应便于再充装，其环境温度宜为 $-23 \sim 49$ ℃。

(4) 储瓶间应有良好的通风条件，地下储瓶间应设机械排风装置，排风口应设在下部，可通过排风管排出室外。

(5) 储瓶间内应设应急照明。

3.5.5.4　二氧化碳灭火系统的设计

1. 一般规定

二氧化碳灭火系统按应用方式可分为全淹没灭火系统和局部应用灭火系统。全淹没灭火系统应用于扑救封闭空间内的火灾，局部应用灭火系统应用于扑救不需要封闭空间条件的具体保护对象的非深位火灾。

(1) 采用全淹没灭火系统的防护区，应符合下列规定。

1) 对气体、液体、电气火灾和固体表面火灾，在喷放二氧化碳前不能自动关闭的开口，其面积不应大于防护区总内表面积的 3%，且开口不应设在底面。

2) 对固体深位火灾，除泄压口以外的开口，在喷放二氧化碳前应自动关闭。

3) 防护区的围护结构及门、窗的耐火极限不应低于 0.5 h，吊顶的耐火极限不应低于 0.25 h；围护结构及门窗的允许压力不宜小于 1200 Pa。

4) 防护区用的通风机和通风管道中的防火阀，在喷放二氧化碳前应自动关闭。

（2）采用局部应用灭火系统的保护对象，应符合下列规定。

1）保护对象周围的空气流动速度不宜大于 3 m/s。必要时，应采取挡风措施。

2）在喷头与保护对象之间，喷头喷射角范围内不应有遮挡物。

3）当保护对象为可燃液体时，液面至容器缘口的距离不得小于 150 mm。

启动释放二氧化碳之前或同时，必须切断可燃、助燃气体的气源。

组合分配系统的二氧化碳储存量，不应小于所需储存量最大的一个防护区域或保护对象的储存量。

当组合分配灭火系统保护 5 个及以上的防护区或保护对象时，或者在 48 h 内不能恢复时，二氧化碳应有备用量，备用量不应小于系统设计的储存量。对于高压系统和单独设置备用储存容器的低压系统，备用量的储存容器应与系统管网相连，应能与主储存容器切换使用。

2. 全淹没灭火系统的设计

二氧化碳设计浓度不应小于灭火浓度的 1.7 倍，并不得低于 34%。当防护区内存有两种及两种以上可燃物时，防护区的二氧化碳设计浓度应采用可燃物中最大的二氧化碳设计浓度。二氧化碳的设计用量应按下式计算：

$$M = K_b(K_1 A + K_2 V)$$
$$A = A_v + 30 A_0 \tag{3-46}$$
$$V = V_v - V_g$$

式中　M——二氧化碳设计用量，kg；

　　　K_b——物质系数；

　　　K_1——面积系数，kg/m^2，取 $0.2\ kg/m^2$；

　　　K_2——体积系数，kg/m^3，取 $0.7\ kg/m^3$；

　　　A——折算面积，m^2；

　　　A_v——防护区的内侧面、底面、顶面（包括其中的开口）的总面积，m^2；

　　　A_0——开口总面积，m^2；

　　　V——防护区的净容积，m^3；

　　　V_v——防护区容积，m^3；

　　　V_g——防护区内非燃烧体和难燃烧体的总体积，m^3。

当防护区的环境温度超过 100 ℃时，二氧化碳的设计用量应在设计规范计算值的基础上每超过 5 ℃增加 2%。当防护区的环境温度低于 -20 ℃时，二氧化碳的设计用量应在设计规范计算值的基础上每降低 1 ℃增加 2%。防护区应设置泄压口，并宜设在外墙上，其高度应大于防护区净高的 2/3。当防护区设有防爆泄压孔时，可不单独设置泄压口。

泄压口的面积可按下式计算：

$$A_x = 0.007\ 6\ Q_t / \sqrt{P_t} \tag{3-47}$$

式中　A_x——泄压口面积，m^2；

　　　Q_t——二氧化碳喷射率，kg/min；

　　　P_t——围护结构的允许压力，Pa。

全淹没灭火系统二氧化碳的喷放时间不应大于 1 min。当扑救固体深位火灾时，喷放时间不应大于 7 min，并应在前 2 min 内使二氧化碳的浓度达到 30%。

3. 局部应用灭火系统的设计

局部应用灭火系统的设计可采用面积法或体积法。当保护对象的着火部位是比较平直的表面时，宜采用面积法；当着火对象为不规则物体时，应采用体积法。局部应用灭火系统的二氧化碳喷射时间不应小于 0.5 min。对于燃点温度低于沸点温度的液体和可熔化固体的火灾，二氧化碳的喷射时间不应小于 1.5 min。

当采用面积法设计时，应符合下列规定。

（1）保护对象计算面积应取被保护表面整体的垂直投影面积。

（2）架空型喷头应以喷头的出口至保护对象表面的距离确定设计流量和相应的正方形保护面积，槽边型喷头保护面积应由设计选定的喷头设计流量确定。

（3）架空型喷头的布置宜垂直于保护对象的表面，其瞄准点应是喷头保护面积的中心。当确需非垂直布置时，喷头的安装角不应小于 45°。其瞄准点应偏向喷头安装位置的一方（见图 3-42）。喷头偏离保护面积中心的距离可按表 3-48 确定。

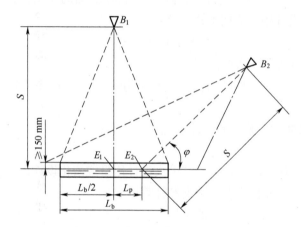

图 3-42 架空型喷头布置方法

B_1，B_2——喷头布置位置；E_1，E_2——喷头瞄准点；S—喷头出口至瞄准点的距离，m；
L_b—单个喷头正方形保护面积的边长，m；L_p—瞄准点偏离喷头保护面积中心的距离，m；φ—喷头安装角（°）

表 3-48 喷头偏离保护面积中心的距离

喷头安装角/(°)	喷头偏离保护面积中心的距离/m
45~60	$0.25L_b$
60~75	$(0.25~0.125)L_b$
75~90	$0.125L_b~0$

注：L_b 为单个喷头正方形保护面积的边长。

（4）喷头非垂直布置时的设计流量和保护面积应与垂直布置的相同。

（5）喷头宜等距布置，以喷头正方形保护面积组合排列，并应完全覆盖保护对象。

（6）二氧化碳的设计用量应按下式计算：

$$M = N \cdot q_i \cdot t \tag{3-48}$$

式中 M——二氧化碳设计用量，kg；

  N——喷头数量；

  q_i——单个喷头的设计流量，kg/min；

  t——喷射时间，min。

当采用体积法设计时，应符合下列规定。

（1）保护对象的计算体积应采用假定的封闭罩的体积。封闭罩的底是保护对象的实际底面；封闭罩的侧面及顶部当无实际围封结构时，它们至保护对象外缘的距离不应小于 0.6 m。

（2）二氧化碳的单位体积的喷射率应按下式计算：

$$q_v = K_b \left(16 - \frac{12A_p}{A_t} \right) \tag{3-49}$$

式中 q_v——单位体积的喷射率，kg/（min·m³）；

  A_t——假定的封闭罩侧面围封面面积，m²；

  A_p——在假定的封闭罩中存在的实体墙等实际围封面的面积，m²。

（3）二氧化碳的设计用量应按下式计算：

$$M = V_1 \cdot q_v \cdot t \tag{3-50}$$

式中 V_1——保护对象的计算体积，m³。

（4）喷头的布置与数量应使喷射的二氧化碳分布均匀，并满足单位体积的喷射率和设计用量的要求。

3.5.5.5 其他气体灭火系统的设计

1. 一般规定

采用气体灭火系统保护的防护区，其灭火设计用量或惰化设计用量，应根据防护区内可燃物相应的灭火设计浓度或惰化设计浓度经计算确定。

有爆炸危险的气体、液体类火灾的防护区，应采用惰化设计浓度；无爆炸危险的气体、液体类火灾和固体类火灾的防护区，应采用灭火设计浓度。

几种可燃物共存或混合时，灭火设计浓度或惰化设计浓度，应按其中最大的灭火设计浓度或惰化设计浓度确定。

两个或两个以上的防护区采用组合分配灭火系统时，一个组合分配灭火系统所保护的防护区不应超过 8 个。

组合分配灭火系统的灭火剂储存量，应按储存量最大的防护区确定。

灭火系统的灭火剂储存量，应为防护区的灭火设计用量与储存容器内的灭火剂剩余量和管网内的灭火剂剩余量之和。

灭火系统的储存装置 72 h 内不能重新充装恢复工作的，应按系统原储存量的 100% 设置备用量。

灭火系统的设计温度，应采用 20 ℃。

同一集流管上的储存容器，其规格、充压压力和充装量应相同。

同一防护区，当设计两套或三套管网时，集流管可分别设置，系统启动装置必须共用。

各管网上喷头流量均应按同一灭火设计浓度、同一喷放时间进行设计。

管网上不应采用四通管件进行分流。

喷头的保护高度和保护半径，应符合下列规定：最大保护高度不宜大于 6.5 m；最小保护高度不应小于 0.3 m；喷头安装高度小于 1.5 m 时，保护半径不宜大于 4.5 m；喷头安装高度不小于 1.5 m 时，保护半径不应大于 7.5 m。

喷头宜贴邻防护区顶面安装，距顶面的最大距离不宜大于 0.5 m。

一个防护区设置的预制灭火系统，其装置数量不宜超过 10 台。

同一防护区内的预制灭火系统装置多于 1 台时，必须能同时启动，其动作响应时差不得大于 2 s。

2. 七氟丙烷灭火系统

七氟丙烷灭火系统的灭火设计浓度不应小于灭火浓度的 1.3 倍，惰化设计浓度不应小于惰化浓度的 1.1 倍。

固体表面火灾的灭火浓度为 5.8%，设计规范中未列出的，应经试验确定。

图书库、档案库、票据库和文物资料库等防护区，灭火设计浓度宜采用 10%。

油浸变压器室、带油开关的配电室和自备发电机房等防护区，灭火设计浓度宜采用 9%。

通信机房和计算机房等防护区，灭火设计浓度宜采用 8%。

防护区实际应用的浓度不应大于灭火设计浓度的 1.1 倍。

在通信机房和计算机房等防护区，设计喷放时间不应大于 8 s；在其他防护区，设计喷放时间不应大于 10 s。

灭火浸渍时间应符合下列规定：木材、纸张、织物等固体表面火灾，宜采用 20 min；通信机房、计算机房内的电气设备火灾，应采用 5 min；其他固体表面火灾，宜采用 10 min；气体和液体火灾，不应小于 1 min。

七氟丙烷灭火系统应采用氮气增压输送，氮气的含水量不应大于 0.006%。

（1）储存容器的增压压力宜分为三级，并应符合下列规定。

1）一级：2.5 MPa±0.1 MPa（表压）。

2）二级：4.2 MPa±0.1 MPa（表压）。

3）三级：5.6 MPa±0.1 MPa（表压）。

（2）七氟丙烷单位容积的充装量应符合下列规定。

1）一级增压储存容器，不应大于 1120 kg/m³。

2）二级增压焊接结构储存容器，不应大于 950 kg/m³。

3）二级增压无缝结构储存容器，不应大于 1120 kg/m³。

4）三级增压储存容器，不应大于 1080 kg/m³。

管网的管道内容积，不应大于流经该管网的七氟丙烷储存量体积的 80%。

（3）管网布置宜设计为均衡系统，并应符合下列规定。

1）喷头设计流量应相等。

2）管网的第 1 分流点至各喷头的管道阻力损失，其相互间的最大差值不应大于 20%。

防护区的泄压口面积，宜按下式计算：

$$F_x = 0.15 \frac{Q_x}{\sqrt{P_f}} \tag{3-51}$$

式中 F_x——泄压口面积，m²；

Q_x——灭火剂在防护区的平均喷放速率，kg/s；

P_f——围护结构承受内压的允许压力，Pa。

（4）灭火设计用量或惰化设计用量和系统灭火剂储存量，应符合下列规定。

1）防护区灭火设计用量或惰化设计用量，应按下式计算：

$$W = K \cdot \frac{V}{S} \cdot \frac{C_1}{100 - C_1} \tag{3-52}$$

式中　W——灭火设计用量或惰化设计用量，kg；

　　C_1——灭火设计浓度或惰化设计浓度，%；

　　S——灭火剂过热蒸气在 101 kPa 大气压和防护区最低环境温度下的比容，m^3/kg；

　　V——防护区的净容积，m^3；

　　K——海拔高度修正系数。

2）灭火剂过热蒸气在 101 kPa 大气压和防护区最低环境温度下的比容，应按下式计算：

$$S = 0.126\,9 + 0.000\,513T \tag{3-53}$$

式中　T——防护区最低环境温度，℃。

3）系统灭火剂储存量应按下式计算：

$$W_0 = W + \Delta W_1 + \Delta W_2 \tag{3-54}$$

式中　W_0——系统灭火剂储存量，kg；

　　ΔW_1——储存容器内的灭火剂剩余量，kg；

　　ΔW_2——管道内的灭火剂剩余量，kg。

4）储存容器内的灭火剂剩余量，可按储存容器内引升管管口以下的容器容积量换算。

5）均衡管网和只含一个封闭空间的非均衡管网，其管网内的灭火剂剩余量均可不计。

防护区中含两个或两个以上封闭空间的非均衡管网，其管网内的灭火剂剩余量，可按各支管与最短支管之间长度差值的容积量计算。

（5）管网计算应符合下列规定。

1）管网计算时，各管道中灭火剂的流量，宜采用平均设计流量。

2）主干管平均设计流量，应按下式计算：

$$Q_w = W/t \tag{3-55}$$

式中　Q_w——主干管平均设计流量，kg/s；

　　t——灭火剂设计喷放时间，s。

3）支管平均设计流量，应按下式计算：

$$Q_g = \sum_1^{N_g} Q_c \tag{3-56}$$

式中　Q_g——支管平均设计流量，kg/s；

　　N_g——安装在计算支管下游的喷头数量，个；

　　Q_c——单个喷头的设计流量，kg/s。

4）管网阻力损失宜采用过程中点时储存容器内压力和平均设计流量进行计算。

5）过程中点时储存容器内压力，宜按下式计算：

$$P_m = \frac{P_0 V_0}{V_0 + \dfrac{W}{2\gamma} + V_p} \tag{3-57}$$

$$V_0 = nV_b\left(1 - \frac{\eta}{\gamma}\right) \qquad (3-58)$$

式中　P_m——过程中点时储存容器内压力，MPa，绝对压力；

　　　P_0——灭火剂储存容器增压压力，MPa，绝对压力；

　　　V_0——喷放前，全部储存容器内的气相总容积，m³；

　　　γ——七氟丙烷液体密度，kg/m³，20 ℃时为 1407 kg/m³；

　　　V_p——管网的管道内容积，m³；

　　　n——储存容器的数量，个；

　　　V_b——储存容器的容量，m³；

　　　η——充装量，kg/m³。

6）管网的阻力损失应根据管道种类确定。当采用镀锌钢管时，其阻力损失可按下式计算：

$$\frac{\Delta P}{L} = \frac{5.75 \times 10^5 Q^2}{\left(1.74 + 2 \times \lg\dfrac{D}{0.12}\right)^2 D^5} \qquad (3-59)$$

式中　ΔP——计算管段阻力损失，MPa；

　　　L——管道计算长度，m，计算管段中沿程长度与局部损失当量长度之和；

　　　Q——管道设计流量，kg/s；

　　　D——管道内径，mm。

7）初选管径可按管道设计流量，参照下列公式计算：

当 $Q \leqslant 6.0$ kg/s 时，

$$D = (12 \sim 20)\sqrt{Q} \qquad (3-60)$$

当 6.0 kg/s$<Q<160.0$ kg/s 时，

$$D = (8 \sim 16)\sqrt{Q} \qquad (3-61)$$

8）喷头工作压力应按下式计算：

$$P_c = P_m - \sum_1^{N_d} \Delta P \pm P_h \qquad (3-62)$$

式中　P_c——喷头工作压力，MPa，绝对压力；

　　　$\sum\limits_1^{N_d} \Delta P$——系统流程阻力总损失，MPa；

　　　N_d——流程中计算管段的数量；

　　　P_h——高程压头，MPa。

9）高程压头应按下式计算：

$$P_h = 10^{-6}\gamma H g \qquad (3-63)$$

式中　H——过程中点时，喷头高度相对储存容器内液面的位差，m；

　　　g——重力加速度，m/s²，可取 9.8 m/s²。

（6）七氟丙烷气体灭火系统的喷头工作压力的计算结果，应符合下列规定：

1）一级增压储存容器的系统 $P_c \geqslant 0.6$ MPa，绝对压力。

2）二级增压储存容器的系统 $P_c \geqslant 0.7$ MPa，绝对压力。

3）三级增压储存容器的系统 $P_c \geqslant 0.8$ MPa，绝对压力。

4）$P_c \geqslant P_m/2$ MPa，绝对压力。

（7）喷头等效孔口面积应按下式计算：

$$F_c = Q_c/q_c \tag{3-64}$$

式中　F_c——喷头等效孔口面积，cm^2；

　　　Q_c——单个喷头的实际流量，kg/s；

　　　q_c——等效孔口单位面积喷射率，$kg/(s \cdot cm^2)$。

根据计算得到的喷头等效孔口面积确定对应的喷头规格。

3.5.5.6　IG541 混合气体灭火系统

IG541 混合气体灭火系统的灭火设计浓度不应小于灭火浓度的 1.3 倍，惰化设计浓度不应小于灭火浓度的 1.1 倍。固体表面火灾的灭火浓度为 28.1%，《气体灭火系统设计规范》（GB 50370—2005）中未列出的，应经试验确定。当 IG541 混合气体灭火剂喷放至设计用量的 95% 时，其喷放时间不应大于 60 s 且不应小于 48 s。

（1）灭火浸渍时间应符合下列规定：

1）木材、纸张、织物等固体表面火灾，宜采用 20 min。

2）通信机房、计算机房内的电气设备火灾，宜采用 10 min。

3）其他固体表面火灾，宜采用 10 min。

（2）储存容器充装量应符合下列规定。

1）一级充压（15.0 MPa）系统，充装量应为 211.15 kg/m^3。

2）二级充压（20.0 MPa）系统，充装量应为 281.06 kg/m^3。

（3）防护区的泄压口面积，宜按下式计算：

$$F_x = 1.1 \frac{Q_x}{\sqrt{P_f}} \tag{3-65}$$

式中　F_x——泄压口面积，m^2；

　　　Q_x——灭火剂在防护区的平均喷放速率，kg/s；

　　　P_f——围护结构承受内压的允许压力，Pa。

（4）灭火设计用量或惰化设计用量和系统灭火剂储存量，应符合下列规定。

1）防护区灭火设计用量或惰化设计用量应按下式计算：

$$W = K \cdot \frac{V}{S} \cdot \ln\left(\frac{100}{100 - C_1}\right) \tag{3-66}$$

式中　W——灭火设计用量或惰化设计用量，kg；

　　　C_1——灭火设计浓度或惰化设计浓度，%；

　　　V——防护区的净容积，m^3；

　　　S——灭火剂气体在 101 kPa 大气压和防护区最低环境温度下的比容，m^3/kg；

　　　K——海拔高度修正系数。

2）灭火剂气体在 101 kPa 大气压和防护区最低环境温度下的比容，应按下式计算：

$$S = 0.657\,5 + 0.002\,4T \tag{3-67}$$

式中 T——防护区最低环境温度，℃。

3）系统灭火剂储存量应为防护区灭火设计用量及系统灭火剂剩余量之和，系统灭火剂剩余量应按下式计算：

$$W_s \geqslant 2.7V_0 + 2.0V_p \tag{3-68}$$

式中 W_s——系统灭火剂剩余量，kg；

V_0——系统全部储存容器的总容积，m³；

V_p——管网的管道内容积，m³。

（5）管网计算应符合下列规定。

1）管道流量宜采用平均设计流量。

主干管、支管的平均设计流量，应按下列公式计算：

$$Q_w = 0.95W/t \tag{3-69}$$

$$Q_g = \sum_{1}^{N_g} Q_c \tag{3-70}$$

式中 Q_w——主干管平均设计流量，kg/s；

t——灭火剂设计喷放时间，s；

Q_g——支管平均设计流量，kg/s；

N_g——安装在计算支管下游的喷头数量，个；

Q_c——单个喷头的平均设计流量，kg/s。

2）管道内径宜按下式计算：

$$D = (24 \sim 36)\sqrt{Q} \tag{3-71}$$

式中 D——管道内径，mm；

Q——管道设计流量，kg/s。

3）灭火剂释放时，管网应进行减压。减压装置宜采用减压孔板。减压孔板宜设在系统的源头或干管入口处。

4）减压孔板前的压力，应按下式计算：

$$P_1 = P_0 \left(\frac{0.525V_0}{V_0 + V_1 + 0.4V_2} \right)^{1.45} \tag{3-72}$$

式中 P_1——减压孔板前的压力，MPa，绝对压力；

P_0——灭火剂储存容器充压压力，MPa，绝对压力；

V_0——系统全部储存容器的总容积，m³；

V_1——减压孔板前管网管道容积，m³；

V_2——减压孔板后管网管道容积，m³。

5）减压孔板后的压力，应按下式计算：

$$P_2 = \delta \cdot P_1 \tag{3-73}$$

式中 P_2——减压孔板后的压力，MPa，绝对压力；

δ——落压比（临界落压比：$\delta = 0.52$）。一级充压（15 MPa）的系统，可在 $\delta = 0.52 \sim 0.60$ 中选用；二级充压（20 MPa）的系统，可在 $\delta = 0.52 \sim 0.55$ 中选用。

6）减压孔板孔口面积，宜按下式计算：

$$F_k = \frac{Q_k}{0.95\mu_k P_1 \sqrt{\delta^{1.38} - \delta^{1.69}}} \qquad (3-74)$$

式中　F_k——减压孔板孔口面积，cm^2；

　　　Q_k——减压孔板设计流量，kg/s；

　　　μ_k——减压孔板流量系数。

7）系统的阻力损失宜从减压孔板后算起，并按下式计算压力系数和密度系数：

$$Y_2 = Y_1 + \frac{L \cdot Q^2}{0.242 \times 10^{-8} \cdot D^{5.25}} + \frac{1.653 \times 10^7}{D^4} \cdot (Z_2 - Z_1)Q^2 \qquad (3-75)$$

式中　Q——管道设计流量，kg/s；

　　　L——计算管段长度，m；

　　　D——管道内径，mm；

　　　Y_1——计算管段始端压力系数，$10^{-1}MPa \cdot kg/m^3$；

　　　Y_2——计算管段末端压力系数，$10^{-1}MPa \cdot kg/m^3$；

　　　Z_1——计算管段始端密度系数；

　　　Z_2——计算管段末端密度系数。

（6）IG541 混合气体灭火系统的喷头工作压力的计算结果，应符合下列规定：

1）一级充压（15 MPa）系统，$P_c \geqslant 2.0$ MPa，绝对压力。

2）二级充压（20 MPa）系统，$P_c \geqslant 2.1$ MPa，绝对压力。

（7）喷头等效孔口面积，应按下式计算：

$$F_c = Q_c/q_c \qquad (3-76)$$

式中　F_c——喷头等效孔口面积，cm^2；

　　　Q_c——单个喷头的实际流量，kg/s；

　　　q_c——等效孔口单位面积喷射率，$kg/(s \cdot cm^2)$。

喷头的实际孔口面积，应经试验确定。

3.5.6　气体灭火系统的组件与设置要求

二氧化碳灭火系统一般为管网灭火系统，管网灭火系统由灭火剂储存装置、容器阀、选择阀、喷头、压力开关、安全阀、管道及其附件等组件组成。本小节主要介绍系统组件及其设置要求。

3.5.6.1　二氧化碳灭火系统

1. 灭火剂储存装置

目前，我国二氧化碳储存装置均为储存压力 5.17 MPa 规格，储存装置为无缝钢质容器，它由容器阀、连接软管、钢瓶组成，耐压值为 22.05 MPa。二氧化碳高压系统常用的储存装置规格有 32 L、40 L、45 L、50 L、70 L、82.5 L 等。

高压系统的储存装置应符合下列规定：储存容器的工作压力不应小于 15 MPa，储存容器或容器阀上应设泄压装置，其泄压动作压力应为（19±0.95）MPa；储存容器中二氧化碳的充装系数应按国家现行《气瓶安全监察规程》执行；储存装置的环境温度应为 0~49 ℃。

低压系统的储存装置应符合下列规定：储存容器的设计压力不应小于 2.5 MPa，并应采取良好的绝热措施。储存容器上至少应设置两套安全泄压装置，其泄压动作压力应为（2.38±0.12 MPa）；储存装置的高压报警压力设定值应为 2.2 MPa，低压报警压力设定值应为 1.8 MPa；储存容器中二氧化碳的装置系数应按国家现行《压力容器安全技术监察规程》执行；容器阀应能在喷出要求的二氧化碳量后自动关闭；储存装置应远离热源，其位置应便于再充装，其环境温度宜为 -23 ~ 49 ℃；储存容器中充装的二氧化碳应符合现行国家标准《二氧化碳灭火剂》（GB 4396—2005）的规定；储存装置应具有灭火剂泄漏检测功能，当储存容器中充装的二氧化碳量损失 10% 时，应能发出声光报警信号并及时补充；储存装置的布置应方便检查和维护，并应避免阳光直射。

储存装置宜设在专用的储存容器间内。局部应用灭火系统的储存装置可设置在固定的安全围栏内。专用的储存容器间的设置应符合下列规定：应靠近防护区，出口应直接通向室外或疏散走道；耐火等级不应低于二级；室内应保持干燥和良好通风；不具备自然通风条件的储存容器间应设机械排风装置，排风口距储存容器间地面高度不宜大于 0.5 m，排出口应直接通向室外，正常排风量宜按换气次数不小于 4 次/h 确定，事故排风量应按换气次数不小于 8 次/h 确定。

2. 容器阀

容器阀按其结构形式，可分为差动式和膜片式两种。容器阀的启动方式一般有手动启动、气启动、电磁启动和电爆启动等方式。与之对应的启动装置有手动启动器、气启动器、电磁启动器、电爆启动器。

3. 选择阀

在多个保护区域的组合分配灭火系统中，每个防护区或保护对象应设一个选择阀。选择阀应设置在储存容器间内，并应便于手动操作，方便检查维护。选择阀上应设有标明防护区的铭牌。

选择阀可采用电动、气动或机械操作方式。选择阀的工作压力：高压系统不应小于 12 MPa，低压系统不应小于 2.5 MPa。

系统启动时，选择阀应在容器阀动作之前或同时打开。

4. 喷头

二氧化碳灭火系统的喷头安装在管网的末端，用于向防护区喷洒灭火剂。喷头是用来控制灭火剂的流速和喷射方向的组件。全淹没灭火系统的喷头布置应使防护区内二氧化碳分布均匀，喷头应接近天花板或屋顶安装。

设置在粉尘或喷漆作业等场所的喷头，应增设不影响喷射效果的防尘罩。

5. 压力开关

压力开关可以将压力信号转换成电气信号，在组合分配系统中安装在选择阀下游的出管组件上，在单元独立灭火系统中安装在集流管上。释放灭火剂使其动作，向灭火报警控制器发出反馈信号，通知容器阀已打开，灭火剂已释放至相应保护区。

6. 安全阀

安全阀一般设置在储存容器的容器阀上及组合分配灭火系统中的集流管部分。在组合分配灭火系统的集流管部分，由于选择阀平时处于关闭状态，在容器阀的出口处至选择阀的进口端之间形成了一个封闭的空间，因而在此空间内容易形成一个危险的高压区。为了防止储存器发生误喷射，因此在集流管末端设置一个安全阀或泄压装置，当压力值超过规定值时，安全阀自动开启泄压以保证管网系统的安全。

7. 管道及其附件

高压系统管道及其附件应能承受最高环境温度下二氧化碳的储存压力，低压系统管道及其附件应能承受 4.0 MPa 的压力。并应符合下列规定：管道应采用符合现行国家标准《输送流体用无缝钢管》（GB/T 8163—2018）的规定，并应进行内外表面镀锌防腐处理。对镀锌层有腐蚀的环境，管道可采用不锈钢管、铜管或其他抗腐蚀的材料。挠性连接的软管必须能承受系统的工作压力和温度，并宜采用不锈钢软管。低压系统的管网中应采取防膨胀收缩措施。在可能产生爆炸的场所，管网应吊挂安装并采取防晃措施。管道可采用螺纹连接、法兰连接或焊接。公称直径等于或小于 80 mm 的管道，宜采用螺纹连接；公称直径大于80 mm 的管道，宜采用法兰连接。管网中阀门之间的封闭管段应设置泄压装置，其泄压动作压力：高压系统应为（15±0.75）MPa，低压系统应为（2.38 ±0.12）MPa。

8. 灭火剂称重检漏装置（仅用于高压二氧化碳灭火系统）

高压二氧化碳灭火系统在药剂泄漏时，由于饱和蒸气压原理，在泄漏过程中，储存容器内部压力是长时间不变的，无法用压力表第一时间检测到泄漏，因此用灭火剂称重检漏装置进行称重检测。

3.5.6.2 其他气体灭火系统

1. 一般规定

储存装置应符合下列规定：管网灭火系统的储存装置应由储存容器、容器阀和集流管等组成；七氟丙烷和IG541预制灭火系统的储存装置，应由储存容器、容器阀等组成；容器阀和集流管之间应采用挠性连接。储存容器和集流管应采用支架固定；储存装置上应设耐久的固定铭牌，并应标明每个容器的编号、容积、皮重、灭火剂名称、充装量、充装日期和充压压力等；管网灭火系统的储存装置宜设在专用储瓶间内。储瓶间宜靠近防护区，并应符合建筑物耐火等级不低于二级的有关规定及有关压力容器存放的规定，且应有直接通向室外或疏散走道的出口。储瓶间和设置预制灭火系统的防护区的环境温度应为−10~50 ℃；储存装置的布置，应便于操作、维修及避免阳光直射。操作面距墙面或两操作面之间的距离，不宜小于 1.0 m，且不应小于储存容器外径的 1.5 倍。

储存容器、驱动气体储瓶的设计与使用应符合国家现行《气瓶安全监察规程》等相关规定。

储存装置的储存容器与其他组件的公称工作压力，不应小于在最高环境温度下所承受的工作压力。

在储存容器或容器阀上，应设安全泄压装置和压力表。组合分配灭火系统的集流管，应设安全泄压装置。安全泄压装置的动作压力，应符合相应气体灭火系统的设计规定。

在通向每个防护区的灭火系统主管道上，应设压力反馈装置。

组合分配灭火系统中的每个防护区应设置控制灭火剂流向的选择阀，其公称直径应与该防护区灭火系统的主管道公称直径相等。

选择阀的位置应靠近储存容器且便于操作。选择阀应设有标明其工作防护区的永久性铭牌。

喷头应有型号、规格的永久性标识。设置在有粉尘、油雾等防护区的喷头，应有防护装置。

喷头的布置应满足喷放后气体灭火剂在防护区内均匀分布的要求。当保护对象属可燃液体时，喷头射流方向不应朝向液体表面。

管道及其附件应符合下列规定：输送气体灭火剂的管道应采用无缝钢管。其质量应符合现行国家标准《输送流体用无缝钢管》（GB/T 8163—2018）、《高压锅炉用无缝钢管》（GB/T 5310—2017）等的规定。无缝钢管内外应进行防腐处理，防腐处理宜采用符合环保要求的方式；输送气体灭火剂的管道安装在腐蚀性较大的环境里，宜采用不锈钢管。其质量应符合现行国家标准《流体输送用不锈钢无缝钢管》（GB/T 14976—2012）的规定；输送启动气体的管道，宜采用铜管，其质量应符合《铜及铜合金拉制管》（GB/T 1527—2017）的规定；管道的连接，当公称直径小于或等于 80 mm 时，宜采用螺纹连接；大于 80 mm 时，宜采用法兰连接。钢制管道附件应内外防腐处理，防腐处理宜采用符合环保要求的方式。使用在腐蚀性较大的环境里，应采用不锈钢的管道附件。

系统组件与管道的公称工作压力，不应小于在最高环境温度下所承受的工作压力。

系统组件的特性参数应由国家法定检测机构验证或测定。

2. 七氟丙烷灭火系统组件专用要求

储存容器或容器阀以及组合分配灭火系统集流管上的安全泄压装置的动作压力，应符合下列规定。

（1）储存容器增压压力为 2.5 MPa 时，应为 5.0 MPa±25 MPa（表压）。

（2）储存容器增压压力为 4.2 MPa，最大充装量为 950 kg/m³ 时，应为 7.0 MPa±0.35 MPa（表压）；最大充装量为 1120 kg/m³ 时，应为 8.4 MPa±0.42 MPa（表压）。

（3）储存容器增压压力为 5.6 MPa 时，应为 10.0 MPa±0.50 MPa（表压）。

增压压力为 2.5 MPa 的储存容器，宜采用焊接容器；增压压力为 4.2 MPa 的储存容器，可采用焊接容器或无缝容器；增压压力为 5.6 MPa 的储存容器，应采用无缝容器。在容器阀和集流管之间的管道上应设单向阀。

3. IG541 混合气体灭火系统组件专用要求

储存容器或容器阀以及组合分配灭火系统集流管上的安全泄压装置的动作压力，应符合下列规定。

（1）一级充压（15.0 MPa）系统，应为 20.7 MPa±1.0 MPa（表压）。

（2）二级充压（20.0 MPa）系统，应为 27.6 MPa±1.4 MPa（表压）。

储存容器应采用无缝容器。

4. 操作与控制

采用气体灭火系统的防护区，应设置火灾自动报警系统，其设计应符合《火灾自动报警系统设计规范》（GB 50116—2013）的规定，并应选用灵敏度级别高的火灾探测器。

管网灭火系统应设自动控制、手动控制和机械应急操作三种启动方式。预制灭火系统应设自动控制和手动控制两种启动方式。

采用自动控制启动方式时，根据人员安全撤离防护区的需要，应有不大于 30 s 的可控延迟喷射；对于平时无人工作的防护区，可设置为无延迟的喷射。

灭火设计浓度或实际使用浓度大于无毒性反应浓度（NOAEL 浓度）的防护区，应设手动控制与自动控制的转换装置。当人员进入防护区时，应能将灭火系统转换为手动控制方式；当人员离开时，应能恢复为自动控制方式。防护区内外应设手动、自动控制状态的显示装置。

自动控制装置应在接到两个独立的火灾信号后才能启动。手动控制装置和手动与自动转换装置应设在防护区疏散出口的门外便于操作的地方，安装高度为中心点距地面 1.5 m。机械应急操作装置应设在储瓶间内或防护区疏散出口门外便于操作的地方。

气体灭火系统的操作与控制，应包括对开口封闭装置、通风机械和防火阀等设备的联动操作与控制。

设有消防控制室的场所，各防护区灭火控制系统的有关信息，应传送给消防控制室。

气体灭火系统的电源，应符合现行国家有关消防技术标准的规定；采用气动力源时，应保证系统操作和控制需要的压力与气量。

组合分配灭火系统启动时，选择阀应在容器阀开启前或同时打开。

3.5.7 气体灭火系统设计示例

3.5.7.1 二氧化碳灭火系统用量计算

1. 设计计算依据

（1）《建筑设计防火规范（2018 年版）》（GB 50016—2014）。

（2）《二氧化碳灭火系统设计规范（2010 年版）》（GB 50193—1993）。

（3）《气体灭火系统设计规范》（GB 50370—2005）。

（4）《气体灭火系统施工及验收规范》（GB 50263—2007）。

（5）业主方提供的工程技术资料。

2. 设计对象

以某生产厂房喷漆间为例，该喷漆间实际尺寸为长 = 12.0 m、宽 = 5.0 m、高 = 5.78 m。

3. 选用灭火方式

系统选用工作压力 5.17 MPa 高压二氧化碳灭火装置，进行防护区内全淹没灭火。喷漆间物质系数取 $K_b = 1.2$。

4. 设计计算过程

（1）灭火剂用量计算。

1）防护区容积：$V_v = 12.0 \times 5.0 \times 5.78 = 346.8$（m³）。

2）防护区内不燃烧体和难燃烧体的总体积：$V_g = 0$（m³）。

3）防护区的净容积：$V = V_v - V_g = 346.8$（m³）。

4）开口面积：$A_o = 0$（m²）。

5）总表面积：

$$A = A_v + 30A_o$$

$$= 12.0 \times 5.0 \times 2 + 12.0 \times 5.78 \times 2 + 5.0 \times 5.78 \times 2 + 30 \times 0 = 316.52 \text{（m}^2\text{）}$$

6）灭火剂设计用量：

$$M = K_b(0.2A_v + 0.7V)$$

$$= 1.2 \times (0.2 \times 316.52 + 0.7 \times 346.8) \approx 367.28(\text{kg})$$

故本项目采用 70 L 二氧化碳灭火装置 9 瓶组，每瓶充装 42 kg。

（2）管径计算。

$$D = K_d\sqrt{Q} = 2\sqrt{M/t} = 2\sqrt{367.28/1} \approx 38.33(\text{mm})$$

（K_d 为管径系数，取值范围为 1.41~3.78，本项目取 2）

故本项目管径可取 DN40。

（3）泄压口面积计算。

$$A_x = 0.007\,6\,Q_t/\sqrt{P_t} = 0.007\,6 \times 367.28/\sqrt{1200} \approx 0.08(\text{m}^2)$$

式中　A_x——泄压口面积，m^2；

　　　Q_t——二氧化碳喷射率，kg/min；本工程喷入防护区的药剂量为 367.28 kg，喷放时间为 1 min；

　　　P_t——围护结构的允许压力，Pa；气体灭火防护区围护结构承受内压的允许压力不宜低于 1200 Pa。

故泄压口有效泄压面积≥0.08 m^2。

综上，本项目共采用 70 L 二氧化碳灭火装置 9 瓶组，每瓶充装 42 kg；主管管径为 DN40，采用泄压口有效面积需≥0.08 m^2。

3.5.7.2　七氟丙烷灭火系统用量计算

1. 设计计算依据

（1）《建筑设计防火规范（2018 年版）》（GB 50016—2014）。

（2）《气体灭火系统设计规范》（GB 50370—2005）。

（3）《气体灭火系统施工及验收规范》（GB 50263—2007）。

（4）业主方提供的工程技术资料。

2. 设计对象

某数据中心项目弱电机房，体积 $V = 457.41\ \text{m}^3$。

3. 选用灭火方式

系统选用工作压力 2.5 MPa 七氟丙烷柜式灭火装置，进行防护区内全淹没灭火。

4. 设计计算过程

（1）灭火剂用量计算。

1）依据《气体灭火系统设计规范》（GB 50370—2005）中规定，弱电总机房设计浓度取 $C = 8\%$。

2）防护区的容积（m^3）。

弱电总机房：$V = 457.41\ \text{m}^3$。

3）灭火剂设计用量计算。

根据《气体灭火系统设计规范》（GB 50370—2005）中七氟丙烷设计用量的计算公式：

$$W = K \cdot \frac{V}{S} \cdot \frac{C_1}{100 - C_1}$$

式中　W——灭火设计用量或惰化设计用量，kg；

　　　C_1——灭火设计浓度或惰化设计浓度，%；

　　　S——灭火剂过热蒸气在 101 kPa 大气压和防护区最低环境温度下的比容，m^3/kg；

V——防护区的净容积，m^3；

K——海拔高度修正系数。

当设计温度（T）为 20 ℃时，

$$S = 0.126\ 9 + 0.000\ 513 \cdot T = 0.137\ 16$$

依据用量计算公式得出灭火剂设计用量：

$$W = K \cdot (V/S) \cdot [C_1/(100 - C_1)]$$
$$= 1 \times (457.41/0.137\ 16) \times [8/(100 - 8)] \approx 290(kg)$$

4）灭火剂储存用量计算。

依据《气体灭火系统设计规范》（GB 50370—2005）第 3.3.14-3 规定，系统的灭火剂储存量应按下式计算：

$$W_0 = W + \Delta W_1 + \Delta W_2$$

式中　W_0——系统灭火剂储存量，kg；

　　　ΔW_1——储存容器内的灭火剂剩余量，kg；

　　　ΔW_2——管道内的灭火剂剩余量，kg；本工程 $\Delta W_2 = 0$。

根据步骤 3 得知 $W \approx 290$（kg）；选用 GQQ150/2.5 七氟丙烷柜式灭火装置 2 套，每套 GQQ150/2.5 七氟丙烷柜式灭火装置剩余量为 3 kg。故实际储存用量：

$$W_0 = W + \Delta W_1 + \Delta W_2 = 290 + 3 \times 2 + 0 = 296(kg)$$

（2）防护区泄压口面积计算：

$$F_x = 0.15 Q_x / \sqrt{P_f}$$

式中　F_x——泄压口面积，m^2；

　　　Q_x——灭火剂在防护区的平均喷放速率，kg/s；本工程喷入防护区的药剂量为 290 kg，喷放时间为 8 s；

　　　P_f——围护结构承受内压的允许压力，Pa；气体灭火防护区围护结构承受内压的允许压力不宜低于 1200 Pa。

故

$$F_x = 0.15 \times (290/8) / \sqrt{1200} \approx 0.16(m^2)$$

泄压口有效泄压面积≥0.16 m^2。

综上，本项目共采用 GQQ150/2.5 七氟丙烷柜式灭火装置 2 套，每套充装药剂 148 kg，共计药剂量 296 kg。采用泄压口有效面积需≥0.16 m^2。

3.6　干粉灭火系统

干粉灭火系统是由干粉供应源通过输送管道连接到固定的喷嘴上，通过喷嘴喷放干粉的灭火系统。该系统具有灭火速度快、不导电、对环境条件要求不严格等特点，能自动探测、自动启动系统和自动灭火，广泛适用于港口、列车栈桥输油管线、甲类可燃液体生产线、石化生产线、天然气储罐、储油罐、汽轮机组及淬火油槽和大型变压器等场所。

扫一扫，看视频

3.6.1　干粉灭火系统的灭火机理

干粉灭火系统灭火剂的类型虽然不同，但其灭火机理无非是化学抑制、隔离、冷却与窒息。本小节重点介绍干粉灭火系统灭火剂的种类及其灭火机理。

3.6.1.1　干粉灭火剂

干粉灭火剂是由灭火基料（如小苏打、碳酸铵盐等）和适量的流动助剂（硬脂酸镁、云母粉、滑石粉等），以及防潮剂（硅胶）在一定工业条件下研磨、混配制成的固体粉末灭火剂。

3.6.1.2　干粉灭火剂的类型

1. 普通干粉灭火剂

普通干粉灭火剂可扑救 B 类、C 类、E 类火灾，因而又称 BC 干粉灭火剂。属于这类的干粉灭火剂有以下几种。

（1）以碳酸氢钠为基料的钠盐干粉灭火剂（小苏打干粉）。

（2）以碳酸氢钾为基料的紫钾干粉灭火剂。

（3）以氯化钾为基料的超级钾盐干粉灭火剂。

（4）以硫酸钾为基料的钾盐干粉灭火剂。

（5）以碳酸氢钠和钾盐为基料的混合型干粉灭火剂。

（6）以尿素和碳酸氢钠（碳酸氢钾）的反应物为基料的氨基干粉灭火剂［毛耐克斯（Monnex）干粉］。

2. 多用途干粉灭火剂——磷酸盐类

磷酸盐类灭火剂可扑救 A 类、B 类、C 类、E 类火灾，因而又称 ABC 干粉灭火剂。属于这类的干粉灭火剂有以下几种。

（1）以磷酸盐为基料的干粉灭火剂。

（2）以磷酸铵和硫酸铵混合物为基料的干粉灭火剂。

（3）以聚磷酸铵为基料的干粉灭火剂。

3. 专用干粉灭火剂

专用干粉灭火剂可扑救 D 类火灾，又称 D 类专用干粉灭火剂。属于这类的干粉灭火剂有以下几种。

（1）石墨类：在石墨内添加流动促进剂。

（2）氯化钠类：氯化钠广泛用于制作 D 类专用干粉灭火剂，选择不同的添加剂适用于不同的灭火对象。

（3）碳酸氢钠类：碳酸氢钠是制作 BC 干粉灭火剂的主要原料，添加某些结壳物料也可制作 D 类专用干粉灭火剂。

3.6.1.3　注意事项

（1）BC 类与 ABC 类干粉不能兼容。

（2）BC 类干粉与蛋白泡沫或者化学泡沫不兼容。因为干粉对蛋白泡沫和一般合成泡沫有较大的破坏作用。

（3）对于一些扩散性很强的气体，如氢气、乙炔气体、干粉喷射后难以稀释整个空间的气体，对于精密仪器、仪表会留下残渣，用干粉灭火不适用。

3.6.1.4　干粉的灭火机理

干粉在动力气体（氮气、二氧化碳）的推动下射向火焰进行灭火。干粉在灭火过程中，粉雾与火焰接触、混合，发生一系列物理作用和化学作用，其灭火机理介绍如下。

1. 化学抑制作用

燃烧过程是一种连锁反应过程，OH·和 H·中的"·"是维持燃烧连锁反应的关键自由基，它们具有很高的能量，非常活泼，但使用寿命却很短，一经生成，立即引发下一步反应，生成更多的自由基，使燃烧过程得以延续且不断扩大。干粉灭火剂的灭火组分是燃烧的非活性物质，当把干粉灭火剂加入燃烧区与火焰混合后，干粉粉末 M 与火焰中的自由基接触时，捕获 OH·和 H·，自由基被瞬时吸附在粉末表面。当大量的粉末以雾状形式喷向火焰时，火焰中的自由基被大量吸附和转化，使自由基数量急剧减少，致使燃烧反应链中断，最终使火焰熄灭。

2. 隔离作用

干粉灭火系统喷出的固体粉末覆盖在燃烧物表面，构成阻碍燃烧的隔离层。特别当粉末覆盖达到一定厚度时，还可以起到防止复燃的作用。

3. 冷却与窒息作用

干粉灭火剂在动力气体推动下喷向燃烧区进行灭火时，干粉灭火剂的基料在火焰高温作用下，将会发生一系列分解反应，钠盐和钾盐干粉在燃烧区吸收部分热量，并放出水蒸气和二氧化碳气体，起到冷却和稀释可燃气体的作用。磷酸盐等化合物还具有导致碳化的作用，它附着于着火固体表面可碳化，碳化物是热的不良导体，可使燃烧过程变得缓慢，使火焰的温度降低。

3.6.2 干粉灭火系统的组成与分类

3.6.2.1 干粉灭火系统的组成

干粉灭火系统由干粉灭火设备部分和火灾自动探测控制部分组成。干粉灭火设备部分由干粉储存容器、驱动气体瓶组、启动气体瓶组、减压阀、管道及喷嘴组成；火灾自动探测控制部分由火灾探测器、信号反馈装置、报警控制器等组成，如图 3-43 所示。

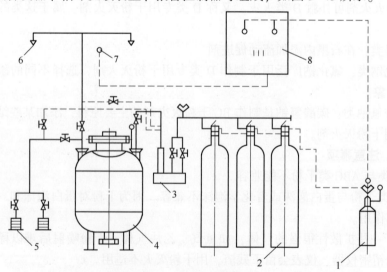

图 3-43 干粉灭火系统组成示意图

1—启动气体瓶组；2—驱动气体瓶组；3—减压阀；4—干粉储存容器；
5—干粉枪及卷盘；6—喷嘴；7—火灾探测器；8—控制装置

3.6.2.2　干粉灭火系统的分类

1. 按应用方式分类

（1）全淹没干粉灭火系统。全淹没干粉灭火系统指在规定的时间内，向防护区喷射一定浓度的干粉，并使其均匀地充满整个防护区的灭火系统。在这种系统中，干粉灭火剂经永久性固定管道和喷嘴输送。该系统的特点是对防护区提供整体保护，适用于较小的封闭空间、火灾燃烧表面不易确定且不会复燃的场合，如油泵房等类场合。

（2）局部应用干粉灭火系统。局部应用干粉灭火系统指通过喷嘴直接向火焰或燃烧表面喷射灭火剂实施灭火的系统。当不宜在整个房间建立灭火浓度或仅保护某一局部范围、某一设备、室外火灾危险场所等时，可选择局部应用干粉灭火系统，如用于保护甲、乙、丙类液体的敞顶罐或槽，不怕粉末污染的电气设备以及其他场所等。

2. 按设计情况分类

（1）设计型干粉灭火系统。设计型干粉灭火系统指根据保护对象的具体情况，通过设计计算确定的系统形式。该系统中的所有参数都需经设计确定，并按要求选择各部件设备型号。一般较大的保护场所或有特殊要求的场所宜采用设计型干粉灭火系统。

（2）预制型干粉灭火系统。预制型干粉灭火系统指由工厂生产的系列成套干粉灭火设备，系统的规格是通过对保护对象进行灭火试验后预先设计好的，即所有设计参数都已确定，使用时只需选型，不必进行复杂的设计计算。保护对象不是很大且无特殊要求的场合，一般选择预制型干粉灭火系统。

3. 按系统保护情况分类

（1）组合分配干粉灭火系统。当一个区域有几个保护对象且每个保护对象发生火灾后又不会蔓延时，可选用组合分配系统，即用一套系统同时保护多个保护对象。

（2）单元独立干粉灭火系统。若火灾的蔓延情况不能预测，则每个保护对象应单独设置一套系统保护。

4. 按驱动气体储存方式分类

（1）储气式干粉灭火系统。储气式干粉灭火系统指将驱动气体（氮气、二氧化碳）单独储存在储气瓶中，灭火使用时，再将驱动气体充入干粉储罐，进而驱动干粉喷射实施灭火。干粉灭火系统大多采用这种系统形式。

（2）储压式干粉灭火系统。储压式干粉灭火系统指将驱动气体与干粉灭火剂同储于一个容器内，灭火时直接启动干粉储罐。这种系统结构比储气式干粉灭火系统简单，但要求驱动气体不能泄漏。

（3）燃气式干粉灭火系统。燃气式干粉灭火系统指驱动气体不采用压缩气体，而是在火灾时点燃燃气发生器内的固体燃料，通过燃烧生成的燃气压力来驱动干粉喷射实施灭火。

3.6.3　干粉灭火系统的工作原理与适用范围

3.6.3.1　干粉灭火系统的工作原理

1. 自动控制方式

保护对象着火后，温度上升达到规定值，探测器发出火灾信号到控制器，然后由控制器打开相应报警设备（如声光警铃及水力警铃），当启动机构接收到控制器的启动信号后将启动瓶打开，启动瓶内的氮气通过管道将高压驱动气体瓶组的瓶头阀打开，瓶中的高压驱动气体进入集气管，经过高压阀进入减压阀，减压至规定压力后，通过进气阀进入干粉储罐内，搅动罐中干粉灭火剂，使罐中干粉灭火剂疏松形成便于流动的气粉混合物，当干粉罐内的压力上到规定压力数值时，定压动作机构开始动作，打开干粉罐出口球阀，干粉灭火剂则经过总阀门、选择阀、输粉管和喷嘴喷向着火对象，或者经喷枪射到着火对象的表面进行灭火。

2. 手动控制方式

手动启动装置是防护区内或保护对象附近的人员发现火灾时启动灭火系统的装置，故要求手动启动装置安装在靠近防护区或保护对象同时又是能够确保操作人员安全的位置。为了避免操作人员在紧急情况下错按其他按钮，故要求在所有手动启动装置上都应明显地标示出其对应的防护区或保护对象的名称。

手动紧急停止装置是在系统启动后，在延迟时段内发现不需要启动灭火系统进行灭火时，可按下手动紧急停止装置，即可中断灭火指令。一旦系统开始喷放灭火剂，手动紧急停止装置便失去了作用。

3.6.3.2 适用范围

干粉灭火系统迅速可靠，适用于火焰蔓延迅速的易燃液体，它造价低，占地小，不冻结，对于干燥及寒冷的我国北方尤为适宜。

1. 系统适用范围

（1）灭火前可切断气源的气体火灾。

（2）易燃、可燃液体和可燃固体火灾。

（3）可燃固体表面火灾。

（4）带电设备火灾。

2. 系统不适用范围

（1）火灾中产生含有氧的化学物质，如硝酸纤维。

（2）钠、钾、镁等活泼金属及其氢化物。

3.6.4 干粉灭火系统的设计参数

干粉灭火系统是依靠驱动气体（惰性气体）驱动干粉的，干粉固体所占体积与驱动气体相比小得多，宏观上类似于气体灭火系统，因此，可采用二氧化碳灭火系统设计数据。防护区围护结构具有一定耐火极限和强度是保证灭火的基本条件。

3.6.4.1 一般规定

采用全淹没干粉灭火系统的防护区，应符合下列规定：

（1）喷放干粉时不能自动关闭的防护区开口，其总面积不应大于该防护区总内表面积的15%，且开口不应设在底面。

（2）防护区的围护结构及门、窗的耐火极限不应小于0.5 h，吊顶的耐火极限不应小于0.25 h；围护结构及门、窗的允许压力不宜小于1200 Pa。

采用局部应用干粉灭火系统的保护对象，应符合下列规定：

（1）保护对象周围的空气流动速度不应大于2 m/s，必要时应采取挡风措施。

（2）在喷头和保护对象之间，喷头喷射角范围内不应有遮挡物。

（3）当保护对象为可燃液体时，液面至容器缘口的距离不得小于150 mm。

当防护区或保护对象有可燃气体和易燃、可燃液体供应源时，启动干粉灭火系统之前或同时，必须切断气体、液体的供应源。

可燃气体，易燃、可燃液体和可熔化固体火灾宜采用碳酸氢钠干粉灭火剂，可燃固体表面火灾应采用磷酸铵盐干粉灭火剂。

组合分配干粉灭火系统的灭火剂储存量不应小于所需储存量最多的一个防护区或保护对象的储存量。

组合分配干粉灭火系统保护的防护区与保护对象之和不得超过 8 个。当防护区与保护对象之和超过 5 个时，或者在喷放后 48 h 内不能恢复到正常工作状态时，灭火剂应有备用量。备用量不应小于系统设计的储存量。

备用干粉储存容器应与系统管网相连，并能与主用干粉储存容器切换使用。

3.6.4.2 全淹没干粉灭火系统

全淹没干粉灭火系统的灭火剂设计浓度不得小于 0.65 kg/m³。灭火剂设计用量应按下列公式计算：

$$m = K_1 \cdot V + \sum (K_{oi} \cdot A_{oi}) \tag{3-77}$$

其中，
$$V = V_v - V_g + V_z$$
$$V_z = Q_z \cdot t$$
$$K_{oi} = 0, \quad A_{oi} < 1\% A_v$$
$$K_{oi} = 2.5, \quad 1\% A_v \leqslant A_{oi} < 5\% A_v$$
$$K_{oi} = 5, \quad 5\% A_v \leqslant A_{oi} \leqslant 15\% A_v$$

式中 m——干粉设计用量，kg；

K_1——灭火剂设计浓度，kg/m³；

V——防护区净容积，m³；

K_{oi}——开口补偿系数，kg/m³；

A_{oi}——不能自动关闭的防护区开口面积，m²；

V_v——防护区容积，m³；

V_g——防护区内不燃烧体和难燃烧体的总体积，m³；

V_z——不能切断的通风系统的附加体积，m³；

Q_z——通风流量，m³/s；

t——干粉喷射时间，s；

A_v——防护区的内侧面、底面、顶面（包括其中开口）的总内表面积，m²。

全淹没干粉灭火系统的干粉喷射时间不应大于 30 s。

全淹没干粉灭火系统喷头布置，应使防护区内灭火剂分布均匀。

防护区应设泄压口，并宜设在外墙上，其高度应大于防护区净高的 2/3。泄压口的面积可按规范给定的公式计算。

3.6.4.3 局部应用干粉灭火系统

局部应用干粉灭火系统的设计可采用面积法或体积法。当保护对象的着火部位是平面时，宜采用面积法；当采用面积法不能做到使所有表面被完全覆盖时，应采用体积法。

室内局部应用灭火系统的干粉喷射时间不应小于 30 s，室外或有复燃危险的室内局部应用灭火系统的干粉喷射时间不应小于 60 s。

当采用面积法设计时，应符合下列规定。

（1）保护对象计算面积应取被保护表面的垂直投影面积。

（2）架空型喷头应以喷头的出口至保护对象表面的距离确定其干粉输送速率和相应保护面积；槽边型喷头保护面积应由设计选定的干粉输送速率确定。

（3）干粉设计用量应按下列公式计算：

$$m = N \cdot Q_i \cdot t \qquad (3-78)$$

式中　N——喷头数量；

　　　Q_i——单个喷头的干粉输送速率，kg/s；按产品样本取值。

当采用体积法设计时，应符合下列规定。

（1）保护对象的计算体积应采用假定的封闭罩的体积。封闭罩的底应是实际底面；封闭罩的侧面及顶部当无实际围护结构时，它们至保护对象外缘的距离不应小于 1.5 m。

（2）干粉设计用量应按下列公式计算：

$$m = V_1 \cdot q_v \cdot t$$
$$q_v = 0.04 - 0.006 A_p / A_t \qquad (3-79)$$

式中　V_1——保护对象的计算体积，m³；

　　　q_v——单位体积的喷射速率，kg/(s·m³)；

　　　A_p——在假定封闭罩中存在的实体墙等实际围封面面积，m²；

　　　A_t——假定封闭罩的侧面围封面面积，m²。

（3）喷头的布置应使喷射的干粉完全覆盖保护对象，并应满足单位体积的喷射速率和设计用量的要求。

3.6.4.4　预制灭火装置

预制灭火装置应符合下列规定。

（1）灭火剂储存量不得大于 150 kg。

（2）管道长度不得大于 20 m。

（3）工作压力不得大于 2.5 MPa。

一个防护区或保护对象宜用一套预制灭火装置保护。

一个防护区或保护对象所用预制灭火装置最多不得超过 4 套，并应同时启动，其动作响应时间差不得大于 2 s。

3.6.5　管网计算

（1）管网起点（干粉储存容器输出容器阀出口）压力不应大于 2.5 MPa，管网最不利点处喷头工作压力不应小于 0.1 MPa。

（2）管网中干管的干粉输送速率应按下列公式计算：

$$Q_0 = m/t \qquad (3-80)$$

式中　Q_0——干管的干粉输送速率，kg/s。

（3）管网中支管的干粉输送速率应按下列公式计算：

$$Q_b = n \cdot Q_i \qquad (3-81)$$

式中　Q_b——支管的干粉输送速率，kg/s；

Q_i——单个喷头的干粉输送速率，kg/s；

n——安装在计算管段下游的喷头数量。

（4）管道内径宜按下列公式计算：

$$d \leqslant 22\sqrt{Q} \tag{3-82}$$

式中　d——管道内径，mm；

Q——管道中的干粉输送速率，kg/s。

（5）喷头孔口面积应按下列公式计算：

$$F = Q_i/q_0 \tag{3-83}$$

式中　F——喷头孔口面积，mm^2；

q_0——在一定压力下，单位孔口面积的干粉输送速率，$kg/(s \cdot mm^2)$。

（6）干粉储存量可按下列公式计算：

$$m_c = m + m_s + m_r \tag{3-84}$$

$$m_r = V_D(10P_p + 1)\rho_{q_0}/\mu$$

式中　m_c——干粉储存量，kg；

m_s——干粉储存容器内干粉剩余量，kg；

m_r——管网内干粉残余量，kg；

V_D——整个管网系统的管道容积，m^3；

μ——驱动气体系数，按产品样本取值；

ρ_{q_0}——常态下驱动气体密度，kg/m^3；

P_p——管段首端压力，MPa。

（7）干粉储存容器容积可按下列公式计算：

$$V_c = \frac{m_c}{K \cdot \rho_f} \tag{3-85}$$

式中　V_c——干粉储存容器容积，m^3，取系列值；

K——干粉储存容器的装量系数；

ρ_f——干粉密度。

（8）驱动气体储存量可按下列公式计算：

驱动气体包括非液化驱动气体和液化驱动气体两种。

1）非液化驱动气体的储存量：

$$m_{gc} = N_p \cdot V_0(10P_c + 1)\rho_{q0} \tag{3-86}$$

式中　m_{gc}——驱动气体储存量，kg；

N_p——驱动气体储瓶数量；

V_0——驱动气体储瓶容积，m^3；

P_c——非液化驱动气体充装压力，MPa；

ρ_{q0}——常态下驱动气体密度，kg/m^3。

2）液化驱动气体的储存量：

$$m_{gc} = \alpha \cdot V_0 \cdot N_p \tag{3-87}$$

式中　α——液化驱动气体充装系数，kg/m^3。

（9）清扫管网内残存干粉所需清扫气体量，可按 10 倍管网内驱动气体残余量选取；瓶装清扫气体应单独储存；清扫工作应在 48 h 内完成。

3.6.6　干粉灭火系统的组件与设置要求

1. 系统组件

储存装置由干粉储存容器、容器阀、安全泄压装置、驱动气体储瓶、瓶头阀、集流管、减压阀、压力报警及控制装置等组成，并应符合下列规定。

（1）干粉储存容器应符合《压力容器安全技术监察规程》的相关规定，驱动气体储瓶及其充装系数应符合《气瓶安全技术监察规程》的规定。

（2）干粉储存容器设计压力可取 1.6 MPa 或 2.5 MPa 压力级，其干粉灭火剂的装量系数不应大于 0.85，其增压时间不应大于 30 s。

（3）安全泄压装置的动作压力及额定排放量应按《干粉灭火系统及部件通用技术条件》（GB 16668—2010）执行。

（4）干粉储存容器应满足驱动气体系数、干粉储存量、输出容器阀出口干粉输送速率和压力的要求。

驱动气体应选用惰性气体，宜选用氮气；二氧化碳含水率不应大于 0.015%，其他气体含水率不得大于 0.006%；驱动压力不得大于干粉储存容器的最高工作压力。

储存装置的布置应方便检查和维护，并应避免阳光直射。其环境温度应为 $-20\sim50$ ℃。

储存装置宜设在专用的储存装置间内。专用储存装置间的设置应符合下列规定：①应靠近防护区，出口应直接通向室外或疏散通道；②耐火等级不应低于二级；③宜保持干燥和良好通风，并应设应急照明。

当采取防湿、防冻、防火等措施后，局部应用灭火系统的储存装置可设置在固定的安全围栏内。

2. 系统设置要求

驱动气体管道连接也必须牢固，每安装一段管道就应吹扫一次，保证管内干净。在减压阀前，要经过滤网。

干粉灭火剂须按规定的品种和数量灌装，灌装最好在晴天，避免在阴雨天操作，并应一次装完，立即密封。

喷头的工作压力应符合产品性能要求，一般为 $(0.5\sim7)\times10^4$ Pa。

全淹没干粉灭火系统喷头应均匀分布，喷头间距不大于 2.25 m，喷头与墙的距离不大于 1 m，每个喷头的保护容积不大于 14 m^3。

BC 类干粉中较成熟和经济的是碳酸氢钠干粉，故扑灭 BC 类火灾推荐采用碳酸氢钠干粉；ABC 类干粉固然也能扑灭 BC 类火灾，但不经济，故不推荐用 ABC 类干粉扑灭 BC 类火灾。扑灭 A 类火灾只能用 ABC 类干粉，其中较成熟和经济的是磷酸铵盐干粉，所以扑灭 A 类火灾推荐采用磷酸铵盐干粉。

3.6.7　工程实例计算

某煤层气液化工程 4500 m^3 单容罐，采用全淹没干粉灭火系统方式。

设计条件：安全阀出口管管径 DN250，管长 15 m，BOG（蒸发气体）超压释放时，气体流速≤55 m/s，考虑放空管实际存在开口，为保证灭火的可靠性，干粉喷射时间取 60 s。为便于计算，计算中涉及管道内径均用公称直径代替。

1. 干粉设计用量计算

$$m = K_1 \cdot V + \sum (K_{oi} \cdot A_{oi})$$

式中

$$V = V_v - V_g + V_z$$

$$V_z = Q_z \cdot t$$

式中　K_1——灭火剂设计浓度，kg/m^3，取 0.65 kg/m^3；

　　　K_{oi}——开口补偿系数，kg/m^3，取 0；

　　　A_{oi}——不能自动关闭的防护区开口面积，m^2；

　　　V_v——防护区容积，m^3，$\frac{1}{4}\pi d^2 l$，d 为安全阀出口管管径，为 0.25 m，l 为管长 15 m；

　　　V_g——防护区内不燃烧体和难燃烧体的总体积，m^3，取 0；

　　　V_z——不能切断的通风系统的附加体积，m^3；

　　　Q_z——通风流量，m^3/s，$\frac{1}{4}\pi d^2 v$，v 为通风速度 55 m/s；

　　　t——干粉喷射时间，s，取 60。

把参数代入公式，可得 $m = 105.72$ kg。

2. 输粉管干管管径计算

输粉管干管的干粉输送速率按下式计算：

$$Q_0 = m/t$$

输粉管干管内径按下式计算：

$$d \leqslant 22 \sqrt{Q}$$

由上面两个公式可得 $d \leqslant 29.2$ mm，故确定输粉管干管管径为 DN25。

3. 管路内干粉残余量计算

$$m_r = V_D (10 P_p + 1)/(\rho_{q0} \cdot \mu)$$

输粉管管道管径为 DN25，管长为 40 m，$P_p = 0.75$ MPa，$\rho_{q0} = 1.165$ kg/m^3，$\mu = 0.044$，计算得 $m_r = 4.42$ kg。

4. 干粉罐内干粉剩余量计算

干粉罐内干粉剩余量 m_s，按干粉设计用量 m 的 8% 计，则 $m_s = 8.46$ kg。

5. 干粉储存量计算

干粉储存量计算公式为

$$m_c = m + m_s + m_r = 118.6 (kg)$$

考虑增加对放空管的惰化浓度，取安全系数为 2.0，则干粉储存量为 237.2 kg，取整，最终确定干粉储存量为 250 kg。

习题与思考

3-1　如何计算消防水池的有效容积？

3-2　水泵接合器的作用是什么？其数量如何计算？

3-3　简述水枪的充实水柱长度的概念。不大于 100 m 的高层民用建筑充实水柱应不小于多少？

3-4　六层商业楼，每层 3000 m²，层高 3.5 m，设有自喷系统，自喷的设计用水量为 30 L/s，不考虑补水量。分析：

（1）建筑类型。

（2）消防水池的最小容积。

（3）水泵接合器的数量。

3-5　细水雾灭火系统有几种分类方法？如何分类？

3-6　细水雾灭火系统的适用范围有哪些？

3-7　细水雾灭火系统由哪些主要部件组成？

3-8　细水雾灭火系统的灭火机理主要有哪些？

3-9　细水雾灭火系统是如何工作的？

3-10　IG541 混合气体灭火剂是由哪些气体按一定比例混合而成的？

3-11　管网型气体灭火系统一般由哪些部件组成？

3-12　气体灭火系统如何分类？

3-13　气体灭火系统主要有哪三种控制方式？

3-14　二氧化碳灭火系统可用于扑救哪些火灾？

3-15　画出组合分配式气体灭火系统工作流程图。

3-16　一建筑内部有一密闭柴油发电机房需要七氟丙烷气体灭火系统保护，保护区长 12 m、宽 10 m、高 5 m，请计算出该保护区所需七氟丙烷药剂储存用量及泄压口面积。（设计温度按 20 ℃、海拔系数按 1.000 计）

3-17　什么是干粉灭火剂？

3-18　干粉灭火系统具有哪些优点？

3-19　干粉灭火系统按照灭火方式可分为哪几类？

3-20　全淹没干粉灭火系统的灭火剂设计浓度不得小于多少？

3-21　全淹没干粉灭火系统防护区泄压口宜设在哪里？其高度为多少？

3-22　干粉灭火系统储存装置宜设在专用的储存装置间内，专用储存装置间的设置有哪些要求？

本章相关国标

第4章

疏散系统

通过本章学习，应掌握疏散系统分类与构成；掌握应急广播扬声器和消防专用电话的操作与维护方法；熟悉应急照明系统的工作原理；掌握系统性能与设计方法；熟悉建筑火灾逃生避难器材的分类；掌握火灾逃生避难器材设置要求；了解避难层作用；熟悉避难层设置要求；熟悉消防电梯和直升机停机坪设置范围与设置要求。

4.1 应急广播扬声器和消防专用电话

应急广播系统也叫消防广播系统，它的作用是在火灾时，消防控制室人员发布广播信息，及时疏散人群，引导人们迅速撤离危险场所，保证生命财产安全。

扫一扫，看视频

4.1.1 应急广播系统的工作原理与组成

应急广播系统是公共广播系统的一个组成部分，属于多声源的语言扩声系统，它需要电子技术、电声技术和建声技术等多种学科的密切配合，其音质效果不仅与电声系统的综合性能有关，而且与声音的室内传播环境，即建筑声学密切相关。

消防应急广播系统是火灾逃生疏散和灭火指挥的主要设备，在整个消防控制管理系统中起着极其重要的作用。在火灾发生时，应急广播信号通过音源设备发出，经过功率放大后，由编码输出控制模块切换到广播指定区域的扬声设备实现应急广播。消防应急广播系统工作原理如图4-1所示。

目前，经常采用的应急广播系统多为总线制或多线制消防应急广播系统，主要由两部分设备构成：一是主机端设备，包括广播录放盘、广播区域控制盘（见图4-2）、广播功率放大器和火灾报警控制器（联动型）等；二是现场设备，包括输出模块和各种扬声设备。

主机端设备一般集中设置在建筑的消防控制中心。广播录放盘作为音源指挥中心，一般独立配有 CD、MP3 放音机或数字录音机，可进行固态、动态录放音；同时配有话筒输入和外音源输入端口以及内部的音频输出端口；具有遥控输入、输出，禁音输出和禁音输入功能，以及监听和电子放音转录功能。广播功率放大器是音频功率放大器，具有遥控启动，在遥控状态下有预置音量功能，具有禁音输入、故障报警和过载保护功能。

现场设备通常是分散安装在建筑各楼层的具体部位，扬声器即为现场播音设备。另外，在总线制消防广播系统中，一般通过具有自回答功能的现场广播切换（控制）模块，用于各楼层或防火分区正常广播与消防广播间的现场切换控制。

应急广播系统属于典型的多声源扩声系统，由于空间的三维尺度以及声学条件的影响，

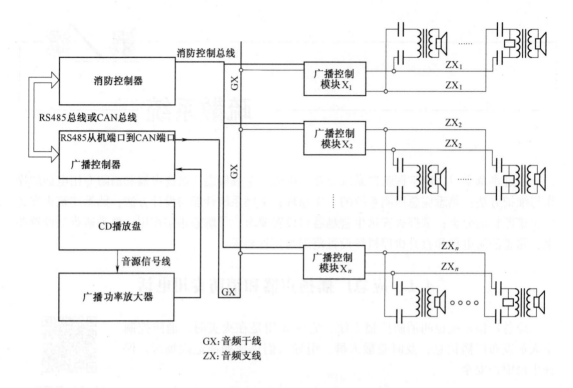

GX: 音频干线
ZX: 音频支线

图 4-1　消防应急广播系统工作原理

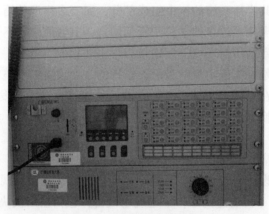

图 4-2　广播区域控制盘

其声源系统的设备构成与布置方式具有一定的特殊性。扬声器是一种常用的电声换能器件，其种类繁多，按换能机理和结构可分为电动式、静电式、压电式、电磁式、电离子式和气动式等；按声辐射材料可分为纸盆式、号筒式、膜片式；按工作频率可分为低音、中音、高音等。其中，电动式扬声器具有电声性能好、结构牢固、成本低等优点，应用较为广泛，它又分为纸盆式、号筒式和球顶形三种。纸盆式扬声器是室内空间公共广播系统中最常采用的一种扬声设备，安装方式一般为天花嵌入式和壁挂式两种。

　　设置在民用建筑公共场所内的扬声器，每个额定功率不应小于 3 W，其数量应能保证从一个防火分区的任何部位到最近一个扬声器的距离不大于 25 m，走道内最后一个扬声器至走道末端的距离不应大于 12.5 m；在环境噪声大于 60 dB 的场所设置的扬声器，在其播放范围内最远点的播放声压级应高于背景噪声 15 dB。

4.1.2 应急广播系统的操作与维护

1．操作方法

（1）火灾报警控制器打到手动允许状态（扭转钥匙朝向手动）。

（2）打开展板广播键（有声音先消音）。

（3）根据情况打开"应急广播"或"话筒"键。

（4）调节音量（播放应急广播只需调节功放音量，用话筒说话需要调节话筒音量和调节功放音量后，按住话筒侧键进行说话。例如，×区失火，请立即疏散）。

（5）广播结束后复位（关闭音量，关闭相应按键，关闭展板广播，按复位键）。

2．清洁维护方法

非专业人员不要随意拆卸扬声器，不要用水冲洗或湿布擦拭扬声器，以免进水造成短路，损坏器件。可用电吹风吹扫或者用不太湿的抹布擦拭扬声器表面。

4.1.3 消防专用电话的工作原理与组成

消防专用电话是专门用于消防控制中心（室）与建筑物各关键部位之间通话的消防通信专用设备。消防电话系统有专用的通信线路，发生火灾时，现场人员可以通过现场设置的固定电话和消防控制室进行通话，也可以通过便携式电话插入插孔式手报或者电话插孔与消防控制室进行通话。其原理如图 4-3 所示。

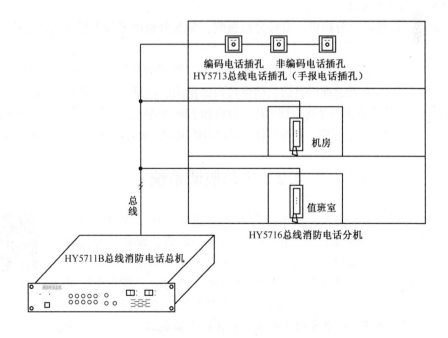

图 4-3　消防专用电话原理

消防专用电话由消防电话主机、分机、话筒和消防电话插孔组成，如图 4-4 所示。

消防电话系统 消防电话主机

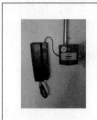 消防电话系统 消防电话分机

 消防电话系统 消防电话话筒

 消防电话系统 消防电话插孔

图 4-4　消防专用电话组成

4.1.4　消防专用电话的操作与维护

1. 分机呼叫总机方法

现场分机拿起或手柄电话插入插孔，电话总机振铃响的同时对应分机灯闪烁，拿起主机话筒按下侧键可与分机通话。

2. 总机呼叫分机方法

拿起话筒，选择对应分机键，对应分机振响，拿起分机即可与主机通话，主机讲话要按住侧键。

总机呼叫分机：拿起消防电话总机，输入密码，听到话筒长音，液晶显示器等待还叫指令后，按分机号，按接听键进行通话，结束按白键把消防电话总机正确放入凹槽中。

非专业人员不要随意拆卸消防电话主机、分机和消防电话插孔，不要用水冲洗或湿布擦拭消防专用电话，以免进水造成短路，损坏器件。可用电吹风吹扫或者用不太湿的抹布擦拭表面。

4.2　应急照明系统

随着国家发展的不断强大，城市的发展速度越来越快，大中型城市越来越多，人口越来越密集，大型的商场、宾馆、饭店、娱乐场所层出不穷，火灾时人员安全疏散和消防的救援工作显得尤为重要，应急照明作为消防系统中的重要组成部分应予以高度重视。消防应急照明系统是为人员疏散、消防作业提供照明的系统，由各类消防应急灯具及相关装置组成，是建筑电气消防的重要组成部分，是保证人员疏散的安全疏散系统之一。

扫一扫，看视频

4.2.1　应急照明系统的分类与组成

应急照明是由于故障或消防救援需要切断正常照明电源，为保证人员安全疏散或继续进

行正常的工作而提供的照明。

切断正常照明的供电电源包括两种情况：平时的故障停电和火灾时的事故停电。在这两种情况之下都需要确保人们能够继续进行正常的工作或活动，而两者从供电的本质上来看有很大的差别。火灾时的事故停电提供的应急照明属于火灾应急照明，而平时的故障停电提供的应急照明属于事故照明，而非火灾应急照明。根据《建筑设计防火规范（2018 年版）》（GB 50016—2014）相关规定：火灾应急照明有两种，即疏散照明和备用照明。

本小节主要介绍火灾应急照明，安全照明不属于火灾应急照明。

消防应急照明系统的主要功能是为火灾中人员的逃生和灭火救援行动提供照明指示，应急照明灯平时像普通灯具一样提供照明，当出现紧急情况，如地震、失火或电路故障引起电源突然中断，所有光源都已停止工作，此时，立即提供可靠的照明，并指示人流疏散的方向和紧急出口的位置，以确保滞留在黑暗中的人们顺利地撤离。由此可见，应急照明灯是一种在紧急情况下保持照明和引导疏散的光源。

消防应急灯具包括消防应急照明灯和消防应急照明标志灯。消防应急照明灯是为人员疏散或为消防作业提供照明的消防应急灯具。消防应急照明标志灯是同时具备消防应急照明灯和消防应急照明标志灯功能的消防应急灯具。

4.2.2 应急照明系统的工作原理与性能要求

当交流电源正常供电时，一回路点燃光源，另一回路通过充电电路以小电流给镍镉电池蓄电池组连续充电，当交流电源因故停电时，控制电路自动接通逆变电路，将直流电或将直流电变成高频高压交流电，切断原有回路，转入应急照明状态，一旦交流电恢复，控制电路自动转换到正常情况，同时，充电电路继续给蓄电池组重新充电。应急照明系统工作原理如图 4-5 所示。

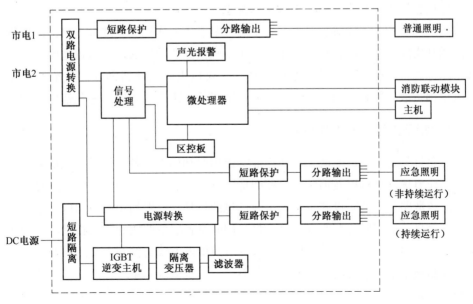

图 4-5　应急照明系统工作原理

火灾应急备用照明应按消防用电性质设计，火灾时需要强行点亮火灾应急备用照明。

火灾应急备用照明时间：各类民用建筑中，对于配电室、水泵房、机房等消防工作区域，应急照明连续供电时间不能小于 180 min；对于建筑高度超过 100 m 的民用建筑，应急照明连续供电时间不能小于 90 min；对于老年人建筑、医院类建筑、一些大型公共建筑等，应急照明供电时间不能小于 60 min。

4.2.3　应急照明系统的选择与设计要求

应急照明灯应安装在靠近顶棚的墙面上或顶棚上；安装区域包括疏散走道、楼梯间、前室（包括楼梯间前室、消防电梯前室及合用前室）、重要设备房（如配电房、消防控制室、消防水泵等）及避难层（间）。

消防应急照明灯在楼梯间，一般设置在墙面或者休息平台板下；在楼道，设置在墙面或者顶棚下，在厅、堂，设置在顶棚或者墙面上；在楼梯口、太平间，一般设置在门口上部。

照度要求：疏散走道，≥1 lx；人员密集、避难层内地面，≥3 lx；楼梯间、前室、合用前室、避难走道的地面，≥5 lx；病房楼、手术部的避难间，≥10 lx。配电房、消防控制室、消防水泵房、防烟排烟机房、消防用电蓄电池室、自备发电机房、电话总机房以及发生火灾时仍需坚持工作的其他房间，其工作时的照度，不应低于正常照明时的照度。

4.3　疏散指示系统

由于城市建筑面积大（往往达到几万 m² 甚至十几万 m²）、结构复杂、人流密集，一旦发生火灾，人员难以及时疏散到安全场所，极易造成大量伤亡。发生火灾时，为了保证人员疏散，抑制人们心理上的恐慌，确保疏散安全，以显眼的文字、鲜明的箭头标记指明疏散方向，引导疏散，这种用信号标志的照明，称为疏散指示标志。

扫一扫，看视频

疏散指示标志的合理设置，对人员安全疏散具有重要作用，是建筑电气消防的重要组成部分。国内外实际应用表明，在疏散走道和主要疏散路线的地面上或靠近地面的墙上设置发光疏散指示标志，对安全疏散起到很好的作用，可以更有效地帮助人们在浓烟弥漫的情况下，及时识别疏散位置和方向，迅速沿发光疏散指示标志顺利疏散，避免造成伤亡事故。

4.3.1　疏散指示系统的分类与组成

消防应急灯具是为人员疏散、消防作业提供照明和标志的各类灯具，包括消防应急照明灯具、消防应急标志灯具以及消防应急照明标志复合灯具等。消防应急标志灯具是用于指示疏散出口、疏散路径、消防设施位置等重要信息的灯具，一般均用图形加以标示，有时会有辅助的文字信息。消防应急照明标志复合灯具同时具备应急照明和疏散指示两种功能。

消防应急照明和疏散指示系统按照灯具的应急供电方式与控制方式的不同，分为自带电源非集中控制型系统、自带电源集中控制型系统、集中电源非集中控制型系统和集中电源集中控制型系统 4 类。

　1. 自带电源非集中控制型系统

自带电源非集中控制型系统由应急照明配电箱和消防应急灯具组成。消防应急灯具由应急照明配电箱供电。

自带电源非集中控制型系统连接的消防应急灯具均为自带电源型，灯具内部自带蓄电池，工作方式为独立控制，无集中控制功能。其系统组成如图 4-6 所示。

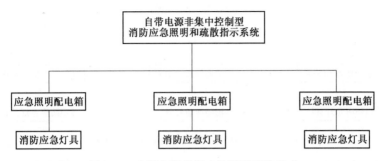

图 4-6 自带电源非集中控制型系统组成

2. 自带电源集中控制型系统

自带电源集中控制型系统由应急照明控制器、应急照明配电箱和消防应急灯具组成。消防应急灯具由应急照明配电箱供电，消防应急灯具的工作状态受应急照明控制器控制和管理。

自带电源集中控制型系统连接的消防应急灯具均为自带电源型，灯具内部自带蓄电池，但是消防应急灯具的应急转换由应急照明控制器控制。其系统组成如图 4-7 所示。

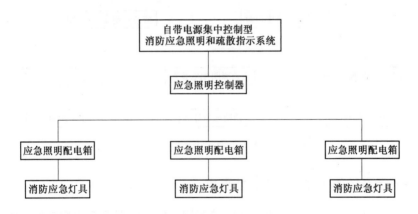

图 4-7 自带电源集中控制型系统组成

3. 集中电源非集中控制型系统

集中电源非集中控制型系统由应急照明集中电源、应急照明配电装置和消防应急灯具组成。应急照明集中电源通过应急照明配电装置为消防应急灯具供电。

集中电源非集中控制型系统连接的消防应急灯具自身不带电源，工作电源由应急照明集中电源提供，工作方式为独立控制，无集中控制功能。其系统组成如图 4-8 所示。

4. 集中电源集中控制型系统

集中电源集中控制型系统由应急照明控制器、应急照明集中电源、应急照明配电装置和消防应急灯具组成。应急照明集中电源通过应急照明配电装置为消防应急灯具供电，应急照明集中电源和消防应急灯具的工作状态受应急照明控制器控制。

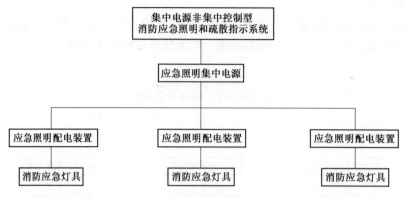

图 4-8　集中电源非集中控制型系统组成

集中电源集中控制型系统连接的消防应急灯具的电源由应急照明集中电源提供，控制方式由应急照明控制器集中控制。其系统组成如图 4-9 所示。

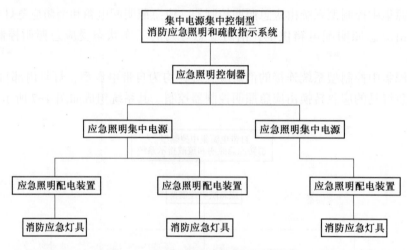

图 4-9　集中电源集中控制型系统组成

4.3.2　疏散指示系统的工作原理与性能要求

自带电源非集中控制型、自带电源集中控制型、集中电源非集中控制型、集中电源集中控制型 4 类系统，由于供电方式和应急工作的控制方式不同，因此在工作原理上存在着一定的差异。本小节主要介绍系统的工作原理与性能要求。

1. 系统的工作原理

（1）自带电源非集中控制型系统。在正常工作状态时，市电通过应急照明配电箱为灯具供电，用于正常工作和蓄电池充电。

发生火灾时，相关防火分区内的应急照明配电箱动作，切断消防应急灯具的市电供电线路，灯具的工作电源由灯具内部自带的蓄电池提供，灯具进入应急状态，为人员疏散和消防作业提供应急照明与疏散指示。

（2）自带电源集中控制型系统。在正常工作状态时，市电通过应急照明配电箱为灯具供电，用于正常工作和蓄电池充电。应急照明控制器通过实时监测消防应急灯具的工作状态，实现灯具的集中监测和管理。

发生火灾时，应急照明控制器接收到消防联动信号后，下发控制命令至消防应急灯具，控制应急照明配电箱和消防应急灯具转入应急状态，为人员疏散和消防作业提供应急照明与疏散指示。

（3）集中电源非集中控制型系统。在正常工作状态时，市电接入应急照明集中电源，用于正常工作和蓄电池充电，通过各防火分区设置的应急照明配电装置将应急照明集中电源的输出提供给消防应急灯具。

发生火灾时，应急照明集中电源的供电电源由市电切换至电池，应急照明集中电源进入应急工作状态，通过应急照明配电装置供电的消防应急灯具也进入应急工作状态，为人员疏散和消防作业提供应急照明与疏散指示。

（4）集中电源集中控制型系统。在正常工作状态时，市电接入应急照明集中电源，用于正常工作和蓄电池充电，通过各防火分区设置的应急照明配电装置将应急照明集中电源的输出提供给消防应急灯具。

发生火灾时，应急照明控制器接收到消防联动信号后，下发控制命令至应急照明集中电源、应急照明配电装置和消防应急灯具，控制系统转入应急状态，为人员疏散和消防作业提供应急照明与疏散指示。

2. 系统的性能要求

消防应急照明和疏散指示系统在火灾事故状况下，所有消防应急照明和标志灯具转入应急工作状态，为人员疏散和消防作业提供必要的帮助，因此响应迅速、安全稳定是对系统的基本要求。

（1）应急转换时间。应急转换时间不应大于 5 s；高危险区域使用系统的应急转换时间不应大于 0.25 s。

（2）应急工作时间。系统选用的蓄电池在投入使用的过程中必须满足国家标准要求，考虑到电池在日常充电老化中容量会自然下降，工作环境温度的变化也会导致电池释放容量发生变化，因此，规范要求系统的应急工作时间要低于产品标准的要求。

（3）标志灯具的表面亮度要求有以下两点。

1）仅用绿色或红色图形构成标志的标志灯，其标志表面最小亮度不小于 50 cd/m^2，最大亮度不大于 300 cd/m^2。

2）用白色与绿色组合或白色与红色组合构成的图形作为标志的标志灯，其标志表面最小亮度不小于 5 cd/m^2，最大亮度不大于 300 cd/m^2，白色、绿色或红色本身最大亮度与最小亮度比值不大于 10。白色与相邻绿色或红色交界两边对应点的亮度比不小于 5 且不大于 15。

（4）照明灯具的光通量。消防应急照明灯具应急状态下的光通量不能低于其标称的光通量，且不小于 50 lm。疏散用手电筒的发光色温为 2500~2700 K。

（5）系统自检。系统主电持续工作 48 h 后每隔（30±2）d 自动由主电工作状态转入应急工作状态并持续30~180 s，然后自动恢复到主电工作状态。

（6）应急转换控制。在消防控制室，应设置强制使消防应急照明和疏散指示系统切换与应急投入的手自动控制装置。

4.3.3 疏散指示系统的选择与设计要求

消防应急标志灯具包括安全出口标志灯、疏散指示标志灯、楼层（避难层）显示标志灯、指示灭火器材、消防火栓箱、消防电梯、残疾人楼梯位置及方向的指示灯、指示禁止入内指示灯。设计中，应注意与建筑专业确定，各疏散通道的疏散方向以及各人员疏散出入口的位置，疏散指示标志灯的方向应按通向安全出口最短路线设置，以达到正确引导人员疏散的目的。

疏散通道照明灯对于普通场所可根据照度要求，设置消防应急灯双头灯，当仅设置消防应急灯双头灯不能满足疏散照度要求时，还应考虑选取部分平时灯具兼作为疏散照明灯。

选择作为疏散照明的灯具应满足国家标准《消防安全标志》（GB 13495）和《消防应急照明和疏散指示系统》（GB 17945—2010）的规范。

系统投入时间及持续工作时间要求：应急转换时间，对于疏散通道应急照明和疏散指示系统，应急转换时间不应大于 5 s，高危险区域使用的系统，应急转换时间不应大于 0.25 s。对于消防备用照明不应大于 5 s，金融商业交易场所不应大于 1.5 s。

持续工作时间：要求疏散照明最少持续供电时间不低于 30 min，消防备用照明最少持续供电时间 ≥ 180 min。

系统供电电源的要求：火灾应急照明的负荷等级与建筑物的消防负荷等级是一致的。应急照明的供电电源，当消防用电负荷为一级并采用交流电源供电时，宜由主电源和应急电源提供双电源。当采用集中蓄电池或灯具内附电池组时，宜由双电源中的应急电源提供专用回路采用树干式供电。当消防用电负荷为二级并采用交流电源供电时，宜采用双回线路树干式供电。当采用集中蓄电池或灯具内附电池组时，可由单回线路树干式供电。

消防应急照明和疏散指示系统控制方式分为集中控制与非集中控制两种。

集中控制方式是消防控制室设置一台应急照明控制器，由应急照明控制器发出信号，通过信号线连接至各个应急照明配电箱、分配电装置、各个独立应急照明集中电源，实现对消防应急灯具的点亮及工作状态反馈。选用带地址编码型的灯具或非带地址编码型的灯具，应急照明控制器可实现对每一盏灯或对每个回路灯具进行控制及工作状态反馈。集中控制方式具有故障巡检、应急频闪、改变方向、导向光流等功能，系统可靠性高，能有效避免因系统或总线故障造成疏散系统失效，应急疏导能力灵活高效，维护与管理方便，但系统价格高。

非集中控制方式由消防联动控制器发出信号，利用输入/输出模块将信号送至各个应急照明配电箱、分配电装置、各个独立应急照明集中电源，实现对应急灯具的点亮及工作状态反馈。由于没有设置应急照明控制器，现场灯具无编址功能，不能实现对每一个灯具的控制，只能实现以回路为单位进行应急灯具的应急转换及工作状态反馈。非集中控制方式是在原有火灾自动报警系统的基础上，增设消防模块实现控制功能，造价低，较为经济。

对于新建的大中型公共建筑，尤其是特大型与大型会展建筑、大型交通建筑、大型商业建筑以及其他人员密集场所，宜选用集中控制方式；对于小型场所、后期整改或二次装潢改造的工程以及对人员疏散要求不高的场所，考虑集中控制型应急照明系统性价比偏低，建议选择非集中控制方式。

4.4　建筑火灾逃生避难器材

城市中的火灾大多发生在建筑物内，人员密集的公共建筑发生火灾时疏散难度较大，易发生群死群伤事故。在建筑内配备逃生滑道、逃生梯、逃生缓降器等建筑火灾逃生避难器材，为建筑内部人员提供了利用室外空间疏散逃生的新途径。这不但能够大幅度提升建筑的消防疏散能力，而且有助于解决医院、托儿所、养老院等特殊场所内行动不便人员的消防疏散难题。因此，逃生避难器材应当成为建筑消防疏散系统中的重要组成部分。

扫一扫，看视频

　　建筑火灾逃生避难器材主要包括用于建筑物内部楼道逃生的过滤式或化学氧消防自救呼吸器，披在身上的灭火毯和通过建筑物外空间逃生的缓降器、逃生梯（包括固定式逃生梯和悬挂式逃生梯）、逃生滑道、应急逃生器和逃生绳等。

4.4.1　建筑火灾逃生避难器材的作用

　　建筑火灾逃生避难器材（以下简称逃生避难器材）是在发生建筑火灾的情况下，遇险人员逃离火场时所使用的辅助逃生器材，它是对建筑物内应急疏散通道的必要补充。

4.4.2　建筑火灾逃生避难器材的分类

4.4.2.1　按器材结构分类

1. 绳索类

　　（1）逃生缓降器（救生缓降器）。逃生缓降器（见图4-10）是一种使用者靠自重以一定的速度自动下降并能往复使用的逃生器材，由安全钩、安全带、绳索、调速器、金属连接件及绳索卷盘等组成，是一种可使人沿（随）绳（带）缓慢下降的安全营救装置。它可用专用安装器具安装在建筑物窗口、阳台或楼房平顶等处，也可安装在举高消防车上，营救处于高层建筑物火场上的受难人员。使用缓降器时，将安全钩牢固地固定在楼内固定物上，疏散人员穿戴好安全带和防护手套后，将绳索卷盘抛到楼下，将安全带和安全钩挂牢，然后拉住自救绳开始下滑。

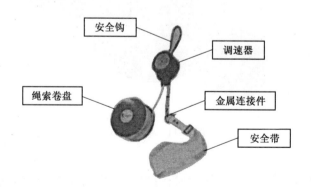

图 4-10　逃生缓降器

　　缓降器根据自救绳的长度分为三种规格，绳长为 38 m 的缓降器适用于 6~10 层；绳长为 53 m 的缓降器适用于 11~16 层；绳长为 74 m 的缓降器适用于 16~20 层。

　　（2）应急逃生器。应急逃生器是指使用者靠自重以一定的速度下降且具有刹停功能的一次性使用的逃生器材，由操作手柄、速度控制机构、绳索、下滑控制机构等构成。高楼逃生器是一种高楼自救逃生装置，是当楼房等高层建筑突发火灾等事件时被困者迅速脱险的最佳选择。使用高楼逃生器，被困人员可迅速脱离险境，无须借助外援，高楼逃生器性能可靠，使用安全。适用于不高于 15 m 的建筑物。

（3）救生绳。救生绳主要用作消防员个人携带的一种救人或自救工具，也可以用于运送消防施救器材，还可以在火情侦察时做标绳用。在有些大型厂矿因火灾造成大面积烟雾时，还可以用于被困人员顺绳逃生。目前使用的救生绳主要是精制麻绳，绳的直径为 6~14 mm，长度为 15~30 m，通常将直径小的救生绳称为抛绳、引绳或标绳，将直径大的救生绳称为安全绳。

救生绳缓降器主要针对普通家庭和个人使用，其构造由调速器、安全带、安全钩、钢丝绳等组成。使用者先将挂钩挂在室内窗户、管道等可以承重的物体上，然后将绑带系在人体腰部，从窗户上下落缓缓降到地面。每次可以承载约 100 kg 重的单人个体自由滑下，其下滑速度为每秒 0.5~1.5 m。适用于不高于 6 m 的建筑物。

2. 滑道类

逃生滑道（见图 4-11）是指使用者靠自重以一定的速度下滑逃生的一种柔性通道。由外层防火套、中间阻尼套和内层导套三层组成，三层重叠后固定在入口圈上。逃生滑道通常安装在建筑物内部，也可以供举高消防车使用，人员下落速度平缓，且不会受到炙烤、燃烧和烟熏的危害。老幼病残无须预先练习都可以成功使用。逃生滑道适用于不高于 60 m 的建筑物。

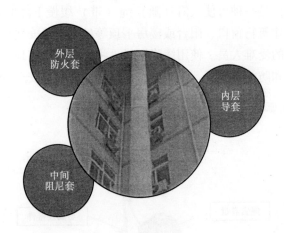

图 4-11　逃生滑道

3. 梯类

（1）固定式逃生梯。固定式逃生梯是指与建筑物固定连接，使用者靠自重以一定的速度自动下降并能循环使用的一种金属梯。它能在发生火灾或紧急情况时，在短时间内连续将高楼被困人员安全疏散至地面。

（2）悬挂式逃生梯。悬挂式逃生梯（见图 4-12）是指展开后悬挂在建筑物外墙上供使用者自行攀爬逃生的一种软梯，其平时可收藏在包装袋内。该逃生梯主要由钢制梯钩、边索、踏板和撑脚组成。梯钩是使悬挂式逃生梯紧固在建筑物上的金属构件。边索由钢丝绳、钢质链条或阻燃型纤维编织带等制成。踏板是具有防滑功能条纹的圆管或方管。撑脚的作用是使悬挂式逃生梯能与墙体保持一定距离。

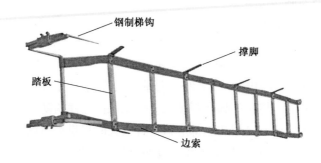

图 4-12　悬挂式逃生梯

4. 呼吸器类

呼吸器类包括消防过滤式自救呼吸器和化学氧消防自救呼吸器两类。

4.4.2.2　按器材工作方式分类

1. 单人逃生类

单人逃生类，如逃生缓降器、应急逃生器、逃生绳、悬挂式逃生梯、消防过滤式自救呼吸器、化学氧消防自救呼吸器等。

2. 多人逃生类

多人逃生类，如逃生滑道、固定式逃生梯等。

4.4.3　建筑火灾逃生避难器材的设置要求

1. 逃生避难器材的适用场所

（1）绳索类、滑道类或梯类等逃生避难器材适用于人员密集的公共建筑的 2 层及 2 层以上楼层。

（2）呼吸器类逃生避难器材适用于人员密集的公共建筑的 2 层及 2 层以上楼层和地下公共建筑。

2. 逃生避难器材的设置要求

逃生缓降器、逃生滑道、逃生梯应安装在建筑物袋形走道尽头或者室内的窗边、阳台、凹廊以及公共走道、屋顶平台等处，室外安装应有防雨防晒措施。

逃生缓降器、逃生滑道、逃生梯供人员逃生的开口高度应在 1.5 m 以上。宽度在 0.5 m以上，开口下沿距所在楼层地面高度 1 m 以上。

4.5　避难层（间）

随着我国国民经济的迅速发展，结构复杂、人员密集的超高层建筑逐渐增多。高楼大厦虽然体现了繁荣、活力与发展，但也有诸多弊端。由于内部管道竖井多、敞开通道多、用火用电多、聚集人员多等特点，超高层建筑消防安全格外值得关注。高层建筑火灾与一般建筑火灾不同，有着火势蔓延快、火灾扑救难度大、人员疏散困难等特点。而且建筑越高人员逃生越不容易，扑灭火灾和救人越困难。

扫一扫，看视频

4.5.1 避难层（间）的作用

避难层（间）是指高层建筑中用作消防避难的楼层。从国内外大量高层建筑火灾的灭火救人案例中可以发现，大量人员在火灾时躲避在烟火威胁较少的房间、阳台、屋顶等场所而被救。因此从高层建筑防火安全的角度考虑，为尽量避免或减少亡人火灾，所有高层建筑都应该设计火灾时提供人员就近安全躲避烟火威胁的避难场所。巧妙的避难层（间）设计，可对缓冲人流、增加疏散人员的安全感、保证安全疏散起到良好的作用。高层建筑亡人火灾事故的原因十分复杂，不能单靠设置避难层（间）来防止亡人火灾事故的发生。但是，从上述亡人火灾原因也可以看出，如果火灾时就近能有安全的场所躲避火灾，也能够最大限度地防止和减少火灾时人员伤亡。

4.5.2 避难层（间）的设置要求

根据我国的实际情况，现行国家标准《建筑设计防火规范（2018年版）》（GB 50016—2014）规定建筑高度大于 100 m 的住宅、建筑高度大于 100 m 的公共建筑、高层病房楼 2 层及以上的病房楼层和洁净手术部，均应设置避难层（间）。

1. 高度设置要求

第一个避难层（间）的楼地面至灭火救援场地地面的高度不应大于 50 m，两个避难层（间）之间的高度不宜大于 50 m，以便对火灾时不能经楼梯疏散而要停留在避难层的人员可采用消防云梯车进行救援，如图 4-13 所示。此外，根据普通人爬楼梯的体力消耗情况，结合各种机电设备及管道等的布置和使用管理要求，

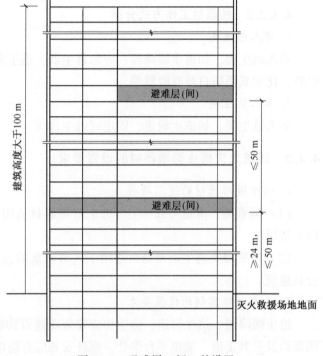

图 4-13 避难层（间）的设置

两个避难层（间）之间的高度以不大于 50 m 较为适宜。50 m 的救援高度主要是考虑了目前国内主战举高消防车，如 50 m 高云梯车的操作要求。

2. 功能设置要求

火灾时需要集聚在避难层（间）的人员密度较大，为不至于过分拥挤，结合我国的人体特征，避难层的使用面积按每平方米平均容纳 5 人确定。火灾时，逃生人员处于极度紧张状态，会尽量按照防烟楼梯向下的方向逃生，不易发现并找到避难层（间）。因此，防烟楼梯间应在避难层（间）所在楼层分隔、同层错位或上下层断开，给逃生人群以提示。同时，

还应当在避难层（间）入口、疏散楼梯等通往避难层（间）的出口位置设置明显的指示标志，确保逃生人群可以迅速发现避难层的位置，如图 4-14 所示。

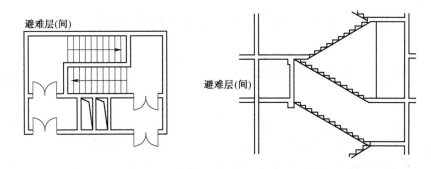

图 4-14 防烟楼梯间在避难层（间）上下层断开示意图

当建筑内的避难人数较少而不需要将整个楼层用作避难层时，可以采用防火墙将该楼层分隔成不同的区域。此时，从非避难区进入避难区的部位要采取措施防止非避难区的火灾和烟气进入避难区，如设置防烟前室等。为了保障人员安全，减轻人员的恐惧，应在避难层（间）设置应急照明，并设置消防专线电话和应急广播，以便和消防控制室及地面消防部门互通信息。

火灾发生时，消防队员应尽量避免使用疏散楼梯，避免与逃生人员在逃生路径上形成逆流；避免过多步行上下楼梯，节省体力，保证迅速、有效地开展救援灭火工作。乘坐消防电梯是消防队员进入高层建筑进行灭火工作和抢救伤员的主要途径，特殊情况下可对老、弱、病、残人员进行应急疏散。应当保证消防电梯能够在避难层（间）停靠，并在此设置专用的消防电梯出口。火灾发生时，普通电梯易发生变形燃烧、停电停运等情况，不应在避难层（间）停靠。

4.5.3 避难层（间）的构造要求

在实际工程中，避难层（间）通常兼作设备层（间）。设备区域内的设备机组和管道（包括易燃、可燃或气体管道）应集中设置，其建筑防火构造措施应注意以下几点。

（1）设备管道区域、竖井与避难区之间应采用耐火极限不小于 3.0 h 的防火墙分隔；设备管井和设备间应采用耐火极限不小于 2.0 h 的防火墙与避难区完全分隔。管井和设备间的门不应直接开向避难区；确需直接开向避难区时，与避难区出入口的距离不应小于 5 m，同时采用甲级防火门。

（2）防烟楼梯间、前室通向避难区的门应朝向疏散方向开启，且应为带自闭功能的乙级防火门。避难层（间）应设置能直接对外开启的窗口，外窗应至少采用乙级以上的防火窗。

（3）避难区应与易燃、可燃、气体管道完全隔离，不应开设除外窗、疏散门之外的其他洞口。

（4）在避难层（间）外墙一侧对应设置消防车登高操作场地，以方便消防车停靠和紧急救援。消防车道和救援操作场地的地下结构、管道和暗沟应能承受不小于 70 t 的重型消防车作业时产生的压力。

4.6 消防电梯与直升机停机坪

4.6.1 消防电梯的设置范围与设置要求

扫一扫，看视频

1. 设置范围

(1) 建筑高度大于 33 m 的住宅建筑。

(2) 一类高层公共建筑和建筑高度大于 32 m 的两类高层公共建筑。

(3) 设置消防电梯的地下或半地下建筑（室），埋深大于 10 m 且总建筑面积大于 3000 m² 的其他地下或半地下建筑（室）。

2. 设置要求

(1) 消防电梯应分别设置在不同防火分区内，且每个防火分区不应少于 1 部。

(2) 建筑高度大于 32 m 且设置电梯的高层厂房（仓库），每个防火分区内宜设置 1 部消防电梯，但符合下列条件的建筑可不设置消防电梯。

1) 建筑高度大于 32 m 且设置电梯，任一层工作平台上的人数不超过 2 人的高层塔架。

2) 局部建筑高度大于 32 m，且局部高出部分的每层建筑面积不大于 50 m² 的丁、戊类厂房。

(3) 符合消防电梯要求的客梯或货梯可兼作消防电梯。

(4) 除设置在仓库连廊、冷库穿堂或谷物筒仓工作塔内的消防电梯外，消防电梯应设置前室，并应符合下列规定。

1) 前室宜靠外墙设置，并应在首层直通室外或经过长度不大于 30 m 的通道通向室外。

2) 前室的使用面积不应小于 6 m²。

3) 除前室的出入口、前室内设置的正压送风口和《建筑设计防火规范（2018 年版）》（GB 50016—2014）规定的户门外，前室内不应开设其他门、窗、洞口。

4) 前室或合用前室的门应采用乙级防火门，不应设置卷帘。

(5) 消防电梯井、机房与相邻电梯井、机房之间应设置耐火极限不低于 2.0 h 的防火隔墙，隔墙上的门应采用甲级防火门。

(6) 消防电梯的井底应设置排水设施，排水井的容量不应小于 2 m³，排水泵的排水量不应小于 10 L/s。消防电梯间前室的门口宜设置挡水设施。

(7) 消防电梯应符合下列规定：

1) 应能每层停靠。

2) 电梯的载重量不应小于 800 kg。

3) 电梯从首层至顶层的运行时间不宜大于 60 s。

4) 电梯的动力与控制电缆、电线、控制面板应采取防水措施。

5) 在首层的消防电梯入口处应设置供消防队员专用的操作按钮。

6) 电梯轿厢的内部装修应采用不燃材料。

7）电梯轿厢内部应设置专用消防对讲电话。

4.6.2 直升机停机坪的设置范围与设置要求

1. 起降区

（1）起降区面积的大小。当采用圆形与方形平面的停机坪时，其直径或边长尺寸应等于直升机机翼直径的 1.5 倍；当采用矩形平面时，其短边尺寸大于或等于直升机的长度，如图 4-15 所示。并在此范围 5 m 内，不应设设备机房、电梯机房、水箱间、共用天线、旗杆等突出物，如图 4-16 所示。

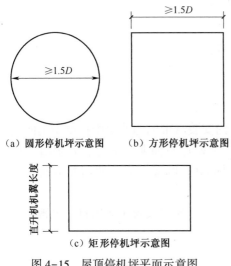

（a）圆形停机坪示意图　　（b）方形停机坪示意图

（c）矩形停机坪示意图

图 4-15　屋顶停机坪平面示意图

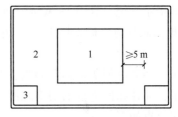

图 4-16　屋顶停机坪与其他突出物的尺寸示意图
1—停机坪；2—高层建筑屋面；
3—楼梯间与障碍物

（2）起降区场地的耐压强度。由直升机的动荷载、静荷载以及起落架的构造形式决定，同时考虑冲击荷载的影响，以防直升机降落控制不良，导致建筑物破坏。通常，按所承受集中荷载不大于直升机总重的 75% 考虑。

（3）起降区的标志。停机坪四周应设置航空障碍灯，并应设置应急照明。特别是当一栋大楼的屋顶层局部为停机坪时，这种停机坪标志尤为重要。停机坪起降区常用符号"H"表示（见图 4-17），符号所用色彩为白色，需与周围地区取得较好对比时也可采用黄色，在浅色地面上时可加上黑色边框，使之更加醒目。

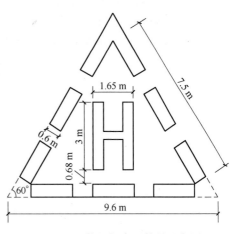

图 4-17　停机坪常用符号示意图

2. 设置待救区与出口

设置待救区，以容纳疏散到屋顶停机坪的避难人员。用钢制栅栏等与直升机起降区分隔，防止避难人员涌至直升机处，延误营救时间或造成事故。待救区应设置不少于 2 个通向停机坪的出口，每个出口的宽度不宜小于0.9 m，其门应向疏散方向开启。

3. 夜间照明

停机坪四周应设置航空障碍灯，并应设置应急照明，以保障夜间的起降。

4. 设置灭火设备

在停机坪的适当位置应设置消火栓，用于扑救避难人员携带来的火种，以及直升机可能发生的火灾。

其他要求应符合国家现行航空管理有关标准的规定。

习题与思考

4-1 简述消防应急照明系统的工作原理和组成。

4-2 简述疏散指示系统的工作原理和组成。

4-3 哪些场所需要设置疏散指示标志？

4-4 案例分析

某办公楼共3层，总建筑面积约6000 m²。楼内安装自带电源非集中控制型消防应急照明和疏散指示系统，其中18 W应急照明灯30盏，3 W应急照明灯8盏，安全出口标志灯12盏，单向悬挂应急标志灯16盏，单向壁挂应急标志灯48盏。应急照明配电箱安装在每一层的楼层配电间。

系统已经通过消防检测和验收，投入正常运行。办公楼内设置了火灾自动报警系统。在本案例中，简述如何进行消防应急照明灯具检查。

答题要点如下。

（1）检查消防应急灯具的工作状态指示灯，查看灯具是否有故障。

（2）检查消防应急标志灯具的疏散标志指示方向是否与实际疏散方向一致。

（3）模拟消防联动控制信号，使灯具转入应急工作状态。

（4）记录灯具应急工作时间，应不小于灯具本身标称的应急工作时间。

（5）检查安装区域的最低照度是否符合设计要求。

本章相关国标

第5章

防烟排烟系统

建筑内发生火灾时，烟气的危害十分严重，统计表明，现代火灾的死亡人数中 70%～80% 因烟气窒息致死。因此在设计建筑防烟排烟系统时，应将人身生命安全放在首位，在发生火灾时，保障建筑内人员免受烟气毒害，确保安全逃生，推动建立稳定的社会消防安全环境。

通过本章的学习，应掌握防烟排烟系统的分类与构成；了解自然通风与自然排烟原理；掌握自然通风与自然排烟方式的选择；熟悉自然通风与自然排烟设施的设置；掌握开窗有效面积的计算方法；熟悉机械加压送风系统和机械排烟系统的组成；了解机械加压送风和机械排烟原理；掌握机械加压送风系统和机械排烟系统的选择与主要设计参数；了解设计参数的计算方法；熟悉系统组件及其设置方式；掌握防烟排烟系统的联动控制方式。

5.1　防烟排烟系统的分类与构成

5.1.1　防烟排烟系统的分类

防烟排烟系统是防烟系统（smoke protection system）与排烟系统（smoke exhaust system）的总称。建筑中设置防烟排烟系统的作用是将火灾产生的烟气及时排出，防止和延缓烟气扩散，保证疏散通道不受烟气危害，确保建筑物内人员顺利疏散、安全避难。同时将火灾现场的烟和热量及时排出，减弱火势的蔓延，为火灾扑救创造有利条件。建筑火灾烟气控制分为防烟和排烟两个方面。防烟采取自然通风和机械加压送风的形式，排烟则包括自然排烟和机械排烟的形式。设置防烟或排烟设施的具体方式多样，应结合建筑所处环境条件和建筑自身特点，按照相关规范规定要求，进行合理的选择和组合。

1. 防烟系统

防烟系统是通过采用自然通风方式，防止火灾烟气在楼梯间、前室、避难层（间）等空间内积聚，或通过采用机械加压送风方式，阻止火灾烟气侵入楼梯间、前室、避难层（间）等空间的系统，防烟系统分为自然通风系统和机械加压送风系统。通常由送风机、送风管道及送风口等机械加压送风设施或可开启外窗等自然通风设施组成。

2. 排烟系统

排烟系统是采用自然排烟或机械排烟的方式，将房间、走道等空间的火灾烟气排至建筑物外的系统，分为自然排烟系统和机械排烟系统。通常由排烟风机、排风管道及排烟口等机械排烟设施或可开启外窗等自然排烟设施组成。

5.1.2　防烟排烟系统的构成

防烟排烟系统一般由风口、风阀、排烟窗和风机、风道以及相应的控制系统构成。

5.1.2.1 防烟系统的构成

1. 机械加压送风的防烟设施

机械加压送风的防烟设施包括加压送风机、加压送风管道、加压送风口等。当防烟楼梯间加压送风而前室不送风时，楼梯间与前室的隔墙上还可能设有余压阀（见图5-1）。

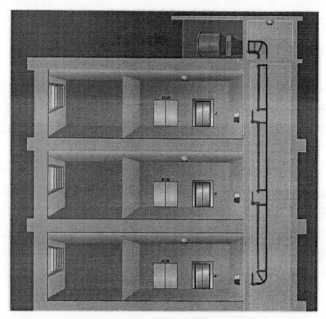

图5-1　机械加压送风系统示意图

（1）加压送风机和加压送风管道。加压送风机一般采用中低压离心风机、混流风机或轴流风机。加压送风管道采用不燃材料制作。

（2）加压送风口。加压送风口分为常开式、常闭式和自垂百叶式。常开式即普通的固定叶片式百叶风口；常闭式采用手动或电动开启，常用于前室或合用前室；自垂百叶式平时靠百叶重力自行关闭，加压时自行开启，常用于防烟楼梯间。

2. 可开启外窗的自然通风设施

作为防烟方式之一的可开启外窗的自然通风设施，通常是指位于防烟楼梯间及其前室、消防电梯前室或合用前室外墙上的洞口或便于人工开启的普通外窗，可开启外窗的开启面积以及开启的便利性都有相应的要求，虽然不列为专门的消防设施，但其设置与维护管理仍不能忽略。

5.1.2.2 排烟系统的构成

1. 机械排烟设施

机械排烟设施包括排烟风机、排烟管道、排烟防火阀、排烟口、挡烟垂壁等（见图5-2）。

（1）排烟风机。排烟风机一般可采用离心风机、排烟专用的混流风机或轴流风机，也有采用风机箱或顶式风机。排烟风机与加压送风机的不同在于：排烟风机应保证在280 ℃的环境条件下能连续工作不少于30 min。

（2）排烟管道。排烟管道应采用不燃材料制作且内壁应光滑。常用的排烟管道采用镀锌钢板加工制作，厚度按高压系统要求，并应采取隔热防火措施或与可燃物保持不小于150 mm的距离。

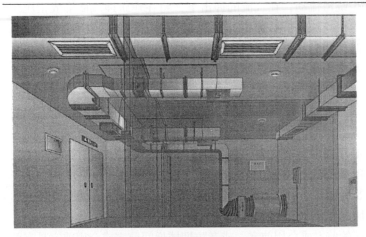

图 5-2　机械排烟系统示意图

（3）排烟防火阀。排烟防火阀是安装在机械排烟系统的管道上，平时呈开启状态，火灾时当排烟管道内温度达到 280 ℃时关闭，并在一定时间内能满足漏烟量和耐火完整性要求，起隔烟阻火作用的阀门。排烟防火阀一般由阀体、叶片、执行机构和温感器等部分组成。

（4）排烟口。安装在机械排烟系统的风管（风道）侧壁上作为烟气吸入口，平时呈关闭状态并满足允许漏风量要求，火灾或需要排烟时手动或电动打开，起排烟作用，外加带有装饰口或进行过装饰处理的阀门称为排烟口。

（5）挡烟垂壁。挡烟垂壁是用于分隔防烟分区的装置或设施，可分为固定式或活动式。固定式挡烟垂壁可采用隔墙、楼板下不小于 500 mm 的梁或吊顶下凸出不小于 500 mm 的不燃烧体；活动式挡烟垂壁采用不燃烧体制作，平时隐藏于吊顶内或蜷缩在装置内，当其所在部位温度升高，或消防控制中心发出火警信号或直接接收烟感信号后，置于吊顶上方的挡烟垂壁迅速垂落至设定高度，限制烟气流动以形成"储烟仓"，便于排烟系统将高温烟气迅速排出室外。

2. 可开启外窗的自然排烟设施

可开启外窗的自然排烟设施包括常见的便于人工开启的普通外窗，以及专门为高大空间自然排烟而设置的自动排烟窗。自动排烟窗平时作为自然通风设施，根据气候条件及通风换气的需要开启或关闭。发生火灾时，在消防控制中心发出火警信号或直接接收烟感信号后开启，同时具有自动和手动开启功能。

5.2　自然通风与自然排烟

自然通风与自然排烟是建筑火灾烟气控制中防烟排烟的方式之一，是经济实用且有效的防烟排烟方式。

5.2.1　自然通风

扫一扫，看视频

1. 自然通风的原理

自然通风是以热压和风压作用，不消耗机械动力的经济的通风方式。如果室内外空气存在温度差或者窗户开口之间存在高度差，就会产生热压作用下的自然通风。当室外气流遇到建筑物时，会产生绕流流动，在气流的冲击下，将在建筑迎风面形成正压区，在建筑屋顶上部和建筑背风面形成负压区，这种建筑物表面所形成的空气静压变化即为风压。当建筑物受到热压、风压同时作用时，外围护结构各窗孔就会产生内外压差引起的自然通风。由于室外风的风向和风速经常变化，导致风压是一个不稳定因素。

2. 自然通风方式的选择

当建筑物发生火灾时，疏散楼梯是建筑物内部人员疏散的唯一通道。前室、合用前室是消防队员进行火灾扑救的起始场所，也是人员疏散必经的通道。因此，在火灾时无论采用何种防烟方法，都必须保证它的安全，防烟就是控制烟气不进入上述安全区域。

对于建筑高度小于等于 50 m 的公共建筑、工业建筑和建筑高度小于等于 100 m 的住宅建筑，由于这些建筑受风压作用影响较小，利用建筑本身的采光通风，也可基本起到防止烟气进一步进入安全区域的作用，因此，采用自然通风方式的防烟系统，简便易行。当采用凹廊、阳台作为防烟楼梯间的前室或合用前室，或者防烟楼梯间前室或合用前室具有两个不同朝向的可开启外窗且可开启窗面积符合《建筑防烟排烟系统技术标准》（GB 51251—2017）规定时，如图 5-3 和图 5-4 所示，可以认为前室或合用前室自然通风性能优良，能及时排出因前室的防火门开启时，从建筑内漏入前室或合用前室的烟气并可阻止烟气进入防烟楼梯间。

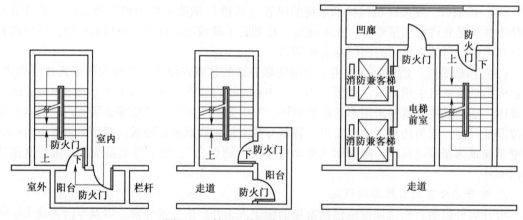

图 5-3　利用室外阳台或凹廊自然通风

3. 自然通风设施的设置

（1）采用自然通风方式的封闭楼梯间、防烟楼梯间，在最高部位应设置有效面积不小于 1.0 m² 的可开启外窗或开口；当建筑高度大于 10 m 时，尚应在楼梯间的外墙上每 5 层内设置总面积不小于 2.0 m² 的可开启外窗或开口，且布置间隔不大于 3 层。

（2）前室采用自然通风方式时，独立前室、消防电梯前室可开启外窗或开口的面积不应小于 2.0 m²，共用前室、合用前室不应小于 3.0 m²。

（3）采用自然通风方式的避难层（间）应设有不同朝向的可开启外窗，其有效面积不应小于该避难层（间）地面面积的 2%，且每个朝向的面积不应小于 2.0 m²。

（4）可开启外窗应方便直接开启，设置在高处不便于直接开启的可开启外窗应在距地面高度为 1.3~1.5 m 的位置设置手动开启装置。

（5）可开启外窗或开口的有效面积计算应按自然排烟窗的面积计算，与自然排烟相关要求相同。

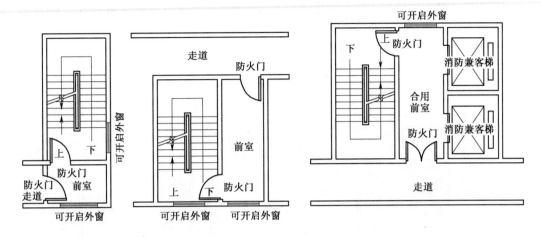

图 5-4　利用直接向外开启窗的自然通风

5.2.2　自然排烟

1. **自然排烟的原理**

自然排烟是充分利用建筑物的构造，在自然力的作用下，即利用火灾产生的热烟气流的浮力和外部风力作用，通过建筑物房间或走道的开口把烟气排至室外的排烟方式。这种排烟方式的实质是通过室内外空气对流进行排烟，在自然排烟中，必须有冷空气的进入口和热烟气的排出口。一般是采用可开启外窗以及专门设置的排烟口进行自然排烟。这种排烟方式经济、简单、易操作，并具有不需要使用动力及专用设备等优点。自然排烟是简单、不消耗动力的排烟方式，系统无复杂的控制及控制过程，因此，对于满足自然排烟条件的建筑，首先应考虑采取自然排烟方式。

2. **自然排烟方式的选择**

多层建筑优先采用自然排烟方式。高层建筑主要受自然条件（如室外风速、风压、风向等）的影响会较大，一般采用机械排烟方式较多，多层建筑受外部条件影响较小，一般采用自然通风方式较多。工业建筑中，因生产工艺的需要，出现了许多无窗或设置固定窗的厂房和仓库，丙类及以上的厂房和仓库内可燃物荷载大，一旦发生火灾烟气很难排放。设置排烟系统既可为人员疏散提供安全环境，又可在排烟过程中导出热量，防止建筑或部分构件在高温下出现倒塌等恶劣情况，为消防队员进行灭火救援提供较好的条件。考虑到厂房、库房建筑的外观要求没有民用建筑的要求高，因此可以采用可熔材料制作的采光带、采光窗进行排烟。为保证可熔材料在平时环境中不会熔化和熔化后不会产生流淌火引燃下部可燃物，要求制作采光带、采光窗的可熔材料必须是只在高温条件下（一般大于最高环境温度50 ℃）自行熔化且不产生熔滴的可燃材料。设有中庭的建筑，中庭应设自然排烟系统，并应符合《建筑防烟排烟系统技术标准》（GB 51251—2017）的要求。四类隧道和行人或非机动车辆的三类隧道，因长度较短、发生火灾的概率较低或火灾危险性较小，可不设置排烟设施。当隧道较短或隧道沿途顶部可开设通风口时可以采用自然排烟。根据《人民防空地下室设计规范》（GB 50038—2005）规定，自然排烟口的总面积大于本防烟分区面积的 2% 时，宜采用自然排烟方式。《汽车库、修车库、停车场设计防火规范》（GB 50067—2014）对危险性较大的汽车库、修车库进行了统一的排烟要求。敞开式汽车库以及建筑面积小于 1000 m² 的地下一层汽车库、修车库，其汽车进出口可直接排烟，且不大于一个防烟分区，故可不设排烟系统，但汽车库、修车库内最不利点处至汽车坡道口不应大于 30 m。图 5-5 所示为有两个不同朝向的可开启外窗防烟楼梯间合用前室。

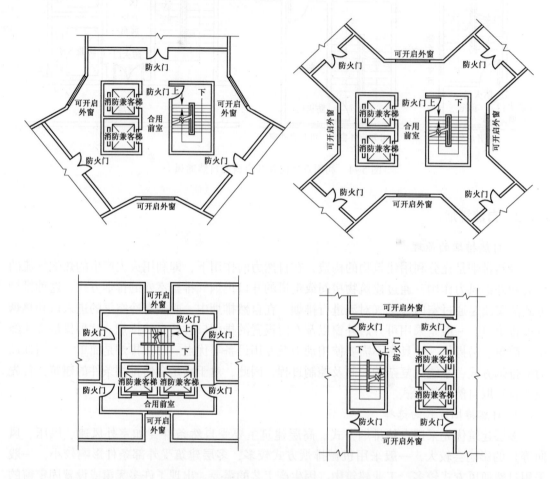

图 5-5　有两个不同朝向的可开启外窗防烟楼梯间合用前室

3. 自然排烟设施的设置

（1）自然排烟窗（口）应设置在排烟区域的顶部或外墙，并应符合下列要求：

1）当设置在外墙上时，自然排烟窗（口）应在储烟仓以内，但走道、室内空间净高不大于 3.0 m 的区域的自然排烟窗（口）可设置在室内净高度的 1/2 以上。

2）自然排烟窗（口）的开启形式应有利于火灾烟气的排出。

3）当房间面积不大于 200 m² 时，自然排烟窗（口）的开启方向可不限。

4）自然排烟窗（口）宜分散均匀布置，且每组的长度不宜大于 3.0 m。

5）设置在防火墙两侧的自然排烟窗（口）之间最近边缘的水平距离不应小于 2.0 m。

6）防烟分区内任一点与最近的自然排烟窗（口）之间的水平距离不应大于 30.0 m。当工业建筑采用自然排烟方式时，其水平距离尚不应大于建筑内空间净高的 2.8 倍；当公共建筑空间净高大于或等于 6.0 m，且具有自然对流条件时，其水平距离不应大于 37.5 m。

（2）排烟窗的有效面积应按式（5-1）计算，并符合以下规定：

$$A_v C_v = \frac{M_\rho}{\rho_0} \left[\frac{T^2 + \left(\dfrac{A_v C_v}{A_0 C_0}\right)^2 T T_0}{2 g d_b \Delta T T_0} \right]^{1/2} \quad\quad (5-1)$$

式中　A_v——排烟口截面积，m^2；

A_0——所有进气口总面积，m^2；

C_v——排烟口流量系数（通常选定 0.5~0.7）；

C_0——进气口流量系数（通常约为 0.6）；

g——重力加速度，m/s^2；

d_b——排烟系统吸入口最低点之下烟气层厚度，m；

ΔT——烟层的平均温度与环境温度的差值，K；

M_ρ——烟羽流质量流量；

ρ_0——环境温度下的气体密度，kg/m^3，通常 $T_0 = 293.15$ K，$\rho_0 = 1.2$ kg/m^3；

T——烟层的平均绝对温度，K；

T_0——环境的绝对温度，K。

注意：公式中 $A_v C_v$ 在计算时应采用试算法。

自然排烟系统是利用火灾热烟气的热浮力作为排烟动力，其排烟口的排放率在很大程度上取决于烟气的厚度和温度，自然排烟系统的优点是简单易行。

可开启外窗的形式有侧开窗和顶开窗。侧开窗有上悬窗、中悬窗、下悬窗、平推窗和侧拉窗等。其中，除了上悬窗外，其他窗都可以作为排烟使用。在设计时，必须将这些作为排烟使用的窗设置在储烟仓内。如果中悬窗的下开口部分不在储烟仓内，这部分的面积不能计入有效排烟面积之内。在计算有效排烟面积时，自然排烟窗（口）开启的有效面积尚应符合下列规定：

1）当采用开窗角大于 70°的悬窗时，其面积应按窗的面积计算；当开窗角小于或等于 70°时，其面积应按窗最大开启时的水平投影面积计算。

2）当采用开窗角大于 70°的平开窗时，其面积应按窗的面积计算；当开窗角小于或等于 70°时，其面积应按窗最大开启时的竖向投影面积计算。

3）当采用推拉窗时，其面积应按开启的最大窗口面积计算。

4）当采用百叶窗时，其面积应按窗的有效开口面积计算。

5）当平推窗设置在顶部时，其面积可按窗的 1/2 周长与平推距离的乘积计算，且不应大于窗面积。

6）当平推窗设置在外墙时，其面积可按窗的 1/4 周长与平推距离的乘积计算，且不应大于窗面积。

（3）自然排烟窗（口）应设置手动开启装置，设置在高位不便于直接开启的自然排烟窗（口），应设置距地面高度 1.3~1.5 m 的手动开启装置。净空高度大于 9 m 的中庭，建筑面积大于 2 000 m^2 的营业厅、展览厅、多功能厅等场所，尚应设置集中手动开启装置和自动开启设施。

（4）除洁净厂房外，设置自然排烟系统的任一层建筑面积大于 2 500 m^2 的制鞋、制衣、玩具、塑料、木器加工储存等丙类工业建筑，除自然排烟所需排烟窗（口）外，尚应在屋面上增设可熔性采光带（窗），其面积应符合下列规定：

1）未设置自动喷水灭火系统的，或采用钢结构的屋顶，或采用预应力钢筋混凝土屋面板的建筑，不应小于楼地面面积的 10%。

2）其他建筑不应小于楼地面面积的 5%。

5.3　机械加压送风系统

在不具备自然通风条件时，机械加压送风系统是确保火灾中建筑疏散楼梯间及前室或合用前室安全的主要措施。

5.3.1　机械加压送风系统的工作原理

机械加压送风方式是通过送风机所产生的气体流动和压力差来控制烟气流动的，即在建筑内发生火灾时，对着火区以外的有关区域进行送风加压，使其保持一定正压，以防止烟气侵入的防烟方式。

为保证疏散通道不受烟气侵害以及人员安全疏散，发生火灾时，按照防烟要求的不同，高层建筑内可分为 4 个不同的区域：防烟楼梯间、避难层（间），防烟楼梯间前室、消防电梯间前室或合用前室，走道和房间。依据上述原则，加压送风时应使防烟楼梯间压力>前室压力>走道压力>房间压力，同时还要保证各部分之间的压差不要过大，以免造成开门困难影响疏散。当火灾发生时，机械加压送风系统应能够及时开启，防止烟气侵入作为疏散通道的走廊、楼梯间及其前室，以确保有一个安全可靠、畅通无阻的疏散通道和环境，为安全疏散提供足够的时间。

5.3.2　机械加压送风系统的选择

机械加压送风系统的选择包括以下几个方面：

（1）建筑高度大于 50 m 的公共建筑、工业建筑和建筑高度大于 100 m 的住宅建筑，其防烟楼梯间、独立前室、共用前室、合用前室及消防电梯前室应采用机械加压送风系统。

（2）建筑高度小于或等于 50 m 的公共建筑、工业建筑和建筑高度小于或等于 100 m 的住宅建筑，其防烟楼梯间、独立前室、共用前室、合用前室（除共用前室与消防电梯前室合用外）及消防电梯前室应采用自然通风系统；当不能设置自然通风系统时，应采用机械加压送风系统。防烟系统的选择，尚应符合下列规定：

1）当独立前室或合用前室满足下列条件之一时，楼梯间可不设置防烟系统：

a. 采用全敞开的阳台或凹廊。

b. 设有两个及以上不同朝向的可开启外窗，且独立前室两个外窗面积分别不小于 2.0 m²，合用前室两个外窗面积分别不小于 3.0 m²。

2）当独立前室、共用前室及合用前室的机械加压送风口设置在前室的顶部或正对前室入口的墙面时，楼梯间可采用自然通风系统；当机械加压送风口未设置在前室的顶部或正对前室入口的墙面时，楼梯间应采用机械加压送风系统。

3）当防烟楼梯间在裙房高度以上部分采用自然通风时，不具备自然通风条件的裙房的独立前室、共用前室及合用前室应采用机械加压送风系统，且独立前室、共用前室及合用前室送风口的设置应按照上一条 2）的要求。

（3）建筑地下部分的防烟楼梯间前室及消防电梯前室，当无自然通风条件或自然通风不符合要求时，应采用机械加压送风系统。

（4）防烟楼梯间及其前室的机械加压送风系统的设置应符合下列规定：

1）建筑高度小于或等于 50 m 的公共建筑、工业建筑和建筑高度小于或等于 100 m 的住宅建筑，当采用独立前室且其仅有一个门与走道或房间相通时，可仅在楼梯间设置机械加压送风系统；当独立前室有多个门时，楼梯间、独立前室应分别独立设置机械加压送风系统。

2）当采用合用前室时，楼梯间、合用前室应分别独立设置机械加压送风系统。

3）当采用剪刀楼梯间时，其两个楼梯间及其前室的机械加压送风系统应分别独立设置。

（5）封闭楼梯间应采用自然通风系统，不能满足自然通风条件的封闭楼梯间应设置机械加压送风系统。当地下、半地下建筑（室）的封闭楼梯间不与地上楼梯间共用且地下仅为一层时，可不设置机械加压送风系统，但首层应设置有效面积不小于 1.2 m² 的可开启外窗或直通室外的疏散门。

（6）设置机械加压送风系统的场所，楼梯间应设置常开风口，前室应设置常闭风口；火灾时应能联动开启。

（7）避难层的防烟系统可根据建筑构造、设备布置等因素选择自然通风系统或机械加压送风系统。

（8）避难走道应在其前室及避难走道分别设置机械加压送风系统，但下列情况可仅在前室设置机械加压送风系统：

1）避难走道一端设置安全出口，且总长度小于 30 m。

2）避难走道两端设置安全出口，且总长度小于 60 m。

（9）建筑高度大于 100 m 的建筑，其机械加压送风系统应竖向分段独立设置，且每段高度不应超过 100 m。

（10）建筑高度小于或等于 50 m 的建筑，当楼梯间设置加压送风井（管）道确有困难时，楼梯间可采用直灌式加压送风系统，并应符合下列规定：

1）建筑高度大于 32 m 的高层建筑，应采用楼梯间两点部位送风的方式，送风口之间的距离不宜小于建筑高度的 1/2。

2）送风量应按计算值或按表 5-1 中的送风量增加 20% 取值。

3）加压送风口不宜设在影响人员疏散的部位。

（11）人防工程的下列部位应设置机械加压送风防烟设施：防烟楼梯间及其前室或合用前室，避难走道的前室。

（12）建筑高度大于 32 m 的高层汽车库、室内地面与室外出入口地坪的高差大于 10 m 的地下汽车库，应采用防烟楼梯间。

5.3.3　机械加压送风系统的主要设计参数

5.3.3.1　加压送风量的计算

1. 楼梯间或前室、合用前室的加压送风量

该送风量应按下列公式计算：

楼梯间：$\qquad L = L_1 + L_2 \qquad$ (5-2)

前室或合用前室：$\qquad L = L_1 + L_3 \qquad$ (5-3)

式中 L——机械加压送风系统所需的总送风量，m^3/s；

$\quad L_1$——门开启时，达到规定风速值所需的送风量，m^3/s；

$\quad L_2$——门开启时，规定风速值下其他门缝漏风总量，m^3/s；

$\quad L_3$——未开启的常闭送风阀的漏风总量，m^3/s。

根据气体流动规律，如果正压送风系统缺少必要的风量，送风口没有足够的风速，就难以形成满足阻挡烟气进入安全区域的能量。烟气一旦进入设计安全区域，将严重影响人员安全疏散。通过工程实测得知，机械加压送风系统的送风量仅按保持该区域门洞处的风速进行计算是不够的。这是因为门洞开启时，虽然加压送风开门区域中的压力会下降，但远离门洞开启楼层的加压送风区域或管井仍具有一定的压力，存在着门缝、阀门和管道的渗漏风，使实际开启门洞风速达不到设计要求。因此，在计算系统送风量时，对于楼梯间，常开风口，按照疏散层的门开启时，其门洞达到规定风速值所需的送风量和其他门缝漏风总量之和计算。对于前室，常闭风口，按照其门洞达到规定风速值所需的送风量以及未开启常闭送风阀漏风总量之和计算。一般情况下，经计算后楼梯间窗缝或合用前室电梯门缝的漏风量，对总送风量的影响很小，在工程的允许范围内可以忽略不计。如遇漏风量很大的情况，计算中可加上此部分漏风量。

2. 门开启时，达到规定风速值所需的加压送风量

该送风量应按以下公式计算：

$$L_1 = A_k v N_1 \qquad (5-4)$$

式中 A_k——每层开启门的总断面积，m^2，对于住宅楼梯前室，可按一个门的面积取值；

$\quad v$——门洞断面风速，m/s；

$\quad N_1$——设计疏散门开启的楼层数量。

当楼梯间和独立前室、共用前室、合用前室均采用机械加压送风时，通向楼梯间和独立前室、共用前室、合用前室疏散门的门洞断面风速均不应小于 0.7 m/s；当楼梯间采用机械加压送风、只有一个开启门的独立前室不送风时，通过楼梯间疏散门的门洞断面风速不应小于 1.0 m/s；当消防电梯前室采用机械加压送风时，通向消防电梯前室门的门洞断面风速不应小于 1.0 m/s；当独立前室、共用前室或合用前室采用机械加压送风，而楼梯间采用可开启外窗的自然通风系统时，通向独立前室、共用前室或合用前室疏散门的门洞断面风速均不应小于 $0.6(A_1/A_g+1)$ （m/s）。式中，A_1 为楼梯间疏散门的总面积，m^2；A_g 为前室疏散门的总面积，m^2。

对于楼梯间，采用常开风口，当地上楼梯间为 24 m 以下时，设计 2 层内的疏散门开启，取 $N_1=2$；当地上楼梯间为 24 m 及以上时，设计 3 层内的疏散门开启，取 $N_1=3$；当为地下楼梯间时，设计 1 层内的疏散门开启，取 $N_1=1$；对于前室，采用常闭风口，计算风量时取 $N_1=3$。

3. 门开启时，规定风速值下的其他门缝漏风总量

该漏风总量应按以下公式计算：

$$L_2 = 0.827 \times A \times \Delta P^{1/n} \times 1.25 \times N_2 \qquad (5-5)$$

式中 A——每个疏散门的有效漏风面积，m^2；疏散门的门缝宽度取 0.002~0.004 m；

ΔP——计算漏风量的平均压力差，Pa，当开启门洞处风速为 0.7 m/s 时，取 $\Delta P = 6.0$ Pa；当开启门洞处风速为 1.0 m/s 时，取 $\Delta P = 12.0$ Pa；当开启门洞处风速为 1.2 m/s 时，取 $\Delta P = 17.0$ Pa；

　　n——指数（一般取 $n = 2$）；

　　1.25——不严密处附加系数；

　　N_2——漏风疏散门的数量；楼梯间采用常开风口，取 N_2 = 加压楼梯间的总门数 $-N_1$ 楼层数上的总门数。

5.3.3.2　加压送风量的选取

（1）防烟楼梯间、前室的机械加压送风的风量应由式（5-2）~式（5-5）规定的计算方法确定，当系统负担建筑高度大于 24 m 时，应按计算值与表 5-1~表 5-4 所示值中的较大值确定。

（2）住宅的剪刀楼梯间可合用一个机械加压送风风道和送风机，送风口应分别设置，送风量应按两个楼梯间风量计算。

表 5-1　消防电梯前室的加压送风量

系统负担高度 h/m	加压送风量/（m³/h）
24<h≤50	35 400~36 900
50<h≤100	37 100~40 200

表 5-2　楼梯间自然通风，独立前室、合用前室加压送风的计算风量

系统负担高度 h/m	加压送风量/（m³/h）
24<h≤50	42 400~44 700
50<h≤100	45 000~48 600

表 5-3　前室不送风，封闭楼梯间、防烟楼梯间加压送风的计算风量

系统负担高度 h/m	加压送风量/（m³/h）
24<h≤50	36 100~39 200
50<h≤100	39 600~45 800

表 5-4　防烟楼梯间及独立前室、合用前室分别加压送风的计算风量

系统负担高度 h/m	送风部位	加压送风量/（m³/h）
24<h≤50	楼梯间	25 300~27 500
	独立前室、合用前室	24 800~25 800
50<h≤100	楼梯间	27 800~32 200
	独立前室、合用前室	26 000~28 100

注：①表 5-1~表 5-4 的风量按开启 1 个 2.0 m×1.6 m 的双扇门确定。当采用单扇门时，其风量可乘以 0.75 计算。

　　②表 5-1~表 5-4 中风量按开启着火层及其上下层，共开启三层的风量计算。

　　③风量的选取应按建筑高度或层数、风道材料、防火门漏风量等因素综合确定。

（3）封闭避难层（间）、避难走道的机械加压送风量应按避难层（间）、避难走道净面积每平方米不少于30 m³/h 计算。避难走道前室的送风量应按直接开向前室的疏散门的总断面积乘以 1.00 m/s 门洞断面风速计算。

（4）人民防空工程的防烟楼梯间的机械加压送风量不应小于 25 000 m³/h。当防烟楼梯间与前室或合用前室分别送风时，防烟楼梯间的送风量不应小于 16 000 m³/h，前室或合用前室的送风量不应小于 12 000 m³/h。

5.3.3.3 风压的有关规定及计算方法

机械加压送风机的全压，除计算最不利管道压头损失外，尚应有余压。机械加压送风量应满足走廊至前室至楼梯间的压力呈递增分布，余压值应符合下列要求。

（1）前室、合用前室、消防电梯前室、封闭避难层（间）与走道之间的压力差应为 25~30 Pa。

（2）防烟楼梯间、封闭楼梯间与走道之间的压力差应为 40~50 Pa。

（3）当系统余压值超过最大允许压力差时应采取泄压措施。疏散门的最大允许压力差应按以下公式计算：

$$P = 2(F' - F_{dc})(W_m - d_m)/(W_m A_m) \qquad (5-6)$$
$$F_{dc} = M/(W_m - d_m)$$

式中　P——疏散门的最大允许压力差，Pa；

　　　A_m——门的面积，m²；

　　　d_m——门的把手到门闩的距离，m；

　　　M——闭门器的开启力矩，N·m；

　　　F'——门的总推力，N，一般取 110 N；

　　　F_{dc}——门把手处克服闭门器所需的力，N；

　　　W_m——单扇门的宽度，m。

为了促使防烟楼梯间内的加压空气向走道流动，发挥对着火层烟气的阻挡作用，因此要求在加压送风时，防烟楼梯间的空气压力应大于前室的空气压力，而前室的空气压力应大于走道的空气压力。根据相关研究成果，规定了防烟楼梯间和前室、合用前室、消防电梯前室、避难层的正压值。给正压值规定一个范围，是为了符合工程设计的实际情况，更易于掌握与检测。对于楼梯间及前室等空间，由于加压送风作用力的方向与疏散门开启方向相反，如果压力过高，造成疏散门开启困难，则会影响人员安全疏散；另外，疏散门开启所克服的最大压力差应大于前室或楼梯间的设计压力值，否则不能满足防烟的需要。

5.3.3.4 送风风速

机械加压送风系统应采用管道送风，且不应采用土建风道。当采用金属管道时，管道风速不应大于 20 m/s；当采用非金属材料管道时，管道风速不应大于 15 m/s。加压送风口的风速不宜大于 7 m/s。

5.3.4 机械加压送风系统的组件与设置要求

1. 加压送风机

加压送风机可采用轴流风机或中低压离心风机，其安装位置应符合下列要求。

（1）送风机的进风口宜直通室外。

（2）送风机的进风口宜设在机械加压送风系统的下部，且应采取防止烟气侵袭的措施。

（3）送风机的进风口不应与排烟风机的出风口设在同一层面。当必须设在同一层面时，送风机的进风口与排烟风机的出风口应分开布置。竖向布置时，送风机的进风口应设置在排烟风机的出风口的下方，其两者边缘最小垂直距离不应小于 3 m；水平布置时，两者边缘最小水平距离不应小于 10 m。

（4）送风机应设置在专用机房内。该房间应采用耐火极限不低于 2.0 h 的隔墙和 1.5 h 的楼板及甲级防火门与其他部位隔开。

（5）当送风机出风管或进风管上安装单向风阀或电动风阀时，应采取火灾时阀门自动开启的措施。

2. 加压送风口

加压送风口用作机械加压送风系统的风口，具有赶烟、防烟的作用。加压送风口分常开和常闭两种形式。常闭式加压风口靠感烟（温）信号控制开启，也可手动（或远距离缆绳）开启，风口可输出动作信号，联动送风机开启。风口可设 280 ℃ 重新关闭装置。

（1）除直灌式送风方式外，楼梯间宜每隔 2~3 层设一个常开式百叶送风口；合用一个井道的剪刀楼梯的两个楼梯间应每层设一个常开式百叶送风口；分别设置井道的剪刀楼梯的两个楼梯间应每隔一层设一个常开式百叶送风口。

（2）前室、合用前室应每层设一个常闭式加压送风口，并应设手动开启装置。

（3）送风口的风速不宜大于 7 m/s。

（4）送风口不宜设置在被门挡住的部位。

需要注意的是，采用机械加压送风的场所不应设置百叶窗，不宜设置可开启外窗。

3. 加压送风管道

（1）送风井（管）道应采用不燃烧材料制作，且宜优先采用光滑井（管）道，不宜采用土建井道。

（2）送风管道应独立设置在管道井内。当必须与排烟管道布置在同一管道井内时，排烟管道的耐火极限不应小于 2.0 h。

（3）管道井应采用耐火极限不小于 1.0 h 的隔墙与相邻部位分隔，当墙上必须设置检修门时应采用乙级防火门。

（4）未设置在管道井内的加压送风管道，其耐火极限不应小于 1.5 h。

（5）为便于工程设计，加压送风管道断面积可以根据加压风量和控制风速由表 5-5 确定。

表 5-5　加压送风管道断面积和控制风速

加压风量/(m³/h)		控制风速/(m/s)								
		12	13	14	15	16	17	18	19	20
加压送风管道断面积/m²	0.2	8 640	9 360	10 080	10 800	11 520	12 240	12 960	13 680	14 400
	0.3	12 960	14 040	15 120	16 200	17 280	18 360	19 440	20 520	21 600
	0.4	17 280	18 720	20 160	21 600	23 040	24 480	25 920	27 360	28 800
	0.5	21 600	23 400	25 200	27 000	28 800	30 600	32 400	34 200	36 000

（续）

加压风量/（m³/h）		控制风速/（m/s）								
		12	13	14	15	16	17	18	19	20
加压送风管道断面积/m²	0.6	25 920	28 080	30 240	32 400	34 560	36 720	38 880	41 040	43 200
	0.7	30 240	32 760	35 280	37 800	40 320	42 840	45 360	47 880	50 400
	0.8	34 560	37 440	40 320	43 200	46 080	48 960	51 840	54 720	57 600
	0.9	38 880	42 120	45 360	48 600	51 840	55 080	58 320	61 560	64 800
	1.0	43 200	46 800	50 400	54 000	57 600	61 200	64 800	68 400	72 000
	1.1	47 520	51 480	55 440	59 400	63 360	63 720	71 280	75 240	—
	1.2	51 840	56 160	60 480	64 800	69 120	73 440	—	—	—
	1.3	56 160	60 840	65 520	70 200	74 800	—	—	—	—
	1.4	60 480	65 520	70 560	—	—	—	—	—	—
	1.5	64 800	70 200	—	—	—	—	—	—	—
	1.6	69 120	74 880	—	—	—	—	—	—	—

4. 余压阀

余压阀是控制压力差的阀门。为了保证防烟楼梯间及其前室、消防电梯间前室和合用前室的正压值，防止正压值过大而导致疏散门难以推开，应在防烟楼梯间与前室、前室与走道之间设置余压阀，控制余压阀两侧正压间的压力差不超过 50 Pa。

5.4　机械排烟系统

在不具备自然排烟条件时，机械排烟系统能将火灾中建筑房间、走道内的烟气和热量排出建筑，为人员安全疏散和灭火救援行动创造有利条件。

5.4.1　机械排烟系统的工作原理

当建筑物内发生火灾时，采用机械排烟系统，将房间、走道等空间的烟气排至建筑物外。采用机械排烟系统时，通常由火场人员手动控制或由感烟探测器将火灾信号传递给防烟排烟控制器，开启活动的挡烟垂壁将烟气控制在发生火灾的防烟分区内，并打开排烟口以及和排烟口联动的排烟防火阀，同时关闭空调系统和送风管道内的防火调节阀防止烟气从空调、通风系统蔓延到其他非着火房间，最后由设置在屋顶的排烟机将烟气通过排烟管道排至室外，如图 5-6 所示。

目前，常见的有机械排烟与自然补风组合、机械排烟与机械补风组合、机械排烟与排风合用、机械排烟与通风空调系统合用等形式，如图 5-7 和图 5-8 所示。一般要求有以下几点：

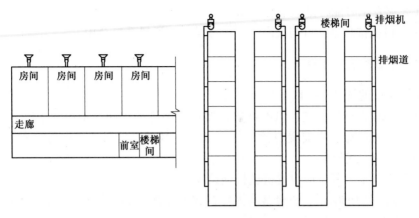

（a）局部机械排烟方式　　　　　（b）集中机械排烟方式

图 5-6　机械排烟方式

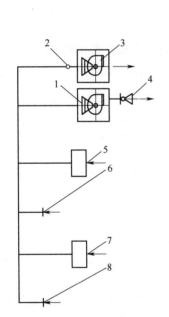

图 5-7　机械排烟和排风合用系统示意图
1—排风机；2—280℃排烟防火阀及止回阀；
3—排烟风机；4—止回阀或电动风阀；
5，7—排烟口；6，8—排风口

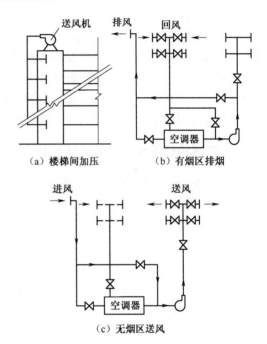

（a）楼梯间加压　　　（b）有烟区排烟

（c）无烟区送风

图 5-8　利用通风空气调节系统的机械送风与机
械排烟组合式排烟系统

（1）排烟系统与通风、空气调节系统宜分开设置。当合用时，应符合下列条件：系统的风口、风道、风机等应满足排烟系统的要求；当火灾被确认后，应能开启排烟区域的排烟口和排烟风机，并在 30 s 内自动关闭与排烟无关的通风、空气调节系统。

（2）走道的机械排烟系统宜竖向设置，房间的机械排烟系统宜按防烟分区设置。

（3）排烟风机的全压应按排烟系统最不利环路管道进行计算，其排烟量应增加漏风系数。

（4）人防工程机械排烟系统宜单独设置或与工程排风系统合并设置，当合并设置时，必须采取在火灾发生时能将排风系统自动转换为排烟系统的措施。

（5）车库机械排烟系统可与人防、卫生等排气、通风系统合用。

5.4.2　机械排烟系统的选择

机械排烟系统的选择包括以下几个方面。

（1）建筑内应设排烟设施，但不具备自然排烟条件的房间、走道及中庭等，均应采用机械排烟方式。高层建筑主要受自然条件（如室外风速、风压、风向等）的影响会较大，一般采用机械排烟方式较多。

（2）人防工程下列部位应设置机械排烟设施。

1）建筑面积大于 50 m^2，且经常有人停留或可燃物较多的房间、大厅。

2）丙、丁类生产车间。

3）总长度大于 20 m 的疏散走道。

4）电影放映间、舞台等。

（3）除敞开式汽车库、建筑面积小于 1000 m^2 的地下一层汽车库和修车库外，汽车库、修车库应设置排烟系统（可选机械排烟系统）。

需要注意的是，在同一个防烟分区内不应同时采用自然排烟方式和机械排烟方式，因为两种方式相互之间对气流造成干扰，影响排烟效果。尤其是在排烟时，自然排烟口还可能会在机械排烟系统动作后变成进风口，使其失去排烟作用。

5.4.3　机械排烟系统的主要设计参数

5.4.3.1　最小清晰高度的计算

走道、室内空间净高不大于 3 m 的区域，走道的最小清晰高度不应小于其净高的 1/2，其他区域最小清晰高度应按以下公式计算：

$$H_q = 1.6 + 0.1H \tag{5-7}$$

式中　H_q——最小清晰高度，m；

　　　H——对于单层空间，取排烟空间的建筑净高度，m；对于多层空间，取最高疏散楼层的层高，m。

火灾时的最小清晰高度是为了保证室内人员安全疏散和方便消防人员的扑救而提出的最低要求，也是排烟系统设计时必须达到的最低要求。对于单个楼层空间的清晰高度，可以参照式（5-7）。对于多个楼层组成的高大空间，最小清晰高度同样也是针对某一个单层空间提出的，往往也是连通空间中同一防烟分区中最上层计算得到的最小清晰高度。

空间净高度按以下方法确定。

（1）对于平顶和锯齿形的顶棚，空间净高度为从顶棚下沿到地面的距离。

（2）对于斜坡式的顶棚，空间净高度为从排烟开口中心到地面的距离。

（3）对于有吊顶的场所，其净高度应从吊顶处算起；设置格栅吊顶的场所，其净高度应从上层楼板下边缘算起。

5.4.3.2　排烟量的计算

（1）火灾热释放量应按以下公式计算或查表 5-6 选取。

$$Q = \alpha t^2 \tag{5-8}$$

式中　Q——火灾热释放量，kW；

　　　t——火灾增长时间，s；

　　　α——火灾增长系数，kW/s²，按表5-7取值。

表5-6　火灾热释放量

建筑类别	喷淋设置情况	火灾热释放量 Q/MW
办公室、教室、客房、走道	无喷淋	6.0
	有喷淋	1.5
商场、展览厅	无喷淋	10.0
	有喷淋	3.0
其他公共场所	无喷淋	8.0
	有喷淋	2.5
汽车库	无喷淋	3.0
	有喷淋	1.5
厂房	无喷淋	8.0
	有喷淋	2.5
仓库	无喷淋	20.0
	有喷淋	4.0

表5-7　火灾增长系数

火灾类别	典型的可燃材料	火灾增长系数 $\alpha/(\text{kW/s}^2)$
慢速火	硬木家具	0.002 78
中速火	棉质、聚酯垫子	0.011
快速火	装满的邮件袋、木制货架托盘、泡沫塑料	0.044
超快速火	池火、快速燃烧的装饰家具、轻质窗帘	0.178

排烟系统的设计取决于火灾中的热释放量，因此首先应明确设计的火灾规模。火灾规模取决于燃烧材料性质、时间等因素和自动灭火设置情况，为确保安全，一般按可能达到的最大火势确定火灾热释放量。各类场所的火灾热释放量可按式（5-8）的规定计算或按表5-6设定的值确定。设置自动喷水灭火系统（简称喷淋）的场所，其室内净高大于12m时，应按无喷淋场所对待。

（2）烟气平均温度与环境温度的差应按以下公式计算或查表5-8。

$$\Delta T = KQ_c/(M_\rho C_\rho) \tag{5-9}$$

式中　ΔT——烟层温度与环境温度的差，K；

　　　Q_c——热释放量的对流部分，kW，一般取值为 $Q_c = 0.7Q$；

　　　C_ρ——空气的比定压热容，一般取 $C_\rho = 1.0\ \text{kJ/(kg·K)}$；

　　　K——烟气中的对流热量因子。当采用机械排烟时，取 $K = 1.0$；当采用自然排烟时，取 $K = 0.5$。

（3）排烟风机的风量选型除根据设计计算确定外，还应考虑系统的泄漏量。排烟量应按以下公式计算或查表5-8选取。

$$V = M_\rho T/(\rho_0 T_0) \tag{5-10}$$

$$T = T_0 + \Delta T \tag{5-11}$$

式中　V——排烟量，$\mathrm{m^3/s}$；

ρ_0——环境温度下的气体密度，$\mathrm{kg/m^3}$，通常 $T_0 = 293.15\ \mathrm{K}$，$\rho_0 = 1.2\ \mathrm{kg/m^3}$；

T_0——环境的绝对温度，K；

T——烟层的平均绝对温度，K。

表5-8　不同火灾规模下的机械排烟量

$Q = 1\ \mathrm{MW}$			$Q = 1.5\ \mathrm{MW}$			$Q = 2.5\ \mathrm{MW}$		
$M_\rho/(\mathrm{kg/s})$	$\Delta T/\mathrm{K}$	$V/(\mathrm{m^3/s})$	$M_\rho/(\mathrm{kg/s})$	$\Delta T/\mathrm{K}$	$V/(\mathrm{m^3/s})$	$M_\rho/(\mathrm{kg/s})$	$\Delta T/\mathrm{K}$	$V/(\mathrm{m^3/s})$
4	175	5.32	4	263	6.32	6	292	9.98
6	117	6.98	6	175	7.99	10	175	13.31
8	88	8.66	10	105	11.32	15	117	17.49
10	70	10.31	15	70	15.48	20	88	21.68
12	58	11.96	20	53	19.68	25	70	25.80
15	47	14.51	25	42	24.53	30	58	29.94
20	35	18.64	30	35	27.96	35	50	34.16
25	28	22.80	35	30	32.16	40	44	38.32
30	23	26.90	40	26	36.28	50	35	46.60
35	20	31.15	50	21	44.65	60	29	54.96
40	18	35.32	60	18	53.10	75	23	67.43
50	14	43.60	75	14	65.48	100	18	88.50
60	12	52.00	100	10.5	86.00	120	15	105.10

$Q = 3\ \mathrm{MW}$			$Q = 4\ \mathrm{MW}$			$Q = 5\ \mathrm{MW}$		
$M_\rho/(\mathrm{kg/s})$	$\Delta T/\mathrm{K}$	$V/(\mathrm{m^3/s})$	$M_\rho/(\mathrm{kg/s})$	$\Delta T/\mathrm{K}$	$V/(\mathrm{m^3/s})$	$M_\rho/(\mathrm{kg/s})$	$\Delta T/\mathrm{K}$	$V/(\mathrm{m^3/s})$
8	263	12.64	8	350	14.64	9	525	21.50
10	210	14.30	10	280	16.30	12	417	24.00
15	140	18.45	15	187	20.48	15	333	26.00
20	105	22.64	20	140	24.64	18	278	29.00
25	84	26.80	25	112	28.80	24	208	34.00
30	70	30.96	30	93	32.94	30	167	39.00
35	60	35.14	35	80	37.14	36	139	43.00
40	53	39.32	40	70	41.28	50	100	55.00
50	42	49.05	50	56	49.65	65	77	67.00

（续）

$M_\rho/(kg/s)$	$\Delta T/K$	$V/(m^3/s)$	$M_\rho/(kg/s)$	$\Delta T/K$	$V/(m^3/s)$	$M_\rho/(kg/s)$	$\Delta T/K$	$V/(m^3/s)$
Q - 3 MW			Q = 4 MW			Q = 5 MW		
60	35	55.92	60	47	58.02	80	63	79.0
75	28	68.48	75	37	70.35	95	53	91.50
100	21	89.30	100	28	91.30	110	45	103.50
120	18	106.20	120	23	107.88	130	38	120.00
140	15	122.60	140	20	124.60	150	33	136.00

$M_\rho/(kg/s)$	$\Delta T/K$	$V/(m^3/s)$	$M_\rho/(kg/s)$	$\Delta T/K$	$V/(m^3/s)$	$M_\rho/(kg/s)$	$\Delta T/K$	$V/(m^3/s)$
Q = 6 MW			Q = 8 MW			Q = 20 MW		
10	420	20.28	15	373	28.41	20	700	56.48
15	280	24.45	20	280	32.59	30	467	64.85
20	210	28.62	25	224	36.76	40	350	73.15
25	168	32.18	30	187	40.96	50	280	81.48
30	140	38.96	35	160	45.09	60	233	89.76
35	120	41.13	40	140	49.26	75	187	102.40
40	105	45.28	50	112	57.79	100	140	123.20
50	84	53.60	60	93	65.87	120	117	139.90
60	70	61.92	75	74	78.28	140	100	156.50
75	56	74.48	100	56	90.73	—	—	—
100	42	98.10	120	46	115.70	—	—	—
120	35	111.80	140	40	132.60	—	—	—
140	30	126.70	—	—	—			

5.4.3.3　排烟量的选取

（1）当排烟风机担负多个防烟分区时，其风量应按最大一个防烟分区的排烟量、风管（风道）的漏风量及其他未开启排烟阀（口）的漏风量之和计算。

（2）一个防烟分区的排烟量应根据场所内的热释放量并按本小节相关规定的计算确定，但下列场所可按以下规定确定。

1）当建筑面积小于等于 500 m^2 时的房间，其排烟量应不小于 60 $m^3/(h \cdot m^2)$，或设置不小于室内面积 2% 的排烟窗。

2）当建筑面积大于 500 m^2 小于等于 2000 m^2 时的办公室，其排烟量可按 8 次/h 换气计算且不应小于 30 000 m^3/h，或设置不小于室内面积 2% 的排烟窗。

3）当建筑面积大于 500 m^2 小于等于 1000 m^2 时的商场和其他公共建筑，其排烟量应按 12 次/h 换气计算且不应小于 30 000 m^3/h，或设置不小于室内面积 2% 的排烟窗；当建筑面积大于 1000 m^2，不应小于表 5-9 中的数值。

4）当公共建筑仅需在走道或回廊设置排烟时，机械排烟量不应小于 13 000 m^3/h，或在走道两端（侧）均设置面积不小于 2 m^2 的排烟窗，且两侧排烟窗的距离不应小于走道长度的 2/3。

表 5-9　商场和其他公共场所的排烟量

清晰高度/m	商场/(m³/h)		其他公共场所/(m³/h)	
	无喷淋	有喷淋	无喷淋	有喷淋
2.5 及以下	140 000	50 000	115 000	43 000
3.0	147 000	55 000	121 000	48 000
3.5	155 000	60 000	129 000	53 000
4.0	164 000	66 000	137 000	59 000
4.5	174 000	73 000	147 000	65 000

　　5）当公共建筑室内与走道或回廊均需设置排烟时，其走道或回廊的机械排烟量可按 $60\,m^3/(h \cdot m^2)$ 计算且不小于 $13\,000\ m^3/h$，或设置不小于走道、回廊面积 2% 的自然排烟窗（口）。

　　6）汽车库的排烟量不应小于 $30\,000\ m^3/h$ 且不应小于表 5-10 中的数值，或设置不小于室内面积 2% 的排烟窗。

表 5-10　汽车库的排烟量

车库的净高/m	车库的排烟量/(m³/h)	车库的净高/m	车库的排烟量/(m³/h)
3.0 及以下	30 000	7.0	36 000
4.0	31 500	8.0	37 500
5.0	33 000	9.0	39 000
6.0	34 500	9.0 以上	40 500

　　7）对于人防工程，担负一个或两个防烟分区排烟时，应按该部分总面积每平方米不小于 $60\ m^3/h$ 计算，但排烟风机的最小排烟风量不应小于 $7200\ m^3/h$；担负三个或三个以上防烟分区排烟时，应按其中最大防烟分区面积每平方米不小于 $120\ m^3/h$ 计算。

　　（3）当公共建筑中庭周围场所设有机械排烟时，中庭的排烟量可按周围场所中最大排烟量的 2 倍数值计算，且不应小于 $107\,000\ m^3/h$（或 $25\ m^2$ 的有效开窗面积）；当公共建筑中庭周围仅需在回廊设置排烟或周围场所均设置自然排烟时，中庭的排烟量应对应表 5-6 中的热释放量按本小节相关规定的计算确定。

　　（4）除第（2）条、第（3）条规定的场所外，其他场所的排烟量或排烟窗面积应按照烟羽流类型，根据火灾功率、清晰高度、烟羽流的质量流量及温度等参数计算确定。

　　（5）当烟羽流的质量流量大于 150 kg/s，或储烟仓的烟层温度与周围空气温差小于 15 ℃时，应重新调整排烟措施。

5.4.3.4　排烟风速

　　当采用金属材料风道时，管道风速不应大于 20 m/s；当采用非金属材料风道时，管道风速不应大于 15 m/s；当采用土建风道时，管道风速不应大于 10 m/s。排烟口的风速不宜大于 10 m/s。

5.4.4　机械排烟系统的组件与设置要求

5.4.4.1　排烟风机

　　（1）排烟风机可采用离心式或轴流排烟风机（满足 280 ℃时连续工作 30 min 的要求），

排烟风机入口处应设置 280 ℃能自动关闭的排烟防火阀，该阀应与排烟风机连锁，当该阀关闭时，排烟风机应能停止运转。

（2）排烟风机宜设置在排烟系统的顶部，烟气出口宜朝上，并应高于加压送风机和补风机的进风口，两者垂直距离或水平距离应符合：竖向布置时，送风的进风口应设置在排烟机出风口的下方，其两者边缘最小垂直距离不应小于 3 m；水平布置时，两者边缘最小水平距离不应小于 10 m。

（3）排烟风机应设置在专用机房内，该房间应采用耐火极限不低于 2.0 h 的隔墙和1.5 h的楼板及甲级防火门与其他部位隔开。风机两侧应有 600 mm 以上的空间。当必须与其他风机合用机房时，应符合下列条件。

1）机房内应设有自动喷水灭火系统。

2）机房内不得设有用于机械加压送风的风机与管道。

（4）排烟风机与排烟管道上不宜设有软接管。当排烟风机及系统中设置有软接头时，该软接头应能在 280 ℃的环境条件下连续工作不少于 30 min。

5.4.4.2 排烟防火阀

排烟系统竖向穿越防火分区时垂直风管应设置在管井内，且与垂直风管连接的水平风管应设置 280 ℃排烟防火阀。排烟防火阀安装在排烟系统管道上，平时呈关闭状态，火灾时由电信号或手动开启，同时排烟风机启动开始排烟；当管内烟气温度达到 280 ℃时自动关闭，同时排烟风机停机。

5.4.4.3 排烟口

（1）排烟口的设置应符合下列要求。

1）排烟口应设在防烟分区所形成的储烟仓内，用隔墙或挡烟垂壁划分防烟分区时，每个防烟分区应分别设置排烟口，排烟口应尽量设置在防烟分区的中心部位，排烟口至该防烟分区最远点的水平距离不应超过 30 m。

2）走道内排烟口应设置在其净空高度的 1/2 以上，当设置在侧墙时，其最近的边缘与吊顶的距离不应大于 0.5 m。

（2）火灾时由火灾自动报警系统联动开启排烟区域的排烟口，应在现场设置手动开启装置。

（3）排烟口的设置宜使烟流方向与人员疏散方向相反，排烟口与附近安全出口相邻边缘之间的水平距离不应小于 1.5 m。

（4）每个排烟口的排烟量不应大于最大允许排烟量。

（5）当排烟口设在吊顶内，通过吊顶上部空间进行排烟时，应符合下列规定。

1）封闭式吊顶的吊平顶上设置的烟气流入口的颈部烟气速度不宜大于 1.5 m/s，且吊顶应采用不燃烧材料。

2）非封闭式吊顶的吊顶开孔率不应小于吊顶净面积的 25%，且应均匀布置。

（6）单独设置的排烟口，平时应处于关闭状态，其控制方式可采用自动或手动开启方式；手动开启装置的位置应便于操作；排风口和排烟口合并设置时，应在排风口或排风口所在支管设置自动阀门，该阀门必须具有防火功能，并应与火灾自动报警系统联动；火灾时，着火防烟分区内的阀门仍应处于开启状态，其他防烟分区内的阀门应全部关闭。

（7）排烟口的尺寸可根据烟气通过排烟口有效截面时的速度不大于10 m/s进行计算。

排烟速度越快，排出气体中空气所占比率越大，因此排烟口的最小截面面积一般不应小于 0.04 m²。

（8）同一分区内设置数个排烟口时，要求做到所有排烟口能同时开启，排烟量应等于各排烟口排烟量的总和。

5.4.4.4 排烟管道

（1）机械排烟系统应采用管道排烟，且不应采用土建风道。排烟管道必须采用不燃材料制作。当采用金属材料管道时，管道风速不应大于 20 m/s；当采用非金属材料管道时，管道风速不应大于 15 m/s。

（2）当吊顶内有可燃物时，吊顶内的排烟管道应采用不燃烧材料进行隔热，并应与可燃物保持不小于 150 mm 的距离。

（3）排烟管道井应采用耐火极限不小于 1.0 h 的隔墙与相邻区域分隔；当墙上必须设置检修门时，应采用乙级防火门；排烟管道的耐火极限不应低于 0.5 h，当水平穿越两个及两个以上防火分区或排烟管道在走道的吊顶内时，其管道的耐火极限不应小于 1.5 h；排烟管道不应穿越前室或楼梯间，当确有困难必须穿越时，其耐火极限不应小于 2.0 h，且不得影响人员疏散。

（4）当排烟管道竖向穿越防火分区时，垂直管道应设在管井内，且排烟井道必须有 1.0 h 的耐火极限。当排烟管道水平穿越两个及两个以上防火分区时，或者布置在走道的吊顶内时，为了防止火焰烧坏排烟风管而蔓延到其他防火分区，要求排烟管道应采用耐火极限 1.5 h 的防火管道，其主要原因是耐火极限 1.5 h 防火管道与 280 ℃ 排烟防火阀的耐火极限相当，可以看成是防火阀的延伸，另外可以精简防火阀的设置，减少误动作，提高排烟的可靠性。

当确有困难需要穿越特殊场合（如通过消防前室、楼梯间、疏散通道等处）时，排烟管道的耐火极限不应低于 2.0 h，主要考虑在极其特殊的情况下穿越上述区域时，应采用 2.0 h 耐火极限的加强措施，确保人员安全疏散。排烟管道的耐火极限应符合国家相应试验标准的要求。

5.4.4.5 挡烟垂壁

挡烟垂壁是为了阻止烟气沿水平方向流动而垂直向下吊装在顶棚上的挡烟构件，其有效高度不小于 500 mm。挡烟垂壁可采用固定式或活动式，当建筑物净空较高时可采用固定式，将挡烟垂壁长期固定在顶棚上；当建筑物净空较低时，宜采用活动式。挡烟垂壁应用不燃烧材料制作，如钢板、防火玻璃、无机纤维织物、不燃无机复合板等。活动式的挡烟垂壁应由感烟探测器控制，或与排烟口联动，或受消防控制中心控制，但同时应能就地手动控制。活动式挡烟垂壁落下时，其下端距地面的高度应大于 1.8 m。

5.4.5 机械排烟系统的补风

5.4.5.1 补风原理

根据空气流动的原理，在排出某一区域空气的同时，也需要有另一部分的空气与之补充。排烟系统排烟时，补风的主要目的是形成理想的气流组织，迅速排出烟气，有利于人员的安全疏散和消防救援。

5.4.5.2 补风系统的选择

对于建筑地上部分的机械排烟的走道、小于 500 m² 的房间，由于这些场所的面积较小，排烟量也较小，可以利用建筑的各种缝隙，满足排烟系统所需的补风。为了简化系统管理和减少工程投入，可以不专门为这些场所设置补风系统。除这些场所以外的排烟系统均应设置补风系统。

5.4.5.3 补风方式

补风系统应直接从室外引入空气，可采用疏散外门、手动或自动可开启外窗等自然进风方式以及机械送风方式。

1. 自然补风

在同一个防火分区内补风系统可以采用疏散外门、手动或自动可开启外窗进行排烟补风，并保证补风气流不受阻隔，但是不应将防火门、防火窗作为补风途径。

2. 机械补风

（1）机械排烟与机械补风组合方式。利用排烟机通过排烟口将着火房间的烟气排到室外，同时对走廊、楼梯间前室和楼梯间等利用送风机进行机械送风，使疏散通道的空气压力高于着火房间的压力，从而防止烟气从着火房间渗漏到走廊，确保疏散通道的安全。这种方式也称全面通风排烟方式。该方式防烟、排烟效果好，不受室外气象条件影响，但系统较复杂、设备投资较高、耗电量较大。要维持着火房间的负压差，需要设置良好的调节装置，控制进风和排烟的平衡。

（2）自然排烟与机械补风组合方式。这种方式采用机械送风系统向走廊、前室和楼梯间送风，使这些区域的空气压力高于着火房间的空气压力，防止烟气窜入疏散通道；着火房间的烟气通过外窗或专用排烟口以自然排烟的方式排至室外。这种方式需要控制加压区域的空气压力，避免与着火房间压力相差过大，导致渗入着火房间的新鲜空气过多，助长火灾的发展。

5.4.5.4 补风的主要设计参数

1. 补风量

（1）补风系统应直接从室外引入空气，补风量不应小于排烟量的 50%。

（2）汽车库内无直接通向室外的汽车疏散出口的防火分区，当设置机械排烟系统时，应同时设置进风系统，且补风量不宜小于排烟量的 50%。

（3）在人防工程中，当补风通路的空气阻力不大于 50 Pa 时，可自然补风；当补风通路的空气阻力大于 50 Pa 时，应设置火灾时可转换成补风的机械送风系统或单独的机械补风系统，补风量不应小于排烟量的 50%。

2. 补风风速

机械补风口的风速不宜大于 10 m/s，人员密集场所补风口的风速不宜大于 5 m/s；自然补风口的风速不宜大于 3 m/s。

5.4.5.5 补风系统组件与设置

1. 补风口

补风口与排烟口设置在同一空间内相邻的防烟分区时，补风口位置不限；当补风口与排烟口设置在同一防烟分区时，补风口应设在储烟仓下沿以下；补风口与排烟口水平距离不应少于 5 m。机械送风口或自然补风口设于储烟仓以下，才能形成理想的气流组织。补风口如果设置位置不当，则会造成对流动烟气的搅动，严重影响烟气导出的有效组织，或由于补风受阻，使排烟气流无法稳定导出，所以必须对补风口的设置有严格要求。

2. 补风机

补风机的设置与机械加压送风机的要求相同。排烟区域所需的补风系统应与排烟系统联动开闭。

5.5 防烟排烟系统的联动控制

5.5.1 防烟系统的联动控制

对采用总线控制的系统，当某一防火分区发生火灾时，该防火分区内的感烟、感温探测器探测的火灾信号发送至消防控制主机，主机发出开启与探测器对应的该防火分区内前室及合用前室的常闭式加压送风口的信号，至相应送风口的火警联动模块，由它开启送风口，消防控制中心收到送风口动作信号，就发出指令给装在加压送风机附近的火警联动模块，启动前室及合用前室的加压送风机，同时启动该防火分区内所有楼梯间加压送风机。当防火分区跨越楼层时，应开启该防火分区内全部楼层的前室及合用前室的常闭式加压送风口及其加压送风机。当火灾确认后，火灾自动报警系统应能在 15 s 内联动开启常闭加压送风口和加压送风机。除火警信号联动外，还可以通过联动模块在消防控制中心直接点动控制，或在消防控制室通过多线控制盘直接手动启动加压送风机，也可手动开启常闭式加压送风口，由送风口开启信号联动加压送风机。另外，设置就地启停控制按钮，以供调试及维修用。系统中任一常闭加压送风口开启时，相应加压风机应能联动启动。火警撤销由消防控制中心通过火警联动模块停加压送风机，送风口通常由手动复位。消防控制设备应显示防烟系统的送风机、阀门等设施启闭状态。

5.5.2 排烟系统的联动控制

机械排烟系统中的常闭排烟口应设置火灾自动报警系统联动开启功能和就地开启的手动装置，并与排烟风机联动。火警时，与排烟口相对应的火灾探测器探得火灾信号发送至消防控制主机，主机发出开启排烟口信号至相应排烟阀的火警联动模块，由它开启排烟口，排烟口的电源是直流 24 V。消防控制主机收到排烟口动作信号，就发出指令给装在排烟风机、补风机附近的火警联动模块，启动排烟风机、补风机。除火警信号联动外，还可以通过联动模块在消防控制中心直接点动控制，或在消防控制室通过多线控制盘直接手动启动，也可现场手动启动排烟风机、补风机。另外，设置就地启停控制按钮，以供调试及维修用。当火灾确认后，火灾自动报警系统应在 15 s 内联动开启同一排烟区域的全部排烟口、排烟风机和补风设施，并应在 30 s 内自动关闭与排烟无关的通风、空调系统。担负两个及以上防烟分区的排烟系统，应仅打开着火防烟分区的排烟口，其他防烟分区的排烟口应呈关闭状态。系统中任一排烟口开启时，相应排烟风机、补风机应能联动启动。火警撤销由消防控制中心通过火警联动模块停排烟风机、补风机，关闭排烟口。

排烟系统吸入高温烟雾，当烟温达到 280 ℃ 时，应停排烟风机，所以在风机进口处设置排烟防火阀，或当一个排烟系统负担多个防烟分区时，排烟支管应设 280 ℃ 自动关闭的排烟防火阀。当烟温达到 280 ℃ 时，排烟防火阀自动关闭，可通过触点开关（串入风机启停回路）直接停排烟风机，但收不到排烟防火阀关闭的信号。也可在排烟防火阀附近设置火警联动模块，将排烟防火阀关闭的信号送到消防控制中心，消防控制中心收到此信号后，再送出指令至排烟风机火警联动模块停风机，这样消防控制中心不但能收到停排烟风机信号，而且也能收到排烟防火阀的动作信号。消防控制设备应显示排烟系统的排烟风机、补风机、阀门等设施启闭状态。

习题与思考

5-1　自然通风的设置要求有哪些？

5-2　简述机械加压送风系统的工作原理。

5-3　机械加压送风系统对余压有什么要求？

5-4　简述机械排烟系统的工作原理。

5-5　简述机械补风的工作原理。

本章相关国标

第6章

火灾监控系统

6.1 消防控制室

消防控制室是设有火灾自动报警设备和消防设施控制设备，用于接收、显示、处理火灾报警信号，控制相关消防设施的专门处所，是利用固定消防设施扑救火灾的信息指挥中心，是建筑内消防设施控制中心的枢纽。

6.1.1 消防控制室的作用

消防控制室是火灾自动报警系统信息显示中心和控制枢纽，是建筑消防设施日常管理专用场所，也是火灾时灭火指挥信息和控制中心。在平时，它全天候地监控建筑消防设施的工作状态，通过及时维护保养保证建筑消防设施正常运行。一旦出现火情，它将成为紧急信息汇集、显示、处理的中心，及时、准确地反馈火情的发展过程，正确、迅速地控制各种相关设备，达到疏导和保护人员、控制和扑灭火灾的目的。

消防控制室主要完成以下功能。

（1）显示火灾自动报警系统所监控消防设备的火灾报警、故障、联动反馈等工作状态信息。

（2）手动、自动控制各类灭火系统、防烟排烟系统、人员疏散及防火分隔等相关的设施设备。

（3）可以采用建筑消防设施平面图等图形显示各种报警信息和传输报警信息。

（4）可向火灾现场指定区域广播应急疏散信息和行动指挥信息。

（5）可与消防泵房、主变配电室、通风排烟机房、电梯机房、区域报警控制器（或楼层显示器）及固定灭火系统操作装置处固定电话分机通话。进行火灾确认和灭火救援指挥。

（6）可向119消防部门报警。

具体功能和要求参见《消防控制室通用技术要求》（GB 25506—2010）。

6.1.2 消防控制室的设置

1. 设置要求

（1）消防控制室根据建筑物的实际情况，可独立设置，也可以与消防值班室、保安监控室、综合控制室等合用，并保证专人24 h值班。

（2）仅有火灾探测报警系统且无消防联动控制功能时，可设消防值班室，消防值班室可与经常有人值班的部门合并设置。

（3）设置火灾自动报警系统和需要联动控制消防设备的建筑（群）应设置消防控制室。

（4）具有两个及以上消防控制室的大型建筑群，应设置消防控制中心。

2. 设计要求

（1）单独建造的消防控制室，其耐火等级不应低于二级。

（2）附设在建筑物内的消防控制室，宜设置在建筑物内首层的靠外墙部位，也可设置在建筑物的地下一层，但应采用耐火极限不低于 2.0 h 的隔墙和 1.5 h 的楼板与其他部位隔开，并应设直通室外的安全出口。

（3）消防控制室的门应向疏散方向开启，且入口处应设置明显的标志。

（4）消防控制室的送、回风管在其穿墙处应设防火阀。

（5）消防控制室内严禁与其无关的电气线路及管路穿过。

（6）消防控制室周围不应布置电磁场干扰较强及其他影响消防控制设备工作的设备用房。

6.1.3　消防控制室的设备构成与布置

1. 设备构成

由于消防控制室设备主要用于监控建筑消防设施的工作状态，所以消防控制室设备的配置主要与所保护的建筑的防火级别、规模大小、复杂程度相关。

（1）对于仅有火灾探测报警且无消防联动控制功能的火灾自动报警系统，消防值班室或消防控制室设备只是一台火灾报警控制器。

（2）对于具有火灾报警功能和联动控制功能的火灾自动报警系统，消防控制室设备至少由一台火灾报警控制器（联动型）或火灾报警控制器和消防联动控制器组合构成。

（3）对于建筑规模较大、报警点数多、疏散困难的具有火灾报警和联动控制功能的火灾自动报警系统，消防控制室设备应由火灾报警控制器、消防联动控制器、消防控制室图形显示装置、消防专用电话总机、消防应急广播控制装置、消防应急照明和疏散指示系统控制装置、消防电源监控器等设备或具有相应功能的组合设备构成。

消防控制室还应设有可直接报警的外线电话。消防控制室的设备示意图如图 6-1 所示。

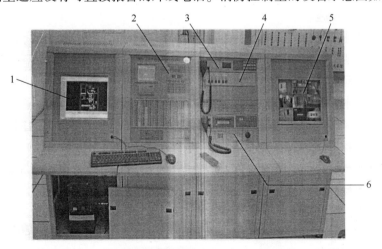

图 6-1　消防控制室的设备示意图

1—消防控制室图形显示装置；2—火灾自动报警及消防联动控制系统；3—消防电话主机；

4—多线制控制排；5—视频监控系统；6—消防广播系统

2. 设备布置

消防控制室的消防控制设备，值班、维修人员都要占有一定的空间。为便于设计和使用，又不致造成浪费，《火灾自动报警系统设计规范》（GB 50116—2013）对消防控制室内控制设备的布置做了明确规定。

（1）设备面盘前的操作距离，单列布置时不应小于 1.5 m，双列布置时不应小于 2.0 m。

（2）在值班人员经常工作的一面，设备面盘至墙的距离不应小于 3.0 m。

（3）设备面盘后的维修距离不宜小于 1.0 m。

（4）设备面盘的排列长度大于 4.0 m 时，其两端应设置宽度不小于 1.0 m 的通道。

（5）集中火灾报警控制器或火灾报警控制器安装在墙上时，其底边距地面高度宜为 1.3~1.5 m，其靠近轴的侧面距墙不应小于 0.5 m，正面操作距离不应小于 1.2 m。

（6）与建筑其他弱电系统合用的消防控制室内，消防设备应集中设置，并应与其他设备间有明显间隔。

6.2 火灾探测器

火灾探测器是火灾自动报警系统中的"感觉器官"，其作用是监视环境中有无火灾的发生。一旦发现火情，就将相关的特征量，如温度、烟雾浓度、气体浓度和辐射光的强度转换成相应的电信号，并立即动作，向火灾报警控制器发出报警信号，实现火灾的早期报警。火灾探测器是火灾自动报警系统中，对现场进行探查、发现火灾的设备。

扫一扫，看视频

6.2.1 火灾探测器与火灾报警按钮

火灾自动报警系统是火灾探测报警与消防联动控制系统的简称，是以实现火灾早期探测和报警、向各类消防设备发出控制信号并接收设备反馈信号，进而实现预定消防功能为基本任务的一种自动消防设施。

6.2.1.1 火灾探测器的分类

1. 根据探测的火灾特征参数分类

火灾探测器根据其探测的火灾特征参数，可分为感温火灾探测器、感烟火灾探测器、感光火灾探测器、气体火灾探测器和复合火灾探测器五种。

（1）感温火灾探测器：响应异常温度、温升速率和温差变化等参数的探测器。

（2）感烟火灾探测器（见图 6-2）：响应悬浮在大气中的燃烧和（或）热解产生的固体或液体微粒的探测器，进一步可分为离子感烟、光电感烟、红外光束、吸气型等。

（3）感光火灾探测器：响应火焰发出的特定波段电磁辐射的探测器，又称火焰探测器，进一步可分为紫外、红外及复合式等类型。

（4）气体火灾探测器（见图 6-3）：响应燃烧或热解产生气体的火灾探测器。

（5）复合火灾探测器（见图 6-4）：将多种探测原理集于一身的探测器，它进一步又可分为烟温复合、红外紫外复合等火灾探测器。

图 6-2　感烟火灾探测器

图 6-3　气体火灾探测器

图 6-4　复合火灾探测器

2. 根据监视范围分类

火灾探测器根据其监视范围，可分为点型火灾探测器和线型火灾探测器。

（1）点型火灾探测器：响应一个小型传感器附近的火灾特征参数的探测器。

（2）线型火灾探测器：响应某一连续线路附近的火灾特征参数的探测器。

3. 根据是否具有复位（恢复）功能分类

火灾探测器根据其是否具有复位（恢复）功能，可分为可复位火灾探测器和不可复位火灾探测器两种类型。每个防火分区应至少设置一个手动火灾报警按钮，从其中任何位置到最近报警按钮的距离不应大于 30 m；且宜设置在疏散通道或出入口处。

4. 根据是否具有可拆卸性分类

火灾探测器根据其维修和保养时是否具有可拆卸性，可分为可拆卸火灾探测器和不可拆卸火灾探测器两种类型。

5. 其他新型探测器

随着科技的发展，将火灾探测器技术与信号处理技术、自动控制技术、计算机技术以及人工智能技术更广泛地融合交叉，基于现有的火灾探测原理和方法，通过复合应用并改进信号采集和处理算法来优化火灾探测器的性能，如烟温复合火灾探测器、烟温气体复合火灾探测器、三波长红外火焰探测器、红紫外复合火焰探测器等。此外，基于新的探测原理和方式的火灾探测器也相继面世，如图像式火灾探测器、气体火灾探测器、光纤感温火灾探测器等。火灾探测器的原理也从简单的门限值判断火灾传递开关量逐步发展成通过连续采集信号，并使用信号处理算法来判断，而火灾探测信号处理算法的评估、研究工作也在广泛开展中，并不断推动火灾探测报警技术的智能化程度。

（1）VFSD智能图像火灾探测器（见图6-5）。VFSD智能图像火灾探测器是在自主知识产权"VFSD专利技术"的基础上，针对室外、隧道和室内高大空间的特殊需求而开发的工业等级的火灾探测器。该产品实现了"眼睛和大脑"的完美统一，能在各种复杂环境下对火情做出准确的判断，同时提供视频、网络、开关量三种报警方式，可灵活接入各类火灾报警体系。

（2）点型光电感烟火灾探测器（见图6-6）。当火灾烟雾遮蔽激光时，电极失电，发出报警信号。点型光电感烟火灾探测器的红外发光元件与光敏元件（光子接收元件）在其探测室内的设置通常是偏置设计。二者之间的距离一般为 $20 \sim 25$ mm。在正常无烟的监视状态下，光敏元件接收不到任何光，包括红外发光元件发出的光。在烟粒子进入探测室内时，红外发光元件发出的光则被烟粒子散射或反射到光敏元件上，并在收到充足光信号时，发出火灾报警，这种火灾探测方法通常被称作烟散射光法。点型光电感烟火灾探测器通常不采用烟减光原理工作。因为无烟和火灾情况之间的典型差别仅有 0.09% 变化，这种小的变化会使火灾探测器极易受到外部环境的不利影响。

 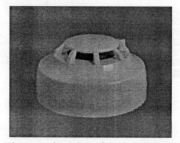

图 6-5　VFSD 智能图像火灾探测器　　　图 6-6　点型光电感烟火灾探测器

（3）线型感温火灾探测器（见图6-7）。线型感温火灾探测器是响应某一连续线路周围温度参数的火灾探测器，它是将温度值信号或温度单位时间内的变化量信号，转换为电信号以达到探测火灾并输出报警信号的目的。

（4）防爆复合型感温感烟火灾探测器（见图6-8）。防爆复合型感温感烟火灾探测器是由烟雾传感器件和半导体温度传感器件从工艺结构与电路结构上共同构成的多元复合火灾探测器，本探测器为非编码复合探测器，不但具有普通散射型光电感烟火灾探测器的性能，而且兼有定温、差定温感温火灾探测器的性能，火灾探测性能可靠，同时具有良好的抗化学腐蚀性的特点。

（5）三波长红外火焰探测器（见图6-9）。采用可编程的运算法则，核对三个传感器接收到的数据比例和相互关系。独有的内置微处理器确保其对错误报警具有极高的免疫力。该探测器广泛应用于汽油、煤油、柴油、航空汽油、液压油与碳氢化合物如乙烯、聚乙烯、天然气、民用燃气、液化石油气、甲烷、乙烷、丙烷等火焰检测。三波长红外火焰探测器的探测距离可达 45 m。该探测器能够在高/低温、高湿、震动等最苛刻的环境下工作。

图 6-7　线型感温火灾探测器

图 6-8　防爆复合型感温感烟火灾探测器

（6）线型光束感烟火灾探测器。线型光束感烟火灾探测器是利用红外线组成探测源，利用烟雾的扩散性可以探测红外线周围固定范围之内的火灾。线型光束感烟火灾探测器通常是由分开安装的、经调准的红外发光器和红外收光器配对组成的；其工作原理是利用烟减少红外发光器发射到红外收光器的光束光量来判定火灾，这种火灾探测方法通常被称作烟减光法。线型光束感烟火灾探测器又分为对射型和反射型两种。

图 6-9　三波长红外火焰探测器

（7）红紫外复合火焰探测器（见图 6-10）。红紫外复合火焰探测器采用一个对太阳光不敏感的紫外线传感器和一个高信噪比的窄频带的红外线传感器，可确保卓越的探测灵敏度，提高对非火警源（光盲）的免疫力。红紫外复合火焰探测器中精心选择的传感器保证了其对火焰产生的发射谱频的高灵敏度；探测器的紫外传感器整合了逻辑电路，防止了阳光辐射所产生的误报警。探测器可探测碳氢化合物燃烧火焰，如氢气、羟基化合物以及金属和无机物燃烧火焰火警。探测器对紫外和红外传感器接收信号的频率、亮度和持续时间进行分析，任何一个传感器在接收到火焰发射频谱后都能够引发报警。该探测器能够在高/低温、高湿、震动等最苛刻的环境下工作。

（8）吸入式火灾探测器（见图 6-11）。吸入式火灾探测器又叫空气采样火灾探测器，就是通过在防护空间布置空气采样管网，并在采样管网上打采样孔，通过采样孔把保护区的空气吸入探测器进行分析，从而进行火灾探测的早期预警探测器。

图 6-10　红紫外复合火焰探测器

图 6-11　吸入式火灾探测器

6.2.1.2　手动火灾报警按钮的分类

在火灾自动报警系统中，除火灾探测器外，还有其他的触发元器件可以自动或者手动产生火灾报警信号，包括手动报警按钮、消火栓启泵按钮、水流指示器、压力开关等。手动火灾报警按钮是火灾自动报警系统中不可缺少的一种手动触发器件，它通过手动操作报警按钮的启动机构向火灾报警控制器发出火灾报警信号。

手动火灾报警按钮按编码方式分为编码型报警按钮和非编码型报警按钮。每个防火分区应至少设置一个手动火灾报警按钮，从其中任何位置到最近报警按钮的距离不应大于 30 m；且宜设置在疏散通道或出入口处。

6.2.2　火灾探测器的选型要求

1. 一般规定

（1）对火灾初期有阴燃阶段，产生大量的烟和少量的热，很少或没有火焰辐射的场所，应选择感烟火灾探测器。

（2）对火灾发展迅速，可产生大量热、烟和火焰辐射的场所，可选择感温火灾探测器、感烟火灾探测器、火焰探测器或其组合。

（3）对火灾发展迅速，有强烈的火焰辐射和少量烟、热的场所，应选择火焰探测器。

（4）对火灾初期有阴燃阶段，且需要早期探测的场所，宜增设一氧化碳火灾探测器。

（5）对使用、生产可燃气体或可燃蒸气的场所，应选择可燃气体火灾探测器。

（6）应根据保护场所可能发生火灾的部位和燃烧材料的分析，以及火灾探测器的类型、灵敏度和响应时间等选择相应的火灾探测器，对火灾形成特征不可预料的场所，可根据模拟试验的结果选择火灾探测器。

（7）同一探测区域内设置多个火灾探测器时，可选择具有复合判断火灾功能的火灾探测器和火灾报警控制器。

2. 点型火灾探测器的选择

下列场所宜选择点型感烟火灾探测器：饭店、旅馆、教学楼、卧室、办公室、商场等；计算机房、通信机房、电影放映室等；楼梯、走道、电梯机房、车库等；书库、档案库等。

对不同高度的房间，可按表 6-1 选择点型火灾探测器。

表 6-1　对不同高度的房间点型火灾探测器的选择

房间高度 h /m	点型感烟火灾探测器	点型感温火灾探测器			火焰探测器
		A1、A2	B	C、D、E、F、G	
12<h≤20	不适合	不适合	不适合	不适合	适合
8<h≤12	适合	不适合	不适合	不适合	适合
6<h≤8	适合	适合	不适合	不适合	适合
4<h≤6	适合	适合	适合	不适合	适合
h≤4	适合	适合	适合	适合	适合

注：表中 A1、A2、B、C、D、E、F、G 为点型感温火灾探测器的不同类别，根据探测器的使用环境温度和探测器的动作温度将其划分为 A1、A2、B、C、D、E、F 和 G 共八类。

点型感温火灾探测器的分类见表 6-2。

表 6-2　点型感温火灾探测器的分类　　　　　　（单位：℃）

探测器类别	典型应用温度	最高应用温度	动作温度下限值	动作温度上限值
A1	25	50	54	65
A2	25	50	54	70
B	40	65	69	85
C	55	80	84	100
D	70	95	99	115
E	85	110	114	130
F	100	125	129	145
G	115	140	144	160

3. 线型火灾探测器的选择

（1）无遮挡的大空间或有特殊要求的房间，宜选择线型光束感烟火灾探测器。

（2）电缆隧道、电缆竖井，不易安装点型火灾探测器的夹层、闷顶，各种皮带输送装置等场所，宜选择缆式线型感温火灾探测器。

（3）石油储罐、公路隧道、敷设动力电缆的铁路隧道和城市地铁隧道等，宜选择线型光纤感温火灾探测器。

4. 吸气式感烟火灾探测器的选择

下列场所宜选择吸气式感烟火灾探测器：具有高速气流的场所，点型感烟、感温火灾探测器不适宜的大空间、舞台上方、建筑高度超过 12 m 或有特殊要求的场所，低温场所，需要进行隐蔽探测的场所，需要进行火灾早期探测的重要场所，人员不宜进入的场所。

灰尘比较大的场所，不应选择没有过滤网和管路自清洗功能的管路采样吸气式感烟火灾探测器。

6.2.3　火灾探测器的设置

6.2.3.1　总体要求

火灾探测器的具体设置部位应按《火灾自动报警系统设计规范》（GB 50116—2013）附录 D 采用。

6.2.3.2　点型火灾探测器的设置要求

（1）在有梁的顶棚上设置点型感烟火灾探测器、感温火灾探测器时，应符合下列规定。

1）当梁突出顶棚的高度小于 200 mm 时，可不计梁对探测器保护面积的影响。

2）当梁突出顶棚的高度为 200~600 mm 时，应按图 6-12 和表 6-3 确定梁对探测器保护面积的影响和一只探测器能够保护的梁间区域的数量。

3）当梁突出顶棚的高度超过 600 mm 时，被梁隔断的每个梁间区域应至少设置一只探测器。

4）当被梁隔断的区域面积超过一只火灾探测器的保护面积时，被隔断的区域应按《火灾自动报警系统设计规范》（GB 50116—2013）第 6.2.2 条第 4 款规定计算探测器的设置数量。

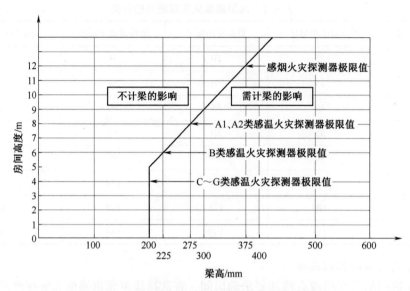

图 6-12 不同高度的房间梁对探测器设置的影响

表 6-3 按梁间区域面积确定一只探测器保护的梁间区域的数量

探测器的保护面积 A/m^2		梁隔断的梁间区域面积 Q/m^2	一只探测器保护的梁间区域的数量/个
感温火灾探测器	20	$Q > 12$	1
		$8 < Q \leqslant 12$	2
		$6 < Q \leqslant 8$	3
		$4 < Q \leqslant 6$	4
		$Q \leqslant 4$	5
	30	$Q > 18$	1
		$12 < Q \leqslant 18$	2
		$9 < Q \leqslant 12$	3
		$6 < Q \leqslant 9$	4
		$Q \leqslant 6$	5
感烟火灾探测器	60	$Q > 36$	1
		$24 < Q \leqslant 36$	2
		$18 < Q \leqslant 24$	3
		$12 < Q \leqslant 18$	4
		$Q \leqslant 12$	5
	80	$Q > 48$	1
		$32 < Q \leqslant 48$	2
		$24 < Q \leqslant 32$	3
		$16 < Q \leqslant 24$	4
		$Q \leqslant 16$	5

5）当梁间净距小于 1 m 时，可不计梁对火灾探测器保护面积的影响。

（2）在宽度小于 3 m 的内走道顶棚上设置点型火灾探测器时，宜居中布置。感温火灾探测器的安装间距不应超过 10 m；感烟火灾探测器的安装间距不应超过 15m；探测器至端墙的距离，不应大于探测器安装间距的 1/2，如图 6-13 所示。

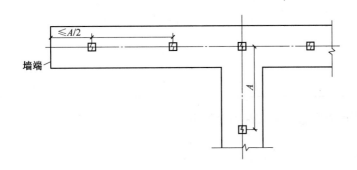

图 6-13　探测器在走廊中的布置

（3）点型火灾探测器至墙壁、梁边的水平距离，不应小于 0.5 m。

（4）点型火灾探测器周围 0.5 m 内，不应有遮挡物。

（5）房间被书架、设备或隔断等分隔，其顶部至顶棚或梁的距离小于房间净高的 5% 时，每个被隔开的部分应至少安装一只点型火灾探测器。

（6）点型火灾探测器至空调送风口的水平距离不应小于 1.5 m，并宜接近回风口安装。探测器至多孔送风机顶棚孔口的水平距离不应小于 0.5 m，如图 6-14 所示。

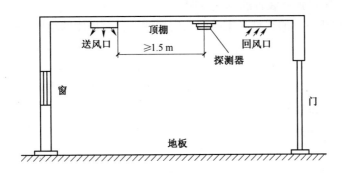

图 6-14　探测器布置要求示意图

（7）当屋顶有热屏障时，点型感烟火灾探测器下表面至顶棚或屋顶的距离：锯齿形屋顶和坡度大于 15°的人字形屋顶，应在每个屋脊处设置一排点型火灾探测器，探测器下表面至屋顶最高处的距离，应符合表 6-4 的规定。

（8）点型火灾探测器宜水平安装。当倾斜安装时，倾斜角不应大于 45°。

（9）在电梯井、升降机井设置点型火灾探测器时，其位置宜在井道上方的机房顶棚上。

（10）一氧化碳火灾探测器可设置在气体能够扩散到的任何部位。

（11）其他情况详见《火灾自动报警系统设计规范》（GB 50116—2013）第 5 章。

表 6-4　点型感烟火灾探测器下面至顶棚或屋顶的距离

探测器的安装高度 h/m	点型感烟火灾探测器下表面至顶棚或屋顶的距离 d/mm					
	顶棚或屋顶坡度 θ					
	$\theta \leqslant 15°$		$15° < \theta \leqslant 30°$		$\theta > 30°$	
	最小	最大	最小	最大	最小	最大
$h \leqslant 6$	30	200	200	300	300	500
$6 < h \leqslant 8$	70	250	250	400	400	600
$8 < h \leqslant 10$	100	300	300	500	500	700
$10 < h \leqslant 12$	150	350	350	600	600	800

6.2.3.3　线型光束感温火灾探测器的设置

1. 一般要求

（1）探测器的光束轴线至顶棚的垂直距离宜为 0.3~1.0 m，距地高度不宜超过 20 m。

（2）相邻两组探测器的水平距离不应大于 14 m，探测器至侧墙水平距离不应大于 7 m，且不应小于 0.5 m，探测器的发射器和接收器之间的距离不宜超过 100 m。

（3）探测器应设置在固定结构上。

（4）探测器的设置应保证其接收端避开日光和人工光源直接照射。

（5）选择反射式火灾探测器时，应保证在反射板与探测器间任何部位进行模拟试验时，探测器均能正确响应。

2. 线型光束感温火灾探测器的设置

（1）探测器在保护电缆、堆垛等类似保护对象时，应采用接触式布置；在各种皮带输送装置上设置时，宜设置在装置的过热点附近。

（2）设置在顶棚下方的线型光束感温火灾探测器，至顶棚的距离宜为 0.1 m。探测器的保护半径应符合点型光束感温火灾探测器的保护半径要求，探测器至墙壁的距离宜为 1.0~1.5 m。

（3）光栅光纤感温火灾探测器每个光栅的保护面积和保护半径，应符合点型光束感温火灾探测器的保护面积和保护半径要求。

（4）设置线型光束感温火灾探测器的场所有联动要求时，宜采用两只不同火灾探测器的报警信号组合。

（5）与线型光束感温火灾探测器连接的模块不宜设置在长期潮湿或温度变化较大的场所。

6.2.3.4　其他设置要求

（1）每个报警区域宜设置一台区域显示器，当一个报警区域包括多个楼层时，宜在每个楼层设置一台仅显示本楼层的区域显示器，当安装在墙上时，其底边距地面高度宜为 1.3~1.5 m。

（2）火灾警报器的声压级不应小于 60 dB，当环境噪声大于 60 dB，其声压级应高于背景噪声 15 dB；火灾警报器设置在墙上时，其底边距地面高度应大于 2.2 m。

（3）消防应急广播的扬声器的功率不小于 3 W（安装在公共场所），数量应能保证从一个防火分区内的任何部位到最近一个扬声器的直线距离不大于 25 m，走道末端距最近的扬声器距离不应大于 12.5 m。客房设置专用扬声器时，其功率不宜小于 1.0 W。

（4）各避难层应每隔 20 m 设置一个消防专用电话分机或电话插孔；电话插孔在墙上安装时，其底边距地面高度宜为 1.3~1.5 m。

（5）火灾探测器的布置计算。点型火灾探测器的设置应符合下列规定：探测区域的每个房间应至少设置一只火灾探测器。感烟火灾探测器和 A1、A2、B 型感温火灾探测器的保护面积与保护半径，应按表 6-5 确定；C、D、E、F、G 型感温火灾探测器的保护面积和保护半径，应根据生产企业设计说明书确定，但不应超过表 6-5 的规定。建筑高度不超过 14 m 的封闭探测空间，且火灾初期会产生大量的烟时，可设置点型感烟火灾探测器。

表 6-5　探测器的保护面积和保护半径

火灾探测器种类	地面面积 S /m²	房间高度 h/m	一只探测器的保护面积 A 和保护半径 R					
			屋顶坡度 θ					
			θ≤15°		15°<θ≤30°		θ>30°	
			A/m²	R/m	A/m²	R/m	A/m²	R/m
感烟火灾探测器	S≤80	h≤12	80	6.7	80	7.2	80	8.0
	S>80	6<h≤12	80	6.7	100	8.0	120	9.9
		h≤6	60	5.8	80	7.2	100	9.0
感温火灾探测器	S≤30	h≤8	30	4.4	30	4.9	30	5.5
	S>30	h≤8	20	3.6	30	4.9	40	6.3

感烟火灾探测器、感温火灾探测器的安装间距，应根据探测器的保护面积 A 和保护半径 R 确定，并不应超过图 6-15 探测器安装间距的极限曲线 $D_1 \sim D_{11}$（含 D_9'）规定的范围。

一个探测区域内所需设置的探测器数量，不应小于式（6-1）的计算值：

$$N = \frac{S}{K \cdot A} \tag{6-1}$$

式中　　N——探测器数量，只，N 应取整数；

　　　　S——该探测区域面积，m²；

　　　　A——探测器的保护面积，m²；

　　　　K——修正系数，容纳人数超过 10 000 人的公共场所宜取 0.7~0.8；容纳人数为 2000~10 000 人的公共场所宜取 0.8~0.9；容纳人数为 500~2000 人的公共场所宜取 0.9~1.0；其他场所可取 1.0。

例 6-1　某高层教学楼的其中一个被划为一个探测区域的阶梯教室，其地面面积为 30 m×40 m，房顶坡度为 13°，房间高度为 8 m，属于二级保护对象，试求：

（1）应选用何种类型的探测器？

（2）探测器的数量为多少只？

解：根据使用场所查选感烟火灾探测器。

因属二级保护对象，故 K 取 1.0；

地面面积 S = 30×40 = 1200（m²）>80（m²）；

房间高度 h = 8 m，即 6 m<h≤12 m；

房顶坡度为 13°，即 θ≤15°，于是查表得，保护面积 A = 80 m²，保护半径 R = 6.7 m。

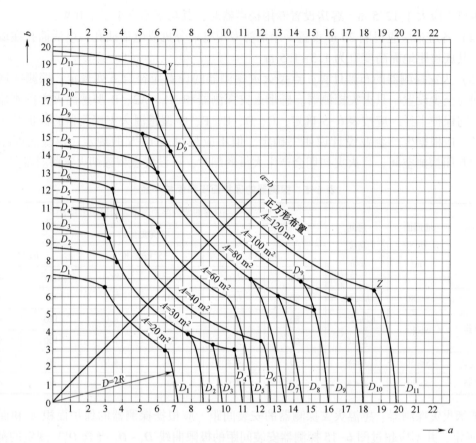

图 6-15 探测器安装间距的极限曲线

A—探测器的保护面积，m^2；a，b—探测器的安装间距，m；

$D_1 \sim D_{11}$（含 D_9'）—在不同保护面积 A 和保护半径 R 下确定探测器安装间距 a、b 的极限曲线；

Y，Z—极限曲线的端点（在 Y 和 Z 两点间的曲线范围内，保护面积可得到充分利用）

代入公式 $N \geqslant \dfrac{S}{K \cdot A}$，得

$$N = \frac{1200}{1.0 \times 80} = 15（只）$$

例 6-2 某学院吸烟室地面面积为 9 m×13.5 m，房间高度为 3 m，平顶棚，属于二级保护对象，试求：

（1）确定探测器类型。

（2）求探测器数量。

（3）布置探测器。

解：（1）由表查得应选感温火灾探测器。

（2）K 取 1.0，由表查得 $A = 20 \text{ m}^2$，$R = 3.6 \text{ m}$。

$$N = \frac{9 \times 13.5}{1.0 \times 20} = 6.075（只），取 6 只$$

（3）布置：采用正方形组合布置法，从中查得 $a = b = 4.5 \text{ m}$。

校验：$R = \sqrt{a^2 + b^2}/2 \approx 3.18(\mathrm{m}) < 3.6\ \mathrm{m}$，合理。

例 6-3　某开水间地面面积为 3 m×8 m，平顶棚，属特级保护建筑，房间高度为2.8 m，试求：

（1）确定探测器类型。

（2）求探测器数量。

（3）布置探测器。

解：（1）由表查得应选感温火灾探测器。

（2）由表查得 $A = 30\ \mathrm{m^2}$，$R = 4.4\ \mathrm{m}$。

取 $K = 0.7$，$N = \dfrac{8 \times 3}{0.7 \times 30} \approx 1.1(只)$，取 2 只。

（3）采用矩形组合布置法，$a = 4\ \mathrm{m}$，$b = 3\ \mathrm{m}$。

校验：$R = \sqrt{a^2 + b^2}/2 = 2.5(\mathrm{m}) < 4.4$，满足要求。

6.3　火灾自动报警系统

6.3.1　火灾自动报警系统的分类

根据保护对象及设立的消防安全目标不同，火灾自动报警系统可以分为区域报警系统、集中报警系统与控制中心报警系统三类。

扫一扫，看视频

（1）区域报警系统：适用于仅需要报警，不需要联动消防设备的保护对象。如图 6-16 所示，区域报警系统通常由火灾探测器、手动火灾报警按钮、火灾声光警报器、火灾报警控制器等组成。

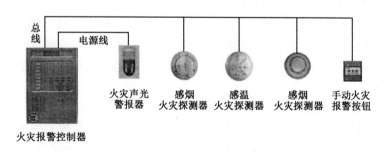

图 6-16　区域报警系统的组成

（2）集中报警系统：适用于不仅需要报警，同时具有联动要求的保护对象，且只需设置一台具有集中控制功能的火灾报警控制器和消防联动控制器的保护对象。如图 6-17 所示，集中报警系统不仅包括火灾探测器与火灾报警控制器，还包括各种消防联动控制设备。

（3）控制中心报警系统：适用于建筑群或体量很大的保护对象，这些保护对象中可能设置几个消防控制室。控制中心报警系统包含两个及两个以上集中报警系统。

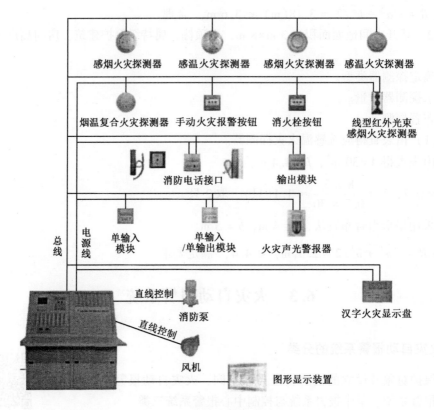

图 6-17 集中报警系统的组成

6.3.2 火灾自动报警系统的组成、工作原理与适用范围

6.3.2.1 火灾自动报警系统的组成

如图 6-18 所示，完整的火灾自动报警系统由火灾探测报警系统、消防联动控制系统、可燃气体探测报警子系统、电气火灾监控子系统等组成。本小节后续将对可燃气体探测报警子系统与电气火灾监控子系统单独进行说明，下面重点阐述火灾探测报警系统与消防联动控制系统的组成。

1. 火灾探测报警系统的组成

火灾探测报警系统由触发器件、火灾报警控制器、火灾警报装置和电源等组成。

（1）触发器件。在火灾自动报警系统中，自动或手动产生火灾报警信号的器件称为触发器件，主要包括火灾探测器和手动火灾报警按钮。火灾探测器是能对火灾参数（如烟、温度、火焰辐射、气体浓度等）响应，并自动产生火灾报警信号的器件。

（2）火灾报警控制器。在火灾自动报警系统中，用以接收、显示和传递火灾报警信号，并能发出控制信号和具有其他辅助功能的控制指示设备称为火灾报警控制器。

（3）火灾警报装置。在火灾自动报警系统中，用以发出区别于环境声、光的火灾警报信号的装置称为火灾警报装置。它以声、光和音响等方式向报警区域发出火灾警报信号，以警示人们迅速采取安全疏散，以及进行灭火救灾措施。

（4）电源。火灾自动报警系统属于消防用电设备，其主电源应当采用消防电源，备用

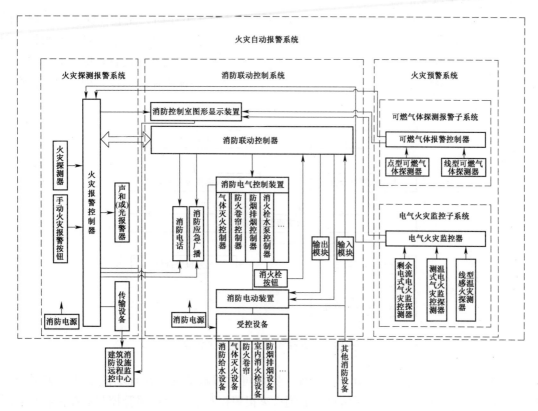

图 6-18　火灾自动报警系统的组成

电源可采用蓄电池。系统电源除为火灾报警控制器供电外，还为与系统相关的消防控制设备等供电。

2. 消防联动控制系统的组成

消防联动控制系统由消防联动控制器、消防控制室图形显示装置、消防电气控制装置（防火卷帘控制器、气体灭火控制器等）、消防联动模块、消火栓按钮、消防应急广播设备、消防电话等设备组成。

当火灾发生时，消防联动控制器发出控制信号给消防泵、喷淋泵、防火门、防火阀、防烟排烟阀（口）和通风等消防设备，完成对灭火系统、疏散指示系统、防烟排烟系统及防火卷帘等有关设备的联动控制功能。

当消防设备动作后，将动作信号反馈给消防控制室并显示，实现对建筑消防设施的状态监视功能，即接收来自消防联动现场设备以及火灾自动报警系统以外的其他系统的火灾信息或其他信息的触发和输入功能。

需要特别说明的是，消防电话是与普通电话分开的专用独立系统，一般采用集中式对讲电话，消防电话的总机设在消防控制室，分机分设在其他各个部位。

6.3.2.2　火灾自动报警系统的工作原理

在火灾自动报警系统中，火灾报警控制器和消防联动控制器是核心组件，是系统中火灾报警与警报的监控管理枢纽和人机交互平台。

1. 火灾探测报警系统

火灾探测报警系统的工作原理如图 6-19 所示。当火灾发生时，安装在保护区域现场的火灾探测器，将火灾产生的烟雾、热量和光辐射等火灾特征参数转变为电信号，经数据处理后，将火灾特征参数信息传输至火灾报警控制器。火灾报警控制器在接收到探测器的火灾特征参数信息或报警信息后，经报警确认判断，显示火灾报警探测器的部位，记录探测器火灾报警的时间。

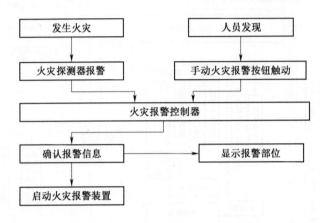

图 6-19　火灾探测报警系统的工作原理

另外，处于火灾现场的人员，在发现火灾后可立即触动安装在现场的手动火灾报警按钮，手动火灾报警按钮便将报警信息传输到火灾报警控制器，火灾报警控制器在接收到手动火灾报警按钮的报警信息后，经报警确认判断，显示动作的手动火灾报警按钮的部位，记录手动火灾报警按钮报警的时间。火灾报警控制器在确认火灾探测器和手动火灾报警按钮的报警信息后，驱动安装在被保护区域现场的火灾警报装置，发出火灾警报，向处于被保护区域内的人员警示火灾的发生。

2. 消防联动控制系统

消防联动控制系统的工作原理如图 6-20 所示。当火灾发生时，火灾探测器和手动火灾报警按钮的报警信号等联动触发信号传输至消防联动控制器，消防联动控制器按照预设的逻辑关系对接收到的触发信号进行识别判断，在满足逻辑关系条件时，消防联动控制器按照预设的控制时序启动相应自动消防设施，实现预设的消防功能。

另外，消防控制室的消防管理人员也可以通过操作消防联动控制器的手动控制盘直接启动相应的消防设施，从而实现相应消防设施预设的消防功能。消防联动控制接收并显示消防设施动作的反馈信息。

6.3.2.3　火灾自动报警系统的适用范围

火灾自动报警系统适用于人员居住和经常有人滞留的场所、存放重要物资或燃烧后产生严重污染需要及时报警的场所。

6.3.3　火灾自动报警系统的设计要求

6.3.3.1　系统形式的选择与设计要求

对于仅需要报警，不需要联动自动消防设备的保护对象宜采用区域报警系统；不仅需要

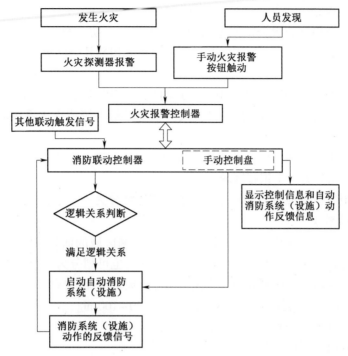

图 6-20　消防联动控制系统的工作原理

报警，同时需要联动自动消防设备，且只设置一台具有集中控制功能的火灾报警控制器和消防联动控制器的保护对象，应采用集中报警系统，并应设置一个消防控制室；设置两个及以上消防控制室的保护对象，或已设置两个及以上集中报警系统的保护对象，应采用控制中心报警系统。

1. 区域报警系统的设计要求

（1）系统应由火灾探测器、手动火灾报警按钮、火灾声光警报器及火灾报警控制器等组成，系统中可包括消防控制室图形显示装置和指示楼层的区域显示器。

（2）火灾报警控制器应设置在有人值班的场所。

2. 集中报警系统的设计要求

（1）系统应由火灾探测器、手动火灾报警按钮、火灾声光警报器、消防应急广播、消防专用电话、消防控制室图形显示装置、火灾报警控制器、消防联动控制器等组成。

（2）系统中的火灾报警控制器、消防联动控制器和消防控制室图形显示装置、消防应急广播的控制装置、消防专用电话总机等起集中控制作用的消防设备，应设置在消防控制室内。

3. 控制中心报警系统的设计要求

（1）有两个及以上消防控制室时，应确定一个主消防控制室。

（2）主消防控制室应能显示所有火灾报警信号和联动控制状态信号，并应能控制重要的消防设备；各分消防控制室内消防设备之间可互相传输、显示状态信息，但不应互相控制。

（3）其他设计应符合集中报警系统的设计要求。

6.3.3.2 报警区域和探测区域的划分

1. 报警区域的划分

（1）报警区域应根据防火分区或楼层划分，可将一个防火分区或一个楼层划分为一个报警区域，也可将发生火灾时需要同时联动消防设备的相邻几个防火分区或楼层划分为一个报警区域。

（2）电缆隧道的一个报警区域宜由一个封闭长度区间组成，一个报警区域不应超过相连的三个封闭长度区间；道路隧道的报警区域应根据排烟系统或灭火系统的联动需要确定，且不宜超过 150 m。

（3）甲、乙、丙类液体储罐区的报警区域应由一个储罐区组成，每个 5 万 m^3 及以上的外浮顶储罐应单独划分为一个报警区域。

（4）列车的报警区域应按车厢划分，每节车厢应划分为一个报警区域。

2. 探测区域的划分

（1）探测区域应按独立房（套）间划分，一个探测区域的面积不宜超过 500 m^2；从主要入口能看清其内部，且面积不超过 1000 m^2 的房间，也可划分为一个探测区域。

（2）红外光束感烟火灾探测器和缆式线型感温火灾探测器的探测区域的长度，不宜超过 100 m；空气管差温火灾探测器的探测区域长度宜为 20~100 m。

3. 应单独划分探测区域的场所

（1）敞开或封闭楼梯间、防烟楼梯间。

（2）防烟楼梯间前室、消防电梯前室、消防电梯与防烟楼梯间合用的前室、走道、坡道。

（3）电气管道井、通信管道井、电缆隧道。

（4）建筑物闷顶、夹层。

6.3.3.3 系统设备的设计及设置

（1）火灾报警控制器的设计容量：任意一台火灾报警控制器所连接的火灾探测器、手动火灾报警按钮和模块等地址总数，均不应超过 3200 点，其中每一回路连接设备总数不宜超过 200 点，留 10% 的余量。

（2）消防联动控制器的设计容量：任意一台消防联动控制器所连接的火灾报警控制器（联动型）所控制的各类模块总数不应超过 1600 点，其中每一回路连接设备总数不宜超过 100 点，留 10% 的余量。

（3）系统总线上应设置短路隔离器，每只总线短路隔离器保护的火灾探测器、手动火灾报警按钮和模块等消防设备的总数不应超过 32 点；总线穿越防火分区时，应在穿越处设置总线短路隔离器。

（4）火灾报警控制器和消防联动控制器，应设置在消防控制室内或有人值班的房间和场所。火灾报警控制器和消防联动控制器安装在墙上时，其主显示屏高度宜为 1.5 ~1.8 m，其靠近门轴的侧面距墙不应小于 0.5 m，正面操作距离不应小于 1.2 m。集中报警系统和控制中心报警系统中的区域火灾报警控制器在满足下列条件时，可设置在无人值班的场所。

1）本区域内无须手动控制的消防联动设备。

2）本火灾报警控制器的所有信息在集中火灾报警控制器上均有显示，且能接收起集中控制功能的火灾报警控制器的联动控制信号，并自动启动相应的消防设备。

3）设置的场所只有值班人员可以进入。

（5）每个报警区域宜设置一台区域显示器（火灾显示盘）；宾馆、饭店等场所应在每个报警区域设置一台区域显示器。当一个报警区域包括多个楼层时，宜在每个楼层设置一台仅显示本楼层的区域显示器。区域显示器应设置在出入口等明显和便于操作的部位。当采用壁挂方式安装时，其底边距地面高度宜为 1.3~1.5 m。

（6）火灾警报器应设置在每个楼层的楼梯口、消防电梯前室、建筑内部拐角等处的明显部位，且不宜与安全出口指示标志灯具设置在同一面墙上。每个报警区域内应均匀设置火灾警报器，其声压级不应小于 60 dB；在环境噪声大于 60 dB 的场所，其声压级应高于背景噪声 15 dB 。当火灾警报器采用壁挂方式安装时，其底边距地面高度应大于 2.2 m。

（7）每个防火分区应至少设置一只手动火灾报警按钮。从一个防火分区内的任何位置到最邻近的手动火灾报警按钮的步行距离不应大于 30 m。手动火灾报警按钮宜设置在疏散通道或出入口处。列车上设置的手动火灾报警按钮，应设置在每节车厢的出入口和中间部位。手动火灾报警按钮应设置在明显和便于操作的部位。当采用壁挂方式安装时，其底边距地面高度宜为 1.3~1.5 m ，且应有明显的标志。

（8）民用建筑内消防应急广播的扬声器应设置在走道和大厅等公共场所。每个扬声器的额定功率不应小于 3 W，其数量应能保证从一个防火分区内的任何部位到最近一个扬声器的直线距离不大于 25 m，走道末端距最近的扬声器距离不应大于 12.5 m。客房设置专用扬声器时，其功率不宜小于 1 W。在环境噪声大于 60 dB 的场所设置的扬声器，在其播放范围内最远点的播放声压级应高于背景噪声 15 dB。

（9）消防控制室应设置消防专用电话总机，消防专用电话网络应为独立的消防通信系统。电话分机或电话插孔的设置，应符合下列规定。

1）消防水泵房、发电机房、配变电室、计算机网络机房、主要通风和空调机房、防烟排烟机房、灭火控制系统操作装置处或控制室、企业消防站、消防值班室、总调度室、消防电梯机房及其他与消防联动控制有关的且经常有人值班的机房应设置消防专用电话分机。消防专用电话分机，应固定安装在明显且便于使用的部位，并应有区别于普通电话的标识。

2）设有手动火灾报警按钮或消火栓按钮等处，宜设置电话插孔，并宜选择带有电话插孔的手动火灾报警按钮。

3）各避难层（间）应每隔 20 m 设置一个消防专用电话分机或电话插孔。

4）电话插孔在墙上安装时，其底边距地面高度宜为 1.3~1.5 m。

（10）火灾报警传输设备或用户信息传输装置，应设置在消防控制室内；未设置消防控制室时，应设置在火灾报警控制器附近的明显部位。火灾报警传输设备或用户信息传输装置与火灾报警控制器、消防联动控制器等设备之间，应采用专用线路连接。火灾报警传输设备或用户信息传输装置的手动报警装置，应设置在便于操作的明显部位。

（11）防火门监控器应设置在消防控制室内，未设置消防控制室时，应设置在有人值班的场所。电动开门器的手动控制按钮应设置在防火门内侧墙面上，距门不宜超过 0.5 m，底边距地面高度宜为 0.9~1.3 m。防火门监控器的设置应符合火灾报警控制器的安装设置要求。

6.3.3.4　消防联动控制的设计要求

（1）消防联动控制器应能按设定的控制逻辑向各相关的受控设备发出联动控制信号，

并接收相关设备的联动反馈信号。消防联动控制器应具有切断火灾区域及相关区域的非消防电源的功能，当需要切断正常照明时，宜在自动喷淋系统、消火栓系统动作前切断。消防联动控制器应具有自动打开涉及疏散的电动栅杆等的功能，宜开启相关区域安全技术防范系统的摄像机监视火灾现场。消防联动控制器应具有打开疏散通道上由门禁系统控制的门和庭院电动大门的功能，并应具有打开停车场出入口挡杆的功能。

（2）消防水泵、防烟和排烟风机的控制设备，除应采用联动控制方式外，还应在消防控制室设置手动直接控制装置。

（3）需要火灾自动报警系统联动控制的消防设备，其联动触发信号应采用两个独立的报警触发装置报警信号的"与"逻辑组合。

（4）消火栓系统联动控制应由消火栓系统出水干管上设置的低压压力开关、高位消防水箱出水管上设置的流量开关或报警阀压力开关等信号作为触发信号，直接控制启动消火栓泵，联动控制不应受消防联动控制器处于自动或手动状态影响。消火栓泵的动作信号应反馈至消防联动控制器。

（5）消防联动控制器应具有发出联动控制信号强制所有电梯停于首层或电梯转换层的功能。电梯运行状态信息和停于首层或电梯转换层的反馈信号，应传送给消防控制室显示，轿厢内应设置能直接与消防控制室通话的专用电话。

（6）火灾自动报警系统应设置火灾声光警报器，并应在确认火灾后启动建筑内的所有火灾声光警报器。火灾声光警报器设置带有语音提示功能时，应同时设置语音同步器。

（7）消防应急广播系统的联动控制信号应由消防联动控制器发出。消防应急广播与普通广播或背景音乐广播合用时，应具有强制切入消防应急广播的功能。

（8）集中控制型消防应急照明和疏散指示系统，应由火灾报警控制器或消防联动控制器启动应急照明控制器实现。当确认火灾后，由发生火灾的报警区域开始，顺序启动全楼疏散通道的消防应急照明和疏散指示系统，系统全部投入应急状态的启动时间不应大于 5 s。

（9）送风口、排烟阀（口）、排烟窗或排烟阀开启和关闭的动作信号，防烟、排烟风机启动和停止及电动防火阀关闭的动作信号，均应反馈至消防联动控制器。排烟风机入口处的总管上设置的 280 ℃排烟防火阀在关闭后应直接联动控制风机停止，排烟防火阀及风机的动作信号应反馈至消防联动控制器。

（10）防火门系统的联动控制设计，应由常开防火门所在防火分区内的两只独立的火灾探测器或一只火灾探测器与一只手动火灾报警按钮的报警信号，作为常开防火门关闭的联动触发信号，联动触发信号应由火灾报警控制器或消防联动控制器发出，并应由消防联动控制器或防火门监控器联动控制防火门关闭。疏散通道上各防火门的开启、关闭及故障状态信号应反馈至防火门监控器。

6.3.4 可燃气体探测报警子系统

1. 适用场所

可燃气体探测报警子系统适用于使用、生产或聚集可燃气体或可燃液体蒸气场所，在可燃气体浓度达到爆炸下限前发出报警信号，提醒专业人员排除火灾、爆炸隐患，实现火灾的早期预防。可燃气体探测报警子系统是火灾自动报警系统的独立子系统，属火灾预警系统。

2. 系统组成

可燃气体探测报警子系统由可燃气体报警控制器、可燃气体探测器和火灾声光警报器等组成。可燃气体探测报警子系统应独立组成，可燃气体探测器不应接入火灾报警控制器的探测器回路。

当可燃气体的报警信号需接入火灾自动报警系统时，应由可燃气体报警控制器接入。可燃气体报警控制器的报警信息和故障信息，应在消防控制室图形显示装置或起集中控制功能的火灾报警控制器上显示，但该类信息与火灾报警信息的显示应有区别。可燃气体报警控制器发出报警信号时，应能启动保护区域的火灾声光警报器。

3. 可燃气体探测器的设置

（1）探测气体密度小于空气密度的可燃气体探测器应设置在被保护空间的顶部，探测气体密度大于空气密度的可燃气体探测器应设置在被保护空间的下部，探测气体密度与空气密度相当时，可燃气体探测器可设置在被保护空间的中间部位或顶部。

（2）可燃气体探测器宜设置在可能产生可燃气体部位附近。

（3）点型可燃气体探测器的保护半径，应符合现行国家标准《石油化工可燃气体和有毒气体检测报警设计标准》（GB/T 50493—2019）的有关规定。

（4）线型可燃气体探测器的保护区域长度不宜大于 60 m。

6.3.5 电气火灾监控子系统

1. 适用场所

电气火灾监控子系统适用于具有电气火灾危险的场所，尤其是变电站、石油石化、冶金等不能中断供电的场所的电气故障探测，在产生一定电气火灾隐患的条件下发出报警信号，提醒专业人员排除电气火灾隐患，实现电气火灾的早期预防。电气火灾监控子系统是火灾自动报警系统的独立子系统，属火灾预警系统。需要注意的是，电气火灾监控子系统的设置不应影响供电系统的正常工作，不宜自动切断供电电源。

2. 系统组成

电气火灾监控子系统应由下列部分或全部设备组成。

（1）电气火灾监控器。

（2）剩余电流式电气火灾监控探测器。

（3）测温式电气火灾监控探测器。

电气火灾监控子系统应根据建筑物的性质及电气火灾危险性设置，并应根据电气线路敷设和用电设备的具体情况，确定电气火灾监控探测器的形式与安装位置。在无消防控制室且电气火灾监控探测器设置数量不超过 8 只时，可采用独立式电气火灾监控探测器。

在设置消防控制室的场所，电气火灾监控器的报警信息和故障信息应在消防控制室图形显示装置或起集中控制功能的火灾报警控制器上显示，但该类信息与火灾报警信息的显示应有区别。

3. 电气火灾监控探测器的设置

（1）剩余电流式电气火灾监控探测器应以设置在低压配电系统首端为基本原则，宜设置在第一级配电柜（箱）的出线端。在供电线路泄漏电流大于 500 mA 时，宜在其下一级配电柜（箱）设置。剩余电流式电气火灾监控探测器不宜设置在 IT 系统的配电线路和消防配电线路中。选择剩余电流式电气火灾监控探测器时，应计及供电系统自然漏流的影响，并应选择参数合适的探测器；探测器报警值宜为 300~500 mA 。

（2）测温式电气火灾监控探测器应设置在电缆接头、端子、重点发热部件等部位。保护对象为 1000 V 及以下的配电线路，测温式电气火灾监控探测器应采用接触式布置；保护对象为 1000 V 以上的供电线路，测温式电气火灾监控探测器宜选择光栅光纤测温式或红外测温式电气火灾监控探测器，光栅光纤测温式电气火灾监控探测器应直接设置在保护对象的表面。

6.4　火灾报警控制器的状态识别与操作

6.4.1　火灾报警控制器的组成结构

火灾报警控制器是火灾自动报警系统的重要组成部分，是火灾自动报警系统的核心。它的作用是供给火灾探测器稳定的供电，监视连接的各类火灾探测器传输导线有无短路故障，接收火灾探测器发出的报警信号，迅速、正确地进行转换和处理，指示报警的具体部位和时间，同时执行相应的辅助控制等诸多任务。

火灾报警控制器是消防控制室配置的主要设备，其与所保护的建筑的防火级别、规模大小、复杂程度相关。

（1）对于仅有火灾探测报警且无消防联动控制功能的火灾自动报警系统，消防值班室或消防控制室设备只是一台火灾报警控制器。

（2）对于具有火灾报警功能和联动控制功能的火灾自动报警系统，消防控制室设备至少由一台火灾报警控制器（联动型）或火灾报警控制器和消防联动控制器组合构成。

（3）对于建筑规模较大、报警点数多、疏散困难的具有火灾报警和联动控制功能的火灾自动报警系统，消防控制室设备一般由以下设备构成：火灾自动报警器及消防联动控制器、消防控制室图形显示装置、消防广播系统和消防电话总机。

本小节以联动型火灾报警控制器为例，对其功能与组成结构进行说明。

1. 火灾报警控制器的功能

火灾报警控制器的主要功能包括火灾报警功能、故障报警功能、屏蔽功能、监管功能、自检功能、信息显示与查询功能和电源转换功能。

（1）火灾报警功能。火灾报警控制器能直接或间接地接收来自火灾探测器及其他火灾报警触发器件的火灾报警信号，发出火灾报警声光信号，指示火灾的发生部位，记录火灾报警时间，并予以保持，直至手动复位。

（2）故障报警功能。当控制器内部、控制器与其连接的部件间发生故障时，控制器能在 100 s 内发出与火灾报警信号有明显区别的故障报警声光信号。

（3）屏蔽功能。控制器具有对探测器等设备进行单独屏蔽、解除屏蔽操作功能。

（4）监管功能。控制器能直接或间接地接收来自防盗探测器等监管信号，发出与火灾报警信号有明显区别的监管报警声光信号。

（5）自检功能。火灾报警控制器能手动检查其面板所有指示灯与显示器的功能。

（6）信息显示与查询功能。控制器信息显示按火灾报警、监管报警及其他状态顺序由高至低排列信息显示等级，高等级的状态信息优先显示，低等级的状态信息显示不应影响高等级的状态信息显示，显示的信息与对应的状态一致且易于辨识。当控制器处于某一高等级的状态信息显示时，能通过手动操作查询其他低等级的状态信息，各状态信息不交替显示。

（7）电源转换功能。火灾报警控制器的电源部分具有主电源和备用电源转换装置。当主电源断电时，能自动转换到备用电源。

2. 火灾报警控制器的组成结构

图 6-21 给出了一种常见的联动型火灾报警控制器的面板结构。

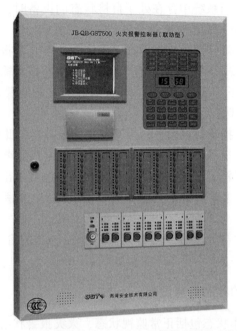

图 6-21　一种常见的联动型火灾报警控制器的面板结构

由图 6-21 可知，联动型火灾报警控制器的面板可以分为液晶屏区、打印机区、指示灯区、时间显示区与键盘区。下面分别对主要指示灯与按键进行详细说明。

（1）火警灯：红色。此灯亮表示控制器检测到外接探测器处于火警状态，具体信息见液晶显示。控制器进行复位操作后，此灯熄灭。

（2）监管灯：红色。此灯亮表示控制器检测到外部设备的监管报警信号，具体信息见液晶显示。控制器进行复位操作后，此灯熄灭。

（3）屏蔽灯：黄色。有设备处于被屏蔽状态时，此灯点亮，此时火灾自动报警系统中被屏蔽设备的功能丧失，需要尽快恢复，并加强被屏蔽设备所处区域的人工检查。控制器没有屏蔽信息时，此灯自动熄灭。

（4）系统故障灯：黄色。此灯亮，指示控制器处于不能正常使用的故障状态，以提示用户立即对控制器进行修复。

（5）主电工作灯：绿色。当控制器由主电源供电时，此灯点亮。

（6）备电工作灯：绿色。当控制器有备用电源供电时，此灯点亮。

（7）故障灯：黄色。此灯亮表示控制器检测到外部设备（探测器、模块或火灾显示盘）有故障，或控制器本身出现故障，具体信息见液晶显示。除总线短路故障需要手动清除外，其他故障排除后可自动恢复，所有故障排除或控制器进行复位操作后，此灯熄灭。

（8）启动灯：红色。当控制器发出启动命令时，此灯点亮，若启动后控制器没有收到反馈信号，则该灯闪亮，直至收到反馈信号。控制器进行复位操作后，此灯熄灭。

（9）反馈灯：红色。此灯亮表示控制器检测到外接被控设备的反馈信号。反馈信号消失或控制器进行复位操作后，此灯熄灭。

（10）自动允许灯：绿色。此灯亮表示当满足联动条件后，系统自动对联动设备进行联动操作。否则不能进行自动联动。

（11）自检灯：黄色。当系统中存在处于自检状态的设备时，此灯点亮；所有设备退出自检状态后此灯熄灭；设备的自检状态不受复位操作的影响。

（12）警报器消音指示灯：黄色。指示报警系统内的声光警报器是否处于消音状态。当警报器处于输出状态时，按下"警报器消音/启动"键，警报器输出将停止，同时警报器消音指示灯点亮。如再次按下"警报器消音/启动"键或有新的警报发生，警报器将再次输出，同时警报器消音指示灯熄灭。

（13）声光警报器故障指示灯：黄色。声光警报器故障时，此灯点亮。

（14）声光警报器屏蔽指示灯：黄色。系统中存在被屏蔽的声光警报器时，此灯点亮。

（15）消音键：按下"消音"键，可消除火灾报警控制器发出的火警或故障警报声。

（16）复位键：按下"复位"键，可使火灾自动报警系统或系统内各组成部分恢复到正常监视状态。

（17）自检键：按下"自检"键，可对火灾报警控制器的音响器件、面板上所有指示灯、显示器进行检查。

6.4.2 火灾报警控制器的状态信息识别

火灾报警控制器的工作状态包括正常监视状态、火灾报警状态、消音状态、主备电故障状态、现场设备故障状态与屏蔽状态。下面分别从指示灯、声响音调与显示器的特征角度对各状态信息进行说明。

1. 正常监视状态

接通电源后，火灾报警控制器及监控的探测器等现场设备均处于正常工作状态，无火灾报警、故障报警、屏蔽、监管报警、消音等信息发生。此时信息特征如下。

（1）指示灯："主电工作"保持点亮。当允许时"自动允许""喷洒允许"点亮。

（2）声响音调：无声响。

（3）显示器：显示"系统运行正常"等类似提示信息。

2. 火灾报警状态

火灾报警控制器接收到监视的火灾触发器件发送的火灾报警信号并发出声光报警信号时的状态。在所有信息中，火灾报警信息具有最高显示级别，当系统中存在多种信息时，控制器按照火警、监管、故障、屏蔽的优先顺序进行显示。此时信息特征如下。

（1）指示灯：点亮"火警"总指示灯，不能自动清除，只能通过手动复位操作进行清除。

（2）声响音调：火灾报警控制器发出与其他信息不同的火警声（如消防车声）。

（3）显示器：应指示火灾发生部位、设备类型、报警时间。当多于一个火警时，还应指示火警总数、持续显示首警信息、后续火灾报警部位应按报警时间顺序连续显示。当显示区域不足以显示火灾报警部位时，应按顺序循环显示。同时设有手动查询按钮，每手动查询一次，能查询一个火灾报警部位及相关信息，以避免查询时有信息遗漏的现象出现。火灾报警控制器根据显示器类型的不同，显示方式各异。

3. 消音状态

火灾报警控制器接收到火灾报警或故障报警等信号并发出声光报警信号时，按下"消音"键控制器所处的工作状态。此时信息特征如下。

（1）指示灯：消音状态前指示。

（2）声响音调：火灾报警控制器停止发出声响。

（3）显示器：消音状态前内容。

4. 主电故障状态

火灾报警控制器主电电源部分发生故障并发出声光报警信号所处的工作状态。此时信息特征如下。

（1）指示灯：点亮"故障"总指示灯，"备电工作"指示灯点亮。故障排除后，"故障""备电工作"的光指示信号可自动清除，"主电工作"指示灯点亮。

（2）声响音调：发出与火警信息明显不同的故障声（如救护车声）。

（3）显示器：显示故障总数和故障报警序号、报警时间、类型编码。

5. 备电故障状态

火灾报警控制器备用电源部分发生故障并发出声光报警信号所处的工作状态。此时信息特征如下。

（1）指示灯：点亮"故障"总指示灯，故障排除后，故障信息的光指示信号可自动清除。

（2）声响音调：发出与火警信息明显不同的故障声（如救护车声）。

（3）显示器：显示故障总数和故障报警序号、报警时间、类型编码。

6. 现场设备故障状态

火灾报警控制器监控的现场设备发生故障并发出声光报警信号所处的工作状态。此时信息特征如下。

（1）指示灯：点亮"故障"总指示灯，故障排除后，故障信息的光指示信号可自动清除。

（2）声响音调：发出与火警信息明显不同的故障声（如救护车声）。

（3）显示器：显示故障总数和故障报警序号、报警时间、类型编码。当多于一个故障时，应按报警时间顺序显示所有的故障信息。当显示区域不足以显示所有故障部位时，应能手动查询。

7. 屏蔽状态

按下"屏蔽"键，使火灾报警控制器屏蔽某些设备状态信息所处的工作状态。屏蔽功能为火灾报警控制器的可选功能。屏蔽状态应不受"复位"操作影响。此时信息特征如下。

（1）指示灯：点亮"屏蔽"总指示灯。

（2）声响音调：无声响。

（3）显示器：屏蔽总数、时间、类型编码。当多于一个屏蔽信息时，应按时间顺序显示所有屏蔽部位。当显示区域不足以显示所有屏蔽部位时，应显示最新屏蔽信息，其他屏蔽信息应能手动查询。

6.4.3　火灾报警控制器的基本操作

火灾报警控制器的基本操作包括开机、关机、自检、消音/警报器消音、复位、屏蔽/取消屏蔽、信息记录查询、启动方式的设置和主备电源运行检查等，下面分别从操作目的、操作方法与操作信息显示角度对各基本操作进行说明。

1. 开机

操作目的：调试或维修完成后，开机使用。

操作方法：打开主机主电源开关，然后打开备用电开关，如果有联动电源和火灾显示盘，再打开联动电源和火灾显示盘供电电源主电开关、备电开关，最后打开控制器工作开关。

操作信息显示：系统上电进行初始化提示信息，声光检查信息，外接设备注册信息，注册结果信息显示。开机完成后进入正常监视状态。

2. 关机

操作方法：关机过程按照与开机时相反的顺序关掉各开关即可。

注意事项：要注意备电开关一定要关掉，否则，由于控制器内部依然有用电电路，将导致备电放空，有损坏电池的可能。由于控制器使用的免维护铅酸电池有微小的自放电电流，需要定期充电维护，如控制器长时间不使用，需要每个月开机充电 48 h。如果控制器主电断电后使用备电工作到备电保护，此时电池容量为空，需要尽快恢复主电供电并给电池充电 48 h，如果备电放空后超过 1 周不进行充电，可能损坏电池。

3. 自检

操作目的：火灾报警控制器操作面板上具有"自检"键，在"系统运行正常状态"下按下此键能检查本机火灾报警功能，可对火灾报警控制器的音响器件、面板上所有指示灯（器）、显示器进行检查。在执行自检功能期间，受控制器控制的外接设备和输出接点均不动作。当控制器的自检时间超过 1 min 或不能自动停止时，自检功能不影响非自检部位、探测区和控制器本身的火灾报警功能。

操作方法：按下"自检"键。如自检多个功能，还要进一步选择菜单。

操作信息显示：当系统中存在处于自检状态的设备时，此灯点亮；所有设备退出自检状态后此灯熄灭；设备的自检状态不受复位操作的影响。

4. 消音/警报器消音

操作目的：在火灾报警控制器发生火警或故障等警报情况下，可发出相应的警报声加以提示，当值班人员进行火警确认时，警报声可被手动消除（按下"消音"/"警报器消音"键），即消音操作，当再有报警信号输入时，能再次启动警报声音。"消音"消除控制器本机声音，"警报器消音"键消除控制器所直接连接的警报声音。

操作方法：按下"消音"/"警报器消音"键。

操作信息显示：按下"警报器消音"键。

5. 复位

操作目的：使火灾自动报警系统或系统内各组成部分恢复到正常监视状态。

操作方法：按下"复位"键，然后输入密码，按下"确认"键。

操作信息显示：除屏蔽状态外，其他全部清除。

6. 屏蔽/取消屏蔽

操作目的：当外部设备（探测器、模块或火灾显示盘）发生故障时，可将它屏蔽掉，待修理或更换后，再利用取消屏蔽功能将设备恢复到正常状态。

操作方法：按下"屏蔽"键，执行屏蔽；按下"取消屏蔽"键，执行取消屏蔽。

操作信息显示：有设备处于被屏蔽状态时，此灯点亮，此时火灾自动报警系统中被屏蔽设备的功能丧失，需要尽快恢复，并加强被屏蔽设备所处区域的人工检查。控制器没有屏蔽信息时此灯自动熄灭。

7. 信息记录查询

操作目的：查看系统存储的各类信息，以了解每条信息，包括记录信息发生的时间、编码、类型及内容提要。

操作方法：按下"记录查询"键。

操作信息显示：液晶屏显示系统运行记录，并可进行查询操作。

8. 启动方式的设置

操作目的：对现场设备的手动、自动启动方式进行允许、禁止设置，避免由于人为误操作或现场设备误报警引发的误动作。

操作方法：按下"启动控制"键，可按 Tab、$\dfrac{=}{\nabla}$、$\dfrac{\triangle}{=}$ 键选择相应方式，按下"确认"键存储，系统即工作在所选的状态下。

操作信息显示：液晶屏显示如图 6-22 所示的启动方式设置菜单。

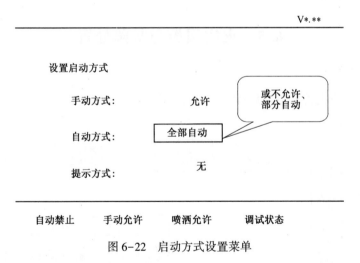

图 6-22　启动方式设置菜单

（1）手动方式。手动方式是指通过主控键盘或手动消防启动盘对联动设备进行启动和停动的操作，手动允许时，屏幕下方的状态栏显示手动允许状态，只有控制器处于"手动允许"的状态下，才能发出手动启动的命令。

（2）自动方式。自动方式是指满足联动条件后，系统自动进行的联动操作，其包括不允许、部分自动允许、全部允许三种方式。部分自动允许和全部允许时，面板上的"自动允许"灯亮。部分自动允许只允许联动公式中含有"＝＝"的联动公式参加联动。控制器只有处于"自动允许"的状态下，才能发出自动联动启动命令。

（3）提示方式。提示方式是指在满足联动条件后，而自动方式不允许时，手动盘的指示灯将闪烁提示。其选择方式包括"提示所有联动公式""只提示含'＝＝'的公式"以及"没有提示"三种方式。

9. 主备电源运行检查

火灾报警控制器的电源部分由主电源及备用电源组成，均具有手动控制开关，且能进行自动转换。火灾报警控制器具有主电源及备用电源运行状态指示功能，当由主电源供电时，"主电工作"指示灯（器）点亮，如果主电源发生故障，火灾报警控制器自动切换到备用电源供电，同时"备电工作"指示灯（器）及"故障"指示灯（器）点亮，"主电工作"指示灯（器）熄灭。如果控制器备电发生故障或欠压不能正常投入使用，则"故障"指示灯（器）点亮。

使用时，首先通过控制器面板指示灯（器）的显示情况，了解主电源、备用电源的情况。如果主电源发生故障，应首先确认是主电源断电还是控制器或线路发生故障，若控制器或线路发生故障，则应及时通知施工单位或厂家维修；如果备用电源发生故障，则应确认是备用电源断电还是控制器发生故障或蓄电池亏电或损坏，当蓄电池亏电或损坏不能保证控制器备用电源正常使用时，则应及时更换新的蓄电池。

此外，应定期检查主、备电源的切换和故障指示功能。关闭主电开关，检查备电投切情况，查看故障指示灯是否点亮；恢复主电开关，查看主电投切情况，查看主电工作指示灯是否点亮。关闭备电开关，查看故障指示灯是否点亮；恢复备电开关且关闭主电开关，查看备电工作指示灯是否点亮。

6.5　火灾报警与故障处置

6.5.1　火灾报警处置方法

消防控制室火灾报警紧急处理程序的流程如图 6-23 所示。

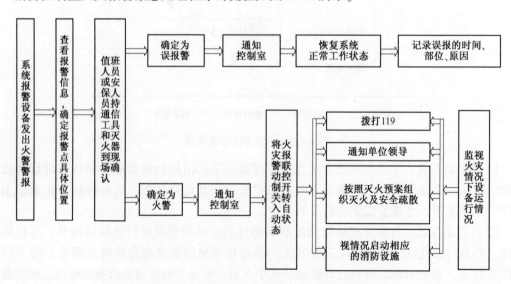

图 6-23　消防控制室火灾报警紧急处理程序的流程

1. 火灾报警信息的确认

（1）火灾报警控制器报出并显示火警信号后，消防值班人员应首先按下"消音"键消音，再依据报警信号确定报警点具体位置。

（2）通知另一名消防值班人员或安保人员到报警点进行现场火灾确认。消防控制室内消防值班人员在控制室内随时准备实施系统操作。若消防控制室设有闭路监控系统，则可直接将该系统切换至报警位置确认火情。

（3）现场火灾确认人员携带手提消防电话分机或对讲机等通信设备尽快到现场查看是否有火情发生。

2. 火灾处置流程

（1）如确有火灾发生，现场火灾确认人员应立即用对讲机或到附近消防电话插孔处用消防电话分机等通信工具向消防控制室反馈火灾确认信息。可根据火灾燃烧规模情况决定利用现场灭火器材进行扑救还是立即疏散转移。

（2）消防控制室内值班人员接到现场火灾确认信息后，必须立即将火灾报警联动控制开关转入自动状态（处于自动状态的除外）。

（3）拨打 119 火警电话向消防部门报警。

1）拨打火警电话时，应首先摘机，听到拨号音后，再拨 119 号码。

2）拨通 119 后，应确认对方是否为 119 火警受理台，以免拨错。

3）准确报出建筑物所在地地址（路名、街区名、门牌号），说明建筑物所处地理位置及周围明显的建筑物或道路标志。

4）简要说明起火原因及火灾范围。

5）等待接警人员提问，并简要准确地回答问题。

6）挂断电话后，通知消防巡查人员做好迎接消防车的各项准备工作。

（4）消防值班人员向消防值班经理和单位负责人报告火情，同时立即启动单位内部灭火和应急疏散预案。

（5）启动相应的联动设备，如消防栓系统、喷淋系统、防烟排烟系统等消防设施。

（6）通过消防广播系统通知火灾及相关区域人员疏散。

（7）消防队到场后，要如实报告情况，协助消防人员扑救火灾，保护火灾现场，调查火灾原因，做好火警记录。

3. 误报警的处置方法

（1）当火灾探测器出现误报警时，应首先按下"警报器消音"键，停止现场警报器发出的报警音响，通知现场人员及相关人员取消火警状态。

（2）考察是否由周围环境因素（水蒸气、油烟、潮湿、灰尘等）造成探测器误报警。

1）若环境中存在水蒸气、扬尘、油烟或快速温升等导致探测器误报警的因素，待环境恢复后，可按下火灾报警控制器的"复位"键，恢复探测器至正常工作状态。同时记录下该误报设备的详细编码等信息，并注意观察该报警点是否再次出现误报现象。

2）若不存在上述状况，无法确定导致报警原因时，可按下火灾报警控制器的"复位"键，恢复探测器至正常工作状态。如果探测器反复进入报警状态，则应立即向单位相关领导汇报，以便通知工程施工单位或维保单位尽快处理。

3）当场有条件维修解决的，应当场维修解决；当场没有条件维修解决的，应尽可能在

24 h内维修解决；需要由供应商或者厂家提供零配件或协助维修解决的，若不影响系统主要功能的，可在 7 个工作日内解决。误报排除后应经单位消防安全管理人员检查确认，维修情况应记入《建筑消防设施故障维修记录表》。

6.5.2 故障处置方法

当火灾报警控制器报出故障信号时，首先应按"消音"键中止警报声。然后应根据火灾报警控制器的故障信息确定故障发生部位和故障类型，查找故障原因、及时排除故障。故障一般可分为两类：一类为控制器内部部件产生的故障，如主备电故障、总线故障等；另一类为现场设备故障，如探测器故障、模块故障等。

1. 主电故障

当报主电故障时，应确认是否发生主电停电，否则检查主电源的接线、熔断器是否发生断路。主电断电情况下，火灾报警控制器自动投向备电供电，处于充满状态的备电一般可以连续供电 8 h。

注意：备电连续供电 8 h 后会自动保护，在备电自动保护后，为提示用户消防报警系统已关闭，控制器会提示 1 h 的故障声。在使用备电供电后，需要尽快恢复主电供电并给电池充电 48 h，以防蓄电池损坏。

2. 备电故障

当报备电故障时，应检查备用电池的连接器及接线；当备用电池连续工作时间超过 8 h 后，也可能因电压过低而报备电故障。

3. 现场设备故障

若为现场设备故障，则应及时维修，若因特殊原因不能及时排除的故障，也可先将其屏蔽，待故障排除后再利用设备释放功能将设备恢复。

4. 系统设备故障

若系统设备发生异常的声音、光指示、气味等可能导致人身伤害或火灾危险情况，则应立即关闭控制器电源。火灾报警控制器关机后应立即向单位消防安全管理人员报告，采取相应消防措施，值班记录中必须详细记录关机的时间及关机后临时采取的处理措施。

当故障经初步检查不能排除时，请立即通知安装单位或厂家进行维修。当场有条件维修解决的，应当场维修解决；当场没有条件维修解决的，应尽可能在 24 h 内维修解决；需要由供应商或者厂家提供零配件或协助维修解决的，若不影响系统主要功能的，可在 7 个工作日内解决。故障排除后应经单位消防安全管理人员检查确认，维修情况应记入《建筑消防设施故障维修记录表》。

习题与思考

6-1 某锅炉房地面长为 20 m，宽为 10 m，房间高度为 3.5 m，房顶坡度为 12°，属于二级保护对象。试求：

（1）选择探测器类型。

（2）确定探测器数量。

（3）进行探测器的布置。

6-2　某公共场所建筑面积为 1000 m²，被凸出顶棚高度为 500 mm 的梁隔断成大小相同的两个区域，设计容纳人数为 800 人，且采用的探测器每只保护面积为 80 m²。求该公共场所至少需要多少只探测器？

6-3　商店营业厅位于建筑地下一层，室内净高 4.5 m，建筑面积为 14 000 m²。采用感烟火灾探测器。试估算该营业厅至少需要多少只探测器？设置间距分别多少？

6-4　火灾自动报警系统可以分为哪些类型？分别适用于哪些保护对象？简述机械排烟系统的工作原理。

6-5　火灾自动报警系统由哪些部分组成？各部分的主要作用是什么？

6-6　列车的报警区域如何划分？

6-7　火灾自动报警系统中，探测区域应如何划分？

6-8　火灾警报器的设置应满足什么要求？

6-9　民用建筑内消防应急广播的扬声器设置应满足什么要求？

6-10　可燃气体探测报警子系统由哪些部分组成？

6-11　联动型火灾报警控制器的面板通常分为哪些区域？

6-12　火灾报警控制器消音状态的信息特征是什么？

本章相关国标

第 7 章

建筑防火系统

7.1 建筑物的分类与构造

7.1.1 建筑物的分类

建筑物可以从不同角度划分。主要分类方法有以下几种。

1. 按建筑物内是否有人员进行生产、生活活动分类

（1）建筑物。建筑物是指直接供人们生产、生活或其他活动的房屋及场所，如厂房、住宅、学校、商场、体育场馆等。

（2）构筑物。构筑物是指间接为人们提供服务或为了工程技术需要而设置的设施，如隧道、桥梁、水塔、堤坝等。

2. 按建筑物的使用性质分类

（1）民用建筑。民用建筑是指非生产性建筑，如住宅、教学楼、商场、体育场馆、候车室、办公楼等。按建筑高度和使用功能，民用建筑的分类见表 7-1。

扫一扫，看视频

表 7-1 民用建筑的分类

名称	高层民用建筑		单、多层民用建筑
	一类	二类	
住宅建筑	建筑高度大于 54 m 的住宅建筑（包括设置商业服务网点的住宅建筑）	建筑高度大于 27 m，但不大于 54 m 的住宅建筑（包括设置商业服务网点的住宅建筑）	建筑高度不大于 27 m 的住宅建筑（包括设置商业服务网点的住宅建筑）
公共建筑	建筑高度大于 50 m 的公共建筑； 建筑高度 24 m 以上部分任一楼层建筑面积大于 1000 m² 的商店、展览、电信、邮政、财贸金融建筑和其他多种功能组合的建筑； 医疗建筑、重要公共建筑、独立建造的老年人照料设施； 省级及以上的广播电视和防灾指挥调度建筑、网局级和省级电力调度建筑； 藏书超过 100 万册的图书馆、书库	除一类高层公共建筑外的其他高层公共建筑	建筑高度大于 24 m 单层公共建筑； 建筑高度不大于 24 m 的其他公共建筑

注：表中未列入的建筑，其类别应根据本表类比确定。

表7-1中，住宅建筑是指提供单身或家庭成员短期或长期居住使用的建筑。公共建筑是指提供各种公共活动的建筑，如学校、医院、银行、商场、体育场馆等。

（2）工业建筑。工业建筑是指工业生产性建筑，如生产厂房、库房、发电厂、变配电所等。

（3）农业建筑。农业建筑是指农副业生产建筑，如牲畜饲养场、粮仓等。

3. 按建筑物的结构分类

（1）木结构建筑。木结构建筑是指承重构件全部用木材建造的建筑。

（2）砖木结构建筑。砖木结构建筑是指用砖（石）当作承重墙，用木材当作楼板、屋架的建筑。

（3）砖混结构建筑。砖混结构建筑是指用砖墙、钢筋混凝土楼板层、钢（木）屋架或钢筋混凝土屋面板建造的建筑。

（4）钢筋混凝土结构建筑。钢筋混凝土结构建筑是指主要承重构件全部采用钢筋混凝土的建筑。

（5）钢结构建筑。钢结构建筑是指全部用钢柱、钢屋架建造，多用于工业建筑和临时建筑。

（6）其他建筑。例如，生土建筑、塑料建筑、充气塑料建筑等。

4. 按建筑物的高度分类

（1）单、多层建筑。27 m 以下的住宅建筑、建筑高度不超过24 m（或已超过24 m，但为单层）的公共建筑和工业建筑。

（2）高层建筑。建筑高度大于27 m 的住宅建筑和其他建筑高度大于24 m 的非单层建筑。对建筑高度超过100 m 的高层建筑称为超高层建筑。

7.1.2 建筑物的构造

建筑物的主要部分都是由基础、墙或柱、楼地层、楼梯、门窗和屋顶六大部分构成的。一般建筑物还有台阶、阳台、雨篷、散水以及其他各种配件和装饰部分等。民用建筑物的构造如图7-1所示。

（1）基础。基础是建筑物埋在自然地面以下的部分，承受建筑物的全部荷载，并把这些荷载传给地基。

（2）墙或柱。墙体是建筑物的承重和围护构件。在框架承重结构中，柱是主要的竖向承重构件。

（3）楼地层。楼地层是建筑物中的水平承重构件，包括底层地面和中间的楼板层。

（4）楼梯。楼梯是建筑的垂直交通设施，供人们平时上下和紧急疏散时使用。

（5）门窗。门主要用作内外交通联系及分隔房间，有时也兼有通风的作用；窗的作用主要是采光、通风。

（6）屋顶。屋顶是建筑物顶部的承重和围护构件，一般由屋面、保温（隔热）层和承重结构三部分组成。

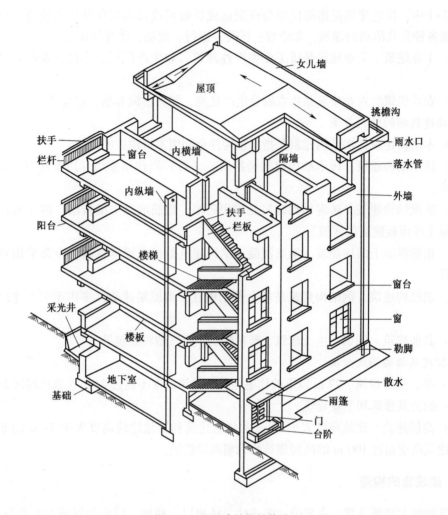

图 7-1 民用建筑物的构造

7.2 建筑材料、建筑构件的燃烧性能与耐火极限

建筑材料的燃烧性能和建筑构件的耐火极限是影响建筑火灾的重要因素之一。建筑材料种类繁多，各类建筑材料在燃烧过程中有着复杂的性能。随着现代建筑科学技术的发展，大量新型建筑材料的应用越来越广泛，使建筑火灾的发展蔓延更趋复杂。在建筑防火设计中应该掌握建筑材料、建筑构件的燃烧性能和耐火极限，科学合理地选用建筑材料，以减少火灾损失。

扫一扫，看视频

7.2.1 建筑材料的燃烧性能

建筑材料是指建造建筑物时使用的材料。建筑材料的品种繁多，为便于了解和对其防火性能进行研究，我们一般按建筑材料的化学构成把建筑材料分为无机材料、有机材料和复合材料三大类。

1. 无机材料

无机材料包括混凝土与胶凝材料类、砖、天然石材与人造石材类、建筑陶瓷与建筑玻璃类、石膏制品类、无机涂料类、建筑金属与建筑五金类等。

无机材料一般都是不燃性材料。

2. 有机材料

有机材料包括建筑木材类、建筑塑料类、有机涂料类、装修性材料类、各种功能性材料类等。

有机材料的特点是质量轻、隔热性好、耐热应力作用、不易发生裂缝和爆裂等，热稳定性比无机材料差，且一般都具有可燃性。

3. 复合材料

复合材料是将有机材料和无机材料结合起来的材料，如复合板材等。复合材料一般都含有一定的可燃成分。

另外，建筑材料按在建筑中的主要用途不同，可分为结构材料、构造材料、防水材料、地面材料、装修材料、绝热材料、吸声材料、卫生工程材料、防火等其他特殊材料。

建筑材料的燃烧性能是指当材料燃烧或遇火时所发生的一切物理变化和化学变化。我国国家标准《建筑材料及制品燃烧性能分级》（GB 8624—2012）将建筑材料的燃烧性能分为A、B1、B2、B3 四个级别。

（1）A 级材料。A 级材料是指不燃材料或不燃制品，如无机矿物材料、金属等。

（2）B1 级材料。B1 级材料是指难燃材料或难燃制品，如有机物填充的混凝土、水泥刨花板和酚醛塑料等。

（3）B2 级材料。B2 级材料是指可燃材料或可燃制品，如半硬质 PVC（聚氯乙烯）塑料地板、胶合板等。

（4）B3 级材料。B3 级材料是指易燃材料或易燃制品，如竹材、纸质装饰品等。

7.2.2　建筑构件的燃烧性能与耐火极限

建筑构件多为建筑结构的重要支撑体系，主要包括建筑内的墙、柱、梁、楼板、门、窗等。要保证建筑物火灾时的结构安全，为安全疏散被困人员、抢救财产和扑灭火灾创造有利条件，就要求建筑构件具有一定的耐火性能。一般来讲，建筑构件的耐火性能包括两部分内容：一是建筑构件的燃烧性能；二是建筑构件的耐火极限。耐火建筑构件在火灾中起着阻止火势蔓延、延长支撑时间的作用。

1. 建筑构件的燃烧性能

根据制造建筑材料的燃烧性能不同，建筑构件的燃烧性能分为三类：不燃烧体、难燃烧体和燃烧体。

（1）不燃烧体。不燃烧体是指用不燃材料做成的建筑构件。例如，砖墙体、钢筋混凝土梁或楼板、钢屋架等构件。

（2）难燃烧体。难燃烧体是指用难燃材料做成的建筑构件或用可燃材料做成而用不燃材料做保护层的建筑构件。例如，经阻燃处理的木质防火门、木龙骨板条抹灰隔墙体、水泥刨花板等构件。

（3）燃烧体。燃烧体是指用可燃材料做成的建筑构件。例如，木柱、木屋架、木梁、木楼板等构件。

2. 建筑构件的耐火极限

建筑构件的耐火极限是指在标准耐火试验条件下，建筑构件、配件或结构从受到火的作用时起，到失去稳定性、完整性或隔热性时止的这段时间，一般用小时（h）表示。一般来说，建筑构件只要出现以下三种现象的任意一种，就表明达到了耐火极限。

（1）失去稳定性。失去稳定性即构件失去支持能力，是指构件在受到火焰或高温作用下，由于构件材质性能的变化，自身解体或垮塌，使承载能力和刚度降低，承受不了原设计的荷载而破坏。例如，受火作用后钢筋混凝土梁失去支撑能力、非承重构件自身解体或垮塌。

（2）失去完整性。失去完整性即构件的完整性被破坏，是指薄壁分隔构件在火灾的高温作用下，发生爆裂或局部塌落，形成穿透裂缝或孔隙，火焰穿过构件，使其背火面可燃物起火。

例如，受火作用后的板条抹灰墙，内部可燃板条先行自燃，一定时间后其背火面的抹灰层龟裂脱落，引起燃烧起火。

（3）失去隔热性。失去隔热性即构件失去隔火作用，是指具有分隔作用的构件背火面任一点的温度达到220 ℃时，从而导致背火面的可燃物发生受热燃烧的现象，则表明构件失去隔火作用。

影响建筑构件耐火极限的因素很多，如墙体的耐火极限与其材料和厚度有关，柱的耐火极限与其材料及截面尺度有关。钢柱虽为不燃烧体，但有无保护层可使其耐火极限差别很大。

7.3 建筑耐火等级

建筑耐火等级是衡量建筑耐火程度的分级标准，是建筑设计防火技术措施中最基本的措施之一。由于各类建筑物的使用性质、重要程度、规模、楼层高低以及火灾危险性存在差异，所以对建筑物的耐火等级的要求也应有所不同。

扫一扫，看视频

7.3.1 建筑耐火等级的含义

建筑耐火等级是指根据有关规范或标准的规定，建筑物、构筑物或建筑构件、配件、材料所应达到的耐火性分级。

建筑耐火等级是衡量建筑物耐火程度的标准，它是由组成建筑物的墙体、柱、梁、楼板等主要构件的燃烧性能和最低耐火极限决定的。

7.3.2 建筑耐火等级的划分

1. 建筑耐火等级的划分目的

划分建筑耐火等级的目的，在于根据建筑物的不同用途提出不同的耐火等级要求，做到既有利于安全，又有利于节约投资。

2. 建筑耐火等级的划分依据

我国现行国家有关标准选择楼板作为确定建筑构件耐火极限的基准。因为在诸多建筑构件中楼板是最具代表性的一种至关重要的构件。楼板直接承载着人和物品的重量，其耐火极限的高低对建筑物的损失和室内人员在火灾情况下的疏散有极大的影响。在制定分级标准时，首先确定各耐火等级建筑物中楼板的耐火极限；其次将其他建筑构件与楼板相比较。在建筑结构中所占的地位比楼板重要者，其耐火极限应高于楼板；比楼板次要者，其耐火极限可适当降低。火灾统计数据显示，在 1.5 h 以内扑灭的火灾占总数的 88%；在 1.0 h 以内扑灭的火灾占总数的 80%。因此，将耐火等级为一级建筑楼板的耐火极限定为 1.5 h，二级建筑楼板的耐火极限定为 1.0 h，三级民用建筑楼板的耐火极限定为 0.5 h，三级工业建筑楼板的耐火极限则定为 0.75 h，四级建筑楼板的耐火极限定为 0.5 h。

3. 不同建筑的燃烧性能和耐火极限

按照建筑设计、施工及建筑结构的实际情况，并参考国外划分耐火等级的经验，现行国家标准《建筑设计防火规范（2018 年版）》（GB 50016—2014）将建筑耐火等级从高到低划分为以下四类：一级耐火等级、二级耐火等级、三级耐火等级、四级耐火等级。

其中，不同耐火等级厂房和仓库建筑构件的燃烧性能和耐火极限不应低于表 7-2 的要求。

表 7-2　不同耐火等级厂房和仓库建筑构件的燃烧性能与耐火极限　　（单位：h）

构件名称		耐火等级			
		一级	二级	三级	四级
墙	防火墙	不燃烧体 3.0	不燃烧体 3.0	不燃烧体 3.0	不燃烧体 3.0
	承重墙	不燃烧体 3.0	不燃烧体 2.5	不燃烧体 2.0	不燃烧体 0.5
	楼梯间和前室的墙 电梯井的墙	不燃烧体 2.0	不燃烧体 2.0	不燃烧体 1.5	不燃烧体 0.5
	疏散走道两侧的隔墙	不燃烧体 1.0	不燃烧体 1.0	不燃烧体 0.5	难燃烧体 0.25
	非承重外墙 房间隔墙	不燃烧体 0.75	不燃烧体 0.5	不燃烧体 0.5	难燃烧体 0.25
柱		不燃烧体 3.0	不燃烧体 2.5	不燃烧体 2.0	难燃烧体 0.5
梁		不燃烧体 2.0	不燃烧体 1.5	不燃烧体 1.0	难燃烧体 0.5
楼板		不燃烧体 1.5	不燃烧体 1.0	不燃烧体 0.75	不燃烧体 0.5

（续）

构件名称	耐火等级			
	一级	二级	三级	四级
屋顶承重构件	不燃烧体 1.5	不燃烧体 1.0	难燃烧体 0.5	燃烧体
疏散楼梯	不燃烧体 1.5	不燃烧体 1.0	不燃烧体 0.75	燃烧体
吊顶（包括吊顶格栅）	不燃烧体 0.25	难燃烧体 0.25	难燃烧体 0.15	燃烧体

注：二级耐火等级建筑内采用不燃材料的吊顶，其耐火极限不限。

　　厂房、仓库的耐火等级、建筑面积、层数等与其生产或储存物品的火灾危险性类别有着密切的关系。在具体设计、使用时都应结合厂房、仓库的具体防火等级要求进行选择和确定。例如，对于甲、乙类生产或储存的厂房或仓库，由于其生产或储存的物品危险性大，因此这类生产场所或仓库不应设置在地下或半地下。

　　不同耐火等级民用建筑的建筑构件的燃烧性能和耐火极限不应低于表 7-3 的要求。

表 7-3　不同耐火等级民用建筑的建筑构件的燃烧性能和耐火极限　　（单位：h）

构件名称		耐火等级			
		一级	二级	三级	四级
墙	防火墙	不燃烧体 3.0	不燃烧体 3.0	不燃烧体 3.0	不燃烧体 3.0
	承重墙	不燃烧体 3.0	不燃烧体 2.5	不燃烧体 2.0	不燃烧体 0.5
	非承重外墙	不燃烧体 1.0	不燃烧体 1.0	不燃烧体 0.5	燃烧体
	楼梯间和前室的墙 电梯井的墙 住宅单元之间的墙 住宅分户墙	不燃烧体 2.0	不燃烧体 2.0	不燃烧体 1.5	难燃烧体 0.5
	疏散走道两侧的隔墙	不燃烧体 1.0	不燃烧体 1.0	不燃烧体 0.5	难燃烧体 0.25
	房间隔墙	不燃烧体 0.75	不燃烧体 0.5	难燃烧体 0.5	难燃烧体 0.25
柱		不燃烧体 3.00	不燃烧体 2.5	不燃烧体 2.0	难燃烧体 0.5
梁		不燃烧体 2.0	不燃烧体 1.5	不燃烧体 1.0	难燃烧体 0.5
楼板		不燃烧体 1.5	不燃烧体 1.0	不燃烧体 0.5	燃烧体

（续）

构件名称	耐火等级			
	一级	二级	三级	四级
屋顶承重构件	不燃烧体 1.5	不燃烧体 1.0	燃烧体	燃烧体
疏散楼梯	不燃烧体 1.5	不燃烧体 1.0	不燃烧体 0.75	燃烧体
吊顶（包括吊顶格栅）	不燃烧体 0.25	难燃烧体 0.25	难燃烧体 0.15	燃烧体

注：① 除本规范另有规定外，以木柱承重且墙体采用不燃材料的建筑，其耐火等级应按四级确定。

② 住宅建筑构件的耐火极限和燃烧性能可按现行国家标准《住宅建筑规范》（GB 50368—2005）的规定执行。

民用建筑的耐火等级根据其建筑高度、使用功能、重要性和火灾扑救难度等确定，一些性质重要、火灾扑救难度大、火灾危险性大的民用建筑，还应达到最低耐火等级要求。

7.3.3 建筑构件的燃烧性能、耐火极限与建筑物耐火等级之间的关系

建筑构件的燃烧性能、耐火极限与建筑物耐火等级三者之间有着密切的关系。在同样厚度和截面尺寸条件下，不燃烧体与燃烧体相比，前者的耐火等级肯定比后者高许多。不同耐火等级的建筑物，除规定建筑构件最低耐火极限外，对其燃烧性能也有具体要求，概括起来是：一级耐火等级建筑的主要构件，都是不燃烧体；二级耐火等级建筑的主要构件，除吊顶为难燃烧体外，其余都为不燃烧体；三级耐火等级建筑的主要构件，除吊顶和隔墙体为难燃烧体外，其余构件都为不燃烧体；四级耐火等级建筑的主要构件，除防火墙体外，其余构件有的用难燃烧体，有的用燃烧体。

7.3.4 建筑耐火等级的选定

建筑耐火等级的选定主要根据建筑物的重要性、建筑物的高度和其在使用中的火灾危险性进行确定，具体应符合国家消防技术标准的有关规定。例如，一类高层民用建筑耐火等级应为一级，二类高层民用建筑耐火等级不应低于二级，裙房的耐火等级不应低于二级，高层民用建筑地下室的耐火等级应为一级。单、多层重要公共建筑耐火等级不应低于二级。建筑高度大于 10 m 的民用建筑，其楼板的耐火极限不应低于 2.0 h。一、二级耐火等级建筑的上人平屋顶，其屋面板的耐火极限分别不应低于 1.5 h 和 1.0 h。

7.3.5 建筑耐火等级的检查评定

在实践中检查评定建筑物的耐火等级，可根据建筑结构类型进行判定。通常情况下，钢筋混凝土的框架结构及板墙结构、砖混结构，可定为一、二级耐火等级建筑；用木结构屋顶、钢筋混凝土楼板和砖墙组成的砖木结构，可定为三级耐火等级建筑；以木柱、木屋架承重，难燃烧体楼板和墙的可燃结构建筑可定为四级耐火等级建筑。

7.4 建筑总平面防火

7.4.1 建筑选址

扫一扫，看视频

1. 周围环境的选择

各类建筑在规划建设时，要考虑周围环境的相互影响。特别是工厂、仓库选址时，既要考虑本单位的安全，又要考虑邻近的企业和居民的安全。

生产、储存和装卸易燃易爆危险物品的工厂、仓库和专用车站、码头，必须设置在城市的边缘或者相对独立的安全地带。

易燃易爆气体和液体的充装站、供应站、调压站，应当设置在合理的位置，符合防火防爆要求。

2. 地势条件的选择

建筑选址时，还要充分考虑和利用自然地形、地势条件。甲、乙、丙类液体的仓库，宜布置在地势较低的地方，以免火灾对周围环境造成威胁。

遇水产生可燃气体容易发生火灾爆炸的企业，严禁布置在可能被水淹没的地方。

生产、储存爆炸物品的企业，宜利用地形，选择多面环山、附近没有建筑的地方。

3. 考虑主导风向

考虑主导风向时的建筑选择如图 7-2 所示。

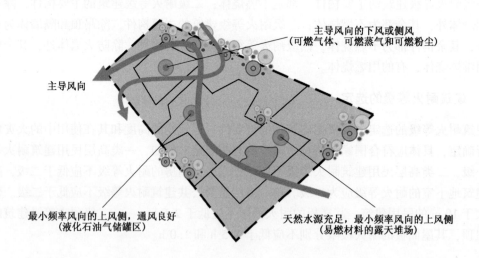

图 7-2 考虑主导风向时的建筑选择

散发可燃气体、可燃蒸气和可燃粉尘的车间、装置等，宜布置在明火或散发火花地点的常年主导风向的下风向或侧风向。

液化石油气储罐区宜布置在本单位或本地区全年最小频率风向的上风侧，并选择通风良好的地点独立设置。

易燃材料的露天堆场宜设置在天然水源充足的地方，并宜布置在本单位或本地区全年最小频率风向的上风侧。

选址示意图如图 7-3 所示。

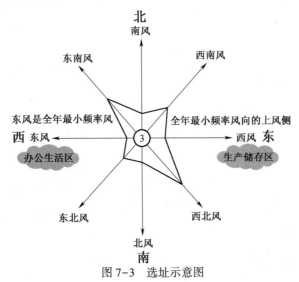

图 7-3　选址示意图

4. 划分功能区

功能区示意图如图 7-4 所示。

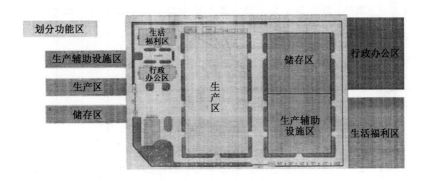

图 7-4　功能区示意图

规模较大的企业，要根据实际需要，合理划分生产区、储存区（包括露天储存区）、生产辅助设施区、行政办公区和生活福利区等。

同一企业内，若有不同火灾危险的生产建筑，则应尽量将火灾危险性相同的或相近的建筑集中布置，以利于采取防火防爆措施，便于安全管理。

易燃易爆的工厂、仓库的生产区、储存区内不得修建办公楼、宿舍等民用建筑。

7.4.2　防火间距

1. 厂房的防火间距

除《建筑设计防火规范（2018 年版）》（GB 50016—2014）另有规定外，厂房之间及与乙、丙、丁、戊类仓库、民用建筑等的防火间距不应小于表 7-4 的规定，与甲类仓库的

表 7-4　厂房之间及与乙、丙、丁、戊类仓库、民用建筑等的防火间距

（单位：m）

名称		甲类厂房 单、多层 一、二级	乙类厂房（仓库） 单、多层 一、二级	乙类厂房（仓库） 单、多层 三级	乙类厂房（仓库） 高层 一、二级	丙、丁、戊类厂房（仓库） 单、多层 一、二级	丙、丁、戊类厂房（仓库） 单、多层 三级	丙、丁、戊类厂房（仓库） 单、多层 四级	丙、丁、戊类厂房（仓库） 高层 一、二级	民用建筑 裙房、单、多层 一、二级	民用建筑 裙房、单、多层 三级	民用建筑 裙房、单、多层 四级	民用建筑 高层 一级	民用建筑 高层 二级
甲类厂房	单、多层 一、二级	12	12	14	13	12	14	16	13	25	25	25	50	50
乙类厂房	单、多层 一、二级	12	10	12	13	10	12	14	13	25	25	25	50	50
乙类厂房	单、多层 三级	14	12	14	15	12	14	16	15	25	25	25	50	50
乙类厂房	高层 一、二级	13	13	15	13	13	15	17	13	25	25	25	50	50
丙类厂房	单、多层 一、二级	12	10	12	13	10	12	14	13	10	12	14	20	15
丙类厂房	单、多层 三级	14	12	14	15	12	14	16	15	12	14	16	25	20
丙类厂房	单、多层 四级	16	14	16	17	14	16	18	17	14	16	18		
丙类厂房	高层 一、二级	13	13	15	13	13	15	17	13	13	15	17	20	15
丁、戊类厂房	单、多层 一、二级	12	10	12	13	10	12	14	13	10	12	14	15	13
丁、戊类厂房	单、多层 三级	14	12	14	15	12	14	16	15	12	14	16	18	15
丁、戊类厂房	单、多层 四级	16	14	16	17	14	16	18	17	14	16	18		
丁、戊类厂房	高层 一、二级	13	13	15	13	13	15	17	13	13	15	17	15	13
室外变、配电站 变压器总油量/t	≥5，≤10	25	25	25	25	12	15	20	12	15	20	25	20	
	>10，≤50					15	20	25	15	20	25	30	25	
	>50					20	25	30	20	25	30	35	30	

防火间距应符合《建筑设计防火规范（2018 年版）》（GB 50016—2014）第 3.5.1 条的规定。

（1）乙类厂房与重要公共建筑的防火间距不宜小于 50 m；与明火或散发火花地点，不宜小于 30 m，如图 7-5 所示。单、多层戊类厂房之间及与戊类仓库的防火间距可按表 7-4 的规定减少 2 m，与民用建筑的防火间距可将戊类厂房等同民用建筑按《建筑设计防火规范（2018 年版）》（GB 50016—2014）第 5.2.2 条的规定执行。为丙、丁、戊类厂房服务而单独设置的生活用房应按民用建筑确定，与所属厂房的防火间距不应小于 6 m。确需相邻布置时，应符合（2）、（3）的规定。

图 7-5　甲、乙类厂房布置要求示意图

（2）两座厂房相邻较高一面外墙为防火墙时，其防火间距不限，但甲类厂房之间不应小于 4 m。两座丙、丁、戊类厂房相邻两面外墙均为不燃性墙体，当无外露的可燃性屋檐，每面外墙上的门、窗、洞口面积之和各不大于外墙面积的 5%，且门、窗、洞口不正对开设时，其防火间距可按表 7-4 的规定减少 25%。甲、乙类厂房（仓库）不应与《建筑设计防火规范（2018 年版）》（GB 50016—2014）第 3.3.5 条规定外的其他建筑贴邻。

（3）两座一、二级耐火等级的厂房，当相邻较低一面外墙为防火墙且较低一座厂房的屋顶无天窗，屋顶的耐火极限不低于 1.0 h，或相邻较高一面外墙的门、窗等开口部位设置甲级防火门、窗或防火分隔水幕或按《建筑设计防火规范（2018 年版）》（GB 50016—2014）第 6.5.3 条的规定设置防火卷帘时，甲、乙类厂房之间的防火间距不应小于 6 m；丙、丁、戊类厂房之间的防火间距不应小于 4 m。相邻厂房设置要求示意图如图 7-6 所示。

（4）发电厂内的主变压器，其油量可按单台确定。

（5）耐火等级低于四级的既有厂房，其耐火等级可按四级确定。

（6）当丙、丁、戊类厂房与丙、丁、戊类仓库相邻时，应符合（2）、（3）的规定。

甲类厂房与重要公共建筑的防火间距不应小于 50 m，与明火或散发火花地点的防火间距不应小于 30 m。

散发可燃气体、可燃蒸气的甲类厂房与铁路、道路等的防火间距不应小于表 7-5 的规定，但甲类厂房所属厂内铁路装卸线当有安全措施时，防火间距不受表 7-5 规定的限制。

高层厂房与甲、乙、丙类液体储罐，可燃、助燃气体储罐，液化石油气储罐，可燃材料堆场（除煤和焦炭场外）的防火间距，应符合《建筑设计防火规范（2018 年版）》（GB 50016—2014）第 4 章的规定，且不应小于 13 m。

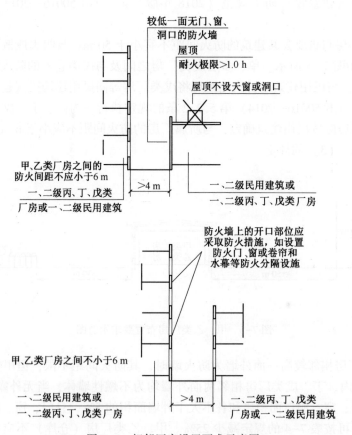

图 7-6　相邻厂房设置要求示意图

表 7-5　散发可燃气体、可燃蒸气的甲类厂房与铁路、道路等的防火间距　（单位：m）

名　称	厂外铁路线中心线	厂内铁路线中心线	厂外道路路边	厂内道路路边	
				主要	次要
甲类厂房	30	20	15	10	5

丙、丁、戊类厂房与民用建筑的耐火等级均为一、二级时，丙、丁、戊类厂房与民用建筑的防火间距可适当减小，但应符合下列规定。

（1）当较高一面外墙为无门、窗、洞口的防火墙，或比相邻较低一座建筑屋面高 15 m 及以下范围内的外墙为无门、窗、洞口的防火墙时，其防火间距不限。

（2）相邻较低一面外墙为防火墙，且屋顶无天窗或洞口、屋顶的耐火极限不低于 1.0 h，或相邻较高一面外墙为防火墙，且墙上开口部位采取了防火措施，其防火间距可适当减小，但不应小于 4 m。

厂房外附设化学易燃物品的设备，其外壁与相邻厂房室外附设设备的外壁或相邻厂房外墙的防火间距，不应小于《建筑设计防火规范（2018 年版）》（GB 50016—2014）第 3.4.1 条的规定。用不燃材料制作的室外设备，可按一、二级耐火等级建筑确定。总容量不大于 15 m³ 的丙类液体储罐，当直埋于厂房外墙外，且面向储罐一面 4 m 范围内的外墙为防火墙时，其防火间距不限。

同一座 U 形或山形厂房中相邻两翼之间的防火间距，不应小于《建筑设计防火规范（2018 年版）》（GB 50016—2014）第 3.4.1 条的规定，但当厂房的占地面积小于《建筑设计防火规范（2018 年版）》（GB 50016—2014）第 3.3.1 条规定的每个防火分区最大允许建筑面积时，其防火间距可为 6 m。

除高层厂房和甲类厂房外，其他类别的数座厂房占地面积之和小于《建筑设计防火规范（2018 年版）》（GB 50016—2014）第 3.3.1 条规定的防火分区最大允许建筑面积（按其中较小者确定，但防火分区的最大允许建筑面积不限者，不应大于 10 000 m²）时，可成组布置。当厂房建筑高度不大于 7 m 时，组内厂房之间的防火间距不应小于 4 m；当厂房建筑高度大于 7 m 时，组内厂房之间的防火间距不应小于 6 m。

组与组或组与相邻建筑的防火间距，应根据相邻两座中耐火等级较低的建筑，按《建筑设计防火规范（2018 年版）》（GB 50016—2014）第 3.4.1 条的规定确定。

2. 仓库的防火间距

甲类仓库之间及与其他建筑、明火或散发火花地点、铁路、道路等的防火间距不应小于表 7-6 的规定。

表 7-6　甲类仓库之间及与其他建筑、明火或散发火花地点、铁路、道路等的防火间距

（单位：m）

名　　称		甲类仓库（储量，t）			
		甲类储存物品第 3、4 项		甲类储存物品第 1、2、5、6 项	
		≤5	>5	≤10	>10
高层民用建筑、重要公共建筑		50			
裙房、其他民用建筑、明火或散发火花地点		30	40	25	30
甲类仓库		20	20	20	20
厂房和乙、丙、丁、戊类仓库	一、二级	15	20	12	15
	三级	20	25	15	20
	四级	25	30	20	25
电力系统电压为 35~500 kV 且每台变压器容量不小于 10 MV·A 的室外变、配电站，工业企业的变压器总油量大于 5 t 的室外降压变电站		30	40	25	30
厂外铁路线中心线		40			
厂内铁路线中心线		30			
厂外道路路边		20			
厂内道路路边	主要	10			
	次要	5			

注：甲类仓库之间的防火间距，当第 3、4 项物品储量不大于 2 t，第 1、2、5、6 项物品储量不大于 5 t 时，不应小于 12 m，甲类仓库与高层仓库的防火间距不应小于 13 m。

除《建筑设计防火规范（2018 年版）》（GB 50016—2014）另有规定外，乙、丙、丁、戊类仓库之间及与民用建筑的防火间距，不应小于表 7-7 的规定。

（1）单、多层戊类仓库之间的防火间距，可按表 7-7 的规定减少 2 m。

表 7-7 乙、丙、丁、戊类仓库之间及与民用建筑的防火间距 （单位：m）

名　　称			乙类仓库			丙类仓库				丁、戊类仓库			
			单、多层		高层	单、多层			高层	单、多层			高层
			一、二级	三级	一、二级	一、二级	三级	四级	一、二级	一、二级	三级	四级	一、二级
乙、丙、丁、戊类仓库	单、多层	一、二级	10	12	13	10	12	14	13	10	12	14	13
		三级	12	14	15	12	14	16	15	12	14	16	15
		四级	14	16	17	14	16	18	17	14	16	18	17
	高层	一、二级	13	15	13	13	15	17	13	13	15	17	13
民用建筑	裙房，单、多层	一、二级	25			10	12	14	13	10	12	14	13
		三级				12	14	16	15	12	14	16	15
		四级				14	16	18	17	14	16	18	17
	高层	一级	50			20	25	25	20	15	18	18	15
		二级				15	20	20	15	13	15	15	13

（2）两座仓库的相邻外墙均为防火墙时，防火间距可以减小，但丙类仓库，不应小于6 m；丁、戊类仓库，不应小于4 m。两座仓库相邻较高一面外墙为防火墙，且总占地面积不大于《建筑设计防火规范（2018年版）》（GB 50016—2014）第3.3.2条一座仓库的最大允许占地面积规定时，其防火间距不限。

（3）除乙类第6项物品外的乙类仓库，与民用建筑的防火间距不宜小于25 m，与重要公共建筑的防火间距不应小于50 m，与铁路、道路等的防火间距不宜小于表7-6中甲类仓库与铁路、道路等的防火间距。

丁、戊类仓库与民用建筑的耐火等级均为一、二级时，仓库与民用建筑的防火间距可适当减小，但应符合下列规定。

（1）当较高一面外墙为无门、窗、洞口的防火墙，或比相邻较低一座建筑屋面高15 m及以下范围内的外墙为无门、窗、洞口的防火墙时，其防火间距不限。

（2）相邻较低一面外墙为防火墙，且屋顶无天窗或洞口、屋顶的耐火极限不低于1.0 h，或相邻较高一面外墙为防火墙，且墙上开口部位采取了防火措施，其防火间距可适当减小，但不应小于4 m。

例 7-1 在某座三级耐火等级建筑的左侧，欲建有三座二级耐火等级的丙、丁、戊类厂房，其中丙类火灾危险性最高，丁类厂房高度超过7 m，丙、戊类厂房高度均不超过7 m，三座厂房面积之和控制在7000 m² 以内。试画出厂房组布置图，并标注出各建筑间的防火间距。

解：

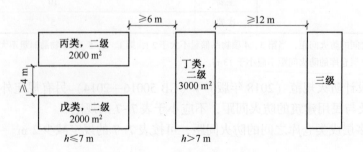

粮食筒仓与其他建筑、粮食筒仓组之间的防火间距，不应小于表7-8的规定。

表7-8　粮食筒仓与其他建筑、粮食筒仓组之间的防火间距　（单位：m）

名　称	粮食总储量 W/t	粮食立筒仓			粮食浅圆仓		其他建筑		
		$W \leqslant 40\ 000$	$40\ 000 < W \leqslant 50\ 000$	$W > 50\ 000$	$W \leqslant 50\ 000$	$W > 50\ 000$	一、二级	三级	四级
粮食立筒仓	$500 < W \leqslant 10\ 000$	15	20	25	20	25	10	15	20
	$10\ 000 < W \leqslant 40\ 000$	15	20	25	20	25	15	20	25
	$40\ 000 < W \leqslant 50\ 000$	20	20	25	20	25	20	25	30
	$W > 50\ 000$	25	25	25	25	25	20	30	—
粮食浅圆仓	$W \leqslant 50\ 000$	20	20	25	20	25	20	25	—
	$W > 50\ 000$	25	25	25	25	25	25	30	—

（1）当粮食立筒仓、粮食浅圆仓与工作塔、接收塔、发放站为一个完整工艺单元的组群时，组内各建筑之间的防火间距不受表7-8限制。

（2）粮食浅圆仓组内每个独立仓的储量不应大于10 000 t。

库区围墙与库区内建筑的间距不宜小于5 m，围墙两侧建筑的间距应满足相应建筑的防火间距要求。

3. 民用建筑的防火间距

民用建筑之间的防火间距如图7-7所示，且不应小于表7-9的规定，与其他建筑的防火间距，除应符合《建筑设计防火规范（2018年版）》（GB 50016—2014）第5.2节的规定外，尚应符合《建筑设计防火规范（2018年版）》（GB 50016—2014）其他章的有关规定。

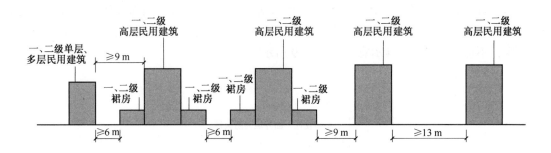

图7-7　民用建筑之间的防火间距

表7-9　民用建筑之间的防火间距　（单位：m）

建筑类别		高层民用建筑	裙房和其他民用建筑		
		一、二级	一、二级	三级	四级
高层民用建筑	一、二级	13	9	11	14
裙房和其他民用建筑	一、二级	9	6	7	9
	三级	11	7	8	10
	四级	14	9	10	12

（1）相邻两座单、多层建筑，当相邻外墙为不燃性墙体且无外露的可燃性屋檐，每面外墙上无防火保护的门、窗、洞口不正对开设且该门、窗、洞口的面积之和不大于外墙面积的 5% 时，其防火间距可按表 7-9 的规定减少 25%。

（2）两座建筑相邻较高一面外墙为防火墙，或高出相邻较低一座一、二级耐火等级建筑的屋面 15 m 及以下范围内的外墙为防火墙时，其防火间距不限。

（3）相邻两座高度相同的一、二级耐火等级建筑中相邻任一侧外墙为防火墙，屋面板的耐火极限不低于 1.0 h 时，其防火间距不限。

当较高一面外墙为防火墙时防火间距示意图如图 7-8 所示。

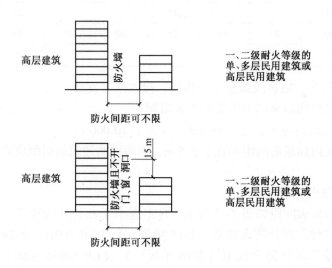

图 7-8　当较高一面外墙为防火墙时防火间距示意图

（4）相邻两座建筑中较低一座建筑的耐火等级不低于二级，相邻较低一面外墙为防火墙且屋顶无天窗，屋面板的耐火极限不低于 1.0 h 时，其防火间距不应小于 3.5 m；对于高层建筑，不应小于 4 m。其示意图如图 7-9 所示。

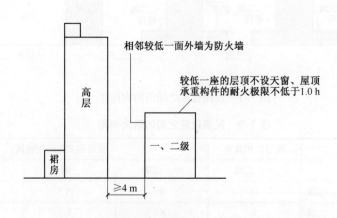

图 7-9　当较低一面外墙为防火墙时防火间距示意图

（5）相邻两座建筑中较低一座建筑的耐火等级不低于二级且屋顶无天窗，相邻较高一面外墙高出较低一座建筑的屋面 15 m 及以下范围内的开口部位设置甲级防火门、窗，或设置符合现行国家标准《自动喷水灭火系统设计规范》（GB 50084—2017）规定的防火分隔水幕或《建筑设计防火规范（2018 年版）》（GB 50016—2014）第 6.5.3 条规定的防火卷帘时，其防火间距不应小于 3.5 m；对于高层建筑，不应小于 4 m。其示意图如图 7-10 所示。

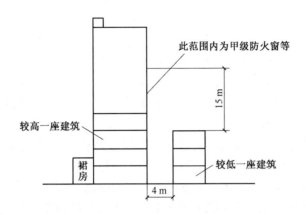

图 7-10　设置防火门、窗等分隔物时的防火间距示意图

（6）相邻建筑通过连廊、天桥或底部的建筑物等连接时，其间距不应小于表 7-9 的规定。

（7）耐火等级低于四级的既有建筑，其耐火等级可按四级确定。

民用建筑与单独建造的变电站的防火间距应符合《建筑设计防火规范（2018 年版）》（GB 50016—2014）第 3.4.1 条有关室外变、配电站的规定，但与单独建造的终端变电站的防火间距，可根据变电站的耐火等级按《建筑设计防火规范（2018 年版）》（GB 50016—2014）第 5.2.2 条有关民用建筑的规定确定。

民用建筑与 10 kV 及以下的预装式变电站的防火间距不应小于 3 m。

民用建筑与燃油、燃气或燃煤锅炉房的防火间距应符合《建筑设计防火规范（2018 年版）》（GB 50016—2014）第 3.4.1 条有关丁类厂房的规定，但与单台蒸汽锅炉的蒸发量不大于 4 t/h 或单台热水锅炉的额定热功率不大于 2.8 MW 的燃煤锅炉房的防火间距，可根据锅炉房的耐火等级按《建筑设计防火规范（2018 年版）》（GB 50016—2014）第 5.2.2 条有关民用建筑的规定确定。

除高层民用建筑外，数座一、二级耐火等级的住宅建筑或办公建筑，当建筑物的占地面积总和不大于 2500 m² 时，可成组布置，但组内建筑物之间的间距不宜小于 4 m。组与组或组与相邻建筑物的防火间距不应小于《建筑设计防火规范（2018 年版）》（GB 50016—2014）第 5.2.2 条的规定。

民用建筑与燃气调压站、液化石油气汽化站或混气站、城市液化石油气供应站瓶库等的防火间距，应符合现行国家标准《城镇燃气设计规范》（GB 50028—2006）的规定。

建筑高度大于 100 m 的民用建筑与相邻建筑的防火间距，当符合《建筑设计防火规范（2018 年版）》（GB 50016—2014）第 3.4.5 条、第 3.5.3 条、第 4.2.1 条和第 5.2.2 条允许减小的条件时，仍不应减小。

7.4.3　消防车道和消防扑救面

7.4.3.1　消防车道

1. 设置消防车道的目的

设置消防车道的目的是保证发生火灾时，消防车能畅通无阻，迅速到达火场，及时扑灭火灾，减少火灾损失。

2. 消防车道的设置标准

消防车道的具体设置应符合国家有关消防技术标准的规定。

（1）街区内的道路应考虑消防车的通行，道路中心线间的距离不宜大于 160 m，当建筑物沿街道部分的长度大于 150 m 或总长度大于 220 m 时，应设置穿过建筑物的消防车道。确有困难时，应设置环形消防车道。

对于总长度和沿街的长度过长的沿街建筑，特别是 U 形或 L 形的建筑，如果不对其长度进行限制，就会给灭火救援和内部人员的疏散带来不便，延误灭火时机。为满足灭火救援和人员疏散要求，本条对这些建筑的总长度做了必要的限制，而未限制 U 形、L 形建筑物的两翼长度。由于我国市政消火栓的保护半径在 150 m 左右，按规定一般设在城市道路两旁，故将消防车道的间距定为 160 m。本条规定对于区域规划也具有一定的指导作用。

在住宅小区的建设和管理中，存在小区内道路宽度、承载能力或净空不能满足消防车通行需要的情况，给灭火救援带来不便。为此，小区的道路设计要考虑消防车的通行需要。

计算建筑长度时，其内折线或内凹曲线，可按突出点间的直线距离确定；外折线或突出曲线，应按实际长度确定。

（2）高层民用建筑，超过 3000 个座位的体育馆，超过 2000 个座位的会堂，占地面积大于 3000 m² 的商店建筑、展览建筑等单、多层公共建筑应设置环形消防车道，确有困难时，可沿建筑的两个长边设置消防车道；对于高层住宅建筑和山坡地或河道边临空建造的高层民用建筑，可沿建筑的一个长边设置消防车道，但该长边所在建筑立面应为消防车登高操作面。

沿建筑物设置环形消防车道或沿建筑物的两个长边设置消防车道，有利于在不同风向条件下快速调整灭火救援场地和实施灭火。对于大型建筑，更有利于众多消防车辆到场后展开救援行动和调度。本条规定要求建筑物周围具有能满足基本灭火需要的消防车道。

对于一些超大体量或超长建筑物，一般均有较大的间距和开阔地带。这些建筑只要在平面布局上能保证灭火救援需要，在设置穿过建筑物的消防车道的确困难时，也可设置环形消防车道。但根据灭火救援实际，建筑物的进深最好控制在 50 m 以内。少数高层建筑，受山地或河道等地理条件限制时，允许沿建筑的一个长边设置消防车道，但需结合消防车登高操作场地设置。

（3）工厂、仓库区内应设置消防车道。高层厂房，占地面积大于 3000 m² 的甲、乙、丙类厂房和占地面积大于 1500 m² 的乙、丙类仓库，应设置环形消防车道，确有困难时，应沿建筑物的两个长边设置消防车道。

工厂或仓库区内不同功能的建筑通常采用道路连接，但有些道路并不能满足消防车的通行和停靠要求，故要求设置专门的消防车道以便灭火救援。这些消防车道可以结合厂区或库区内的其他道路设置，或利用厂区、库区内的机动车通行道路。

高层建筑、较大型的工厂和仓库往往一次火灾延续时间较长，在实际灭火中用水量大、消防车辆投入多，如果没有环形消防车道或平坦空地等，会造成消防车辆堵塞，难以靠近灭火救援现场。因此，该类建筑的平面布局和消防车道设计要考虑保证消防车通行、灭火展开和调度的需要。

（4）有封闭内院或天井的建筑物，当内院或天井的短边长度大于 24 m 时，宜设置进入内院或天井的消防车道；当该建筑物沿街时，应设置连通街道和内院的人行通道（可利用楼梯间），其间距不宜大于 80 m。

上述"街道"为城市中可通行机动车、行人和非机动车，一般设置有路灯、供水和供气、供电管网等其他市政公用设施的道路，在道路两侧一般建有建筑物。天井为由建筑或围墙四面围合的露天空地，与内院类似，只是面积大小有所区别。

（5）在穿过建筑物或进入建筑物内院的消防车道两侧，不应设置影响消防车通行或人员安全疏散的设施。本规定旨在保证消防车快速通行和疏散人员的安全，防止建筑物在通道两侧的外墙上设置影响消防车通行的设施或开设出口，导致人员在火灾时大量进入该通道，影响消防车通行。在穿过建筑物或进入建筑物内院的消防车道两侧、影响人员安全疏散或消防车通行的设施主要有与车道连接的车辆进出口、栅栏、开向车道的窗扇、疏散门、货物装卸口等。

（6）可燃材料露天堆场区，液化石油气储罐区，甲、乙、丙类液体储罐区和可燃气体储罐区，应设置消防车道。此处消防车道的设置应符合下列规定：

1）储量大于表 7-10 规定的堆场、储罐区，宜设置环形消防车道。

表 7-10　堆场或储罐区的储量

名称	棉、麻、毛、化纤/t	秸秆、芦苇/t	木材/m³	甲、乙、丙类液体储罐/m³	液化石油气储罐/m³	可燃气体储罐/m³
储量	1000	5000	5000	1500	500	30 000

2）占地面积大于 30 000 m² 的可燃材料堆场，应设置与环形消防车道相通的中间消防车道，消防车道的间距不宜大于 150 m。液化石油气储罐区，甲、乙、丙类液体储罐区和可燃气体储罐区内的环形消防车道之间宜设置连通的消防车道。

3）消防车道的边缘距离可燃材料堆垛不应小于 5 m。

在甲、乙、丙类液体储罐区和可燃气体储罐区内设置的消防车道，如设置位置合理、道路宽阔、路面坡度小，具有足够的车辆转弯或回转场地，则可大大方便消防车的通行和灭火救援行动。

将露天、半露天可燃物堆场通过设置道路进行分区并使车道与堆垛间保持一定距离，既可较好地防止火灾蔓延，又可较好地减小高强辐射热对消防车和消防员的作用，便于车辆调度，有利于展开灭火行动。

（7）供消防车取水的天然水源和消防水池应设置消防车道。消防车道的边缘距离取水点不宜大于 2 m。由于消防车的吸水高度一般不大于 6 m，吸水管长度也有一定限制，而多数天然水源与市政道路的距离难以满足消防车快速就近取水的要求，消防水池的设置有时也受地形限制，难以在建筑物附近就近设置或难以设置在可通行消防车的道路附近。因此，对于这些情况，均要设置可接近水源的专门消防车道，方便消防车应急取水供应火场。

（8）消防车道应符合下列要求：

1）车道的净宽度和净空高度均不应小于 4 m。

2）转弯半径应满足消防车转弯的要求。

3）消防车道与建筑之间不应设置妨碍消防车操作的树木、架空管线等障碍物。

4）消防车道靠建筑外墙一侧的边缘距离建筑外墙不宜小于 5 m。

5）消防车道的坡度不宜大于 8%。

这里为保证消防车道满足消防车通行和扑救建筑火灾的需要，根据目前国内在役各种消防车辆的外形尺寸，按照单车道并考虑消防车快速通行的需要，确定了消防车道的最小净宽度、净空高度，并对转弯半径提出了要求。对于需要通行特种消防车辆的建筑物、道路桥梁，还应根据消防车的实际情况增加消防车道的净宽度与净空高度。由于当前在城市或某些区域内的消防车道，大多数需要利用城市道路或居住小区内的公共道路，而消防车的转弯半径一般均较大，通常为 9~12 m。因此，无论专用消防车道还是兼作消防车道的其他道路或公路，均应满足消防车的转弯半径要求，该转弯半径可以结合当地消防车的配置情况和区域内的建筑物建设与规划情况综合考虑确定。

上述道路坡度是满足消防车安全行驶的坡度，不是供消防车停靠和展开灭火行动的场地坡度。

根据实际灭火情况，除高层建筑需要设置灭火救援操作场地外，一般建筑均可直接利用消防车道展开灭火救援行动，因此，消防车道与建筑间要保持足够的距离和净空，避免高大树木、架空高压电力线、架空管廊等影响灭火救援作业。

（9）环形消防车道至少应有两处与其他车道连通。尽头式消防车道应设置回车道或回车场，回车场的面积不应小于 12 m×12 m；对于高层建筑，不宜小于 15 m×15 m；供重型消防车使用时，不宜小于 18 m×18 m，消防车道的路面、救援操作场地、消防车道和救援操作场地下面的管道与暗沟等，应能承受重型消防车的压力。消防车道可利用城乡、厂区道路等，但该道路应满足消防车通行、转弯和停靠的要求。

目前，我国普通消防车的转弯半径为 9 m，登高车的转弯半径为 12 m，一些特种车辆的转弯半径为 16~20 m。本条规定回车场地不应小于 12 m×12 m，是根据一般消防车的最小转弯半径而确定的，对于重型消防车的回车场则还要根据实际情况增大。例如，有些重型消防车和特种消防车，由于车身长度和最小转弯半径已有 12 m 左右，就需设置更大面积的回车场才能满足使用要求；少数消防车的车身全长为 15.7 m，而 15 m×15 m 的回车场可能也满足不了使用要求。因此，设计还需根据当地的具体建设情况确定回车场的大小，但最小不应小于 12 m×12 m，供重型消防车使用时不宜小于 18 m×18 m。

在设置消防车道和灭火救援操作场地时，如果考虑不周，也会发生路面或场地的设计承受荷载过小、道路下面管道埋深过浅、沟渠选用轻型盖板等情况，从而不能承受重型消防车的通行荷载。特别是，有些情况需要利用裙房屋顶或高架桥等作为灭火救援场地或消防车通行时，更要认真核算相应的设计承载力。表 7-11 为各种消防车的满载（不包括消防员）总重量，可供设计消防车道时参考。

（10）消防车道不宜与铁路正线平交，确需平交时，应设置备用车道，且两车道的间距不应小于一列火车的长度。

建筑灭火有效与否，与报警时间、专业消防队的第一出动时间和到场时间关系较大。本条规定主要为避免延误消防车奔赴火场的时间。据成都铁路局提供的数据，目前一列火车的长度一般不大于 900 m，新型 16 车编组的和谐号动车，长度不超过 402 m。对于存在通行特殊超长火车的地方，需根据铁路部门提供的数据确定。

表 7-11　各种消防车的满载总重量

名　　称	型　号	满载总重量/kg	名　　称	型　号	满载总重量/kg
水罐车	SG65、SG65A	17 286	泡沫车	CPP181	2900
	SHX5350、GXFSG160	35 300		PM35GD	11 000
	CG60	17 000		PM50ZD	12 500
	SG120	26 000	供水车	GS140ZP	26 325
	SG40	13 320		GS150ZP	31 500
	SG55	14 500		GS150P	14 100
	SG60	14 100		东风 144	5500
	SG170	31 200		GS70	13315
	SG35ZP	9365		GS182P	31 500
	SG80	19 000	干粉车	GF30	1800
	SG85	18 525		GF60	2600
	SG70	13 260	干粉-泡沫联用消防车	PF45	17 286
	SP30	9210		PF110	2600
	EQ144	5000	登高平台车举高喷射消防车抢险救援车	CDZ53	33 000
	SG36	9700		CDZ40	2630
	EQ153A-F	5500		CDZ32	2700
	SG110	26 450		CDZ20	9600
	SG35GD	11 000		CJQ25	11 095
	SH5140GXFSC55GD	4000		SHX510TTXFQJ73	14 500
泡沫车	PM40ZP	11 500	消防通信指挥车	CX10	3230
	PM55	14 100		FXZ25	2160
	PM60ZP	1900	火场供给消防车	FXZ25A	2470
	PM80、PM85	18 525		FXZ10	2200
	PM120	26 000		XXFZM10	3864
	PM35ZP	9210		XXFZM12	5300
	PM55GD	14 500		TQXZ20	5020
	PP30	9410		QXZ16	4095
	EQ140	3000			

7.4.3.2　消防扑救面

1. 消防扑救面的含义

消防扑救面又叫高层建筑消防登高面、消防平台，是登高消防车靠近高层主体建筑，开展消防车登高作业及消防队员进入高层建筑内部，抢救被困人员、扑救火灾的建筑立面。按国家建筑防火设计规范，高层建筑都必须设消防登高面，且不能做其他用途。为了在发生火灾时，登高消防车能够靠近高层主体建筑，迅速抢救人员和扑灭火灾，在高层民用建筑进行总平面布置时，高层建筑的底边至少有一个长边或周边长度的 1/4 且不小于一个长边长度，不应布置高度大于 5 m、进深大于 4 m 的裙房，且在此范围内必须设置有直通室外的楼梯或直通楼梯间的出口。我们把登高消防车能靠近高层主体建筑，便于消防车作业和消防人员进入高层建筑进行抢救人员和扑灭火灾的建筑立面称为该建筑的消防扑救面。

设置消防登高面是为了消防登高车作业的需要，保证对高层住宅的住户进行及时救援，因此，消防登高面应靠近住宅的公用楼梯，当有困难时，登高面应靠近每套住宅的阳台或主窗。

2. 消防扑救面的设置

高层民用建筑和高层工业建筑应设置消防扑救面，其具体设置要求应符合现行国家标准《建筑设计防火规范（2018 年版）》（GB 50016—2014）的有关规定。

（1）高层建筑的底边至少有一个长边或周边长度的 1/4 且不小于一个长边长度，不应布置高度大于 5 m、进深大于 4 m 的裙房，且在此范围内必须设有直通室外的楼梯或直通楼梯间的出口。

无论建筑物底部留一长边还是 1/4 周边长度，其目的都是使登高消防车能够展开工作。根据登高消防车功能实验证明，高度在 5 m、进深在 4 m 以上的附属建筑，会影响扑救作业，因此，必须对附属建筑的高度、进深加以限制。设置直通室外的楼梯或出口，主要考虑人员从楼梯间进入，尽快到达火层，抢救被困人员，并进行火灾扑救。

（2）高层建筑的扑救面与相邻建筑应保持一定距离。高层民用建筑之间及高层民用建筑与其他建筑物之间除满足防火间距要求外，还要考虑消防车转弯半径及登高消防车的操作要求。

（3）消防登高面应靠近住宅的公共楼梯或阳台、窗；消防登高面一侧的裙房，其建筑高度不应大于 5 m，且进深不应大于 4 m；消防登高面不应设计大面积的玻璃幕墙。

7.5 建筑防火与防烟分区

7.5.1 建筑防火分区

划分防火分区时必须满足防火设计规范中规定的面积及构造要求，同时还应遵循以下原则：

扫一扫，看视频

（1）同一建筑物内，不同的危险区域之间、不同用户之间、办公用房和生产车间之间，应进行防火分隔处理。

（2）作为避难通道使用的楼梯间、前室和具有避难功能的走廊，必须受到完全保护，保证其不受火灾侵害并畅通无阻。高层建筑中的各种竖向井道，如电缆井、管道井等，其本身应是独立的防火单元，应保证井道外部火灾不扩大到井道内部，井道内部火灾也不蔓延到井道外部。有特殊防火要求的建筑，在防火分区之内应设置更小的防火区域。

防火分区分隔的通用要求如下：

（1）防火分区划分的目的是采取防火措施控制火灾蔓延，减少人员伤亡和经济损失。划分防火分区，应考虑水平方向的划分和垂直方向的划分。

（2）水平防火分区，即采用一定耐火极限的墙、楼板、门窗等防火分隔物按防火分区的面积进行分隔的空间。

（3）按垂直方向划分的防火分区也称竖向防火分区，可把火灾控制在一定的楼层范围内，防止火灾向其他楼层垂直蔓延，主要采用具有一定耐火极限的楼板作为分隔构件。每个楼层可根据面积要求划分成多个防火分区，高层建筑在垂直方向应以每个楼层为单元划分防火分区，所有建筑物的地下室，在垂直方向应以每个楼层为单元划分防火分区。

根据建筑的类型不同，防火分区的要求也有所不同，下面将从厂房、仓库、民用建筑、木结构建筑、城市交通隧道方面来描述。

7.5.1.1 厂房的防火分区

根据不同的生产火灾危险性类别，合理确定厂房的层数和建筑面积，可以有效防止火灾蔓延扩大，减少损失。

甲类生产具有易燃、易爆的特性，容易发生火灾和爆炸，疏散和救援困难，若层数多，则更难扑救，严重者还会对结构产生严重破坏。因此，甲类厂房除因生产工艺需要外，还应尽量采用单层建筑。

为适应生产需要建设大面积厂房和布置连续生产线工艺时，防火分区采用防火墙分隔比较困难。对此，除甲类厂房外，规范允许采用防火分隔水幕或防火卷帘等进行分隔。

厂房的防火分区面积应根据其生产的火灾危险性类别、厂房的层数和厂房的耐火等级等因素确定。各类厂房的防火分区面积应符合表 7-12 的要求。

表 7-12 厂房的层数和每个防火分区的最大允许建筑面积

生产的火灾危险性类别	厂房的耐火等级	最多允许层数	每个防火分区的最大允许建筑面积/m²			
			单层厂房	多层厂房	高层厂房	地下厂房或半地下厂房（包括地下室或半地下室）
甲	一级	宜采用单层	4000	3000	—	—
	二级		3000	2000	—	—
乙	一级	不限	5000	4000	2000	—
	二级	6	4000	3000	1500	—
丙	一级	不限	不限	6000	3000	500
	二级	不限	8000	4000	2000	500
	三级	2	3000	2000	—	—
丁	一、二级	不限	不限	不限	4000	1000
	三级	3	4000	2000	—	—
	四级	1	1000	—	—	—
戊	一、二级	不限	不限	不限	6000	1000
	三级	3	5000	3000	—	—
	四级	1	1500	—	—	—

（1）防火分区之间应采用防火墙分隔。除甲类厂房外的一、二级耐火等级厂房，当其防火分区的建筑面积大于表 7-12 的规定，且设置防火墙确有困难时，可采用防火卷帘或防火分隔水幕。采用防火卷帘时，应符合《建筑设计防火规范（2018 年版）》（GB 50016—2014）第 6.5.3 条的规定；采用防火分隔水幕时，应符合现行国家标准《自动喷水灭火系统设计规范》（GB 50084—2017）的规定。

（2）除麻纺厂房外，一级耐火等级的多层纺织厂房和二级耐火等级的单、多层纺织厂房，其每个防火分区的最大允许建筑面积可按表 7-12 的规定增加 0.5 倍，但厂房内的原棉开包、清花车间与厂房内其他部位之间均应采用耐火极限不低于 2.5 h 的防火墙分隔，需要开设门、窗、洞口时，应设置甲级防火门、窗。

（3）一、二级耐火等级的单、多层造纸生产联合厂房，其每个防火分区的最大允许建筑面积可按表 7-12 的规定增加 1.5 倍。一、二级耐火等级的湿式造纸联合厂房，当纸机烘缸罩内设置自动灭火系统，完成工段设置有效灭火设施保护时，其每个防火分区的最大允许建筑面积可按工艺要求确定。

（4）一、二级耐火等级的谷物筒仓工作塔，当每层工作人数不超过 2 人时，其层数不限。

（5）一、二级耐火等级卷烟生产联合厂房内的原料、备料及成组配方、制丝、储丝和卷接包、辅料周转、成品暂存、二氧化碳膨胀烟丝等生产用房应划分独立的防火分隔单元，当工艺条件许可时，应采用防火墙进行分隔。其中制丝、储丝和卷接包车间可划分为一个防火分区，且每个防火分区的最大允许建筑面积可按工艺要求确定，但制丝、储丝及卷接包车间之间应采用耐火极限不低于 2.0 h 的防火墙和 1.0 h 的楼板进行分隔。厂房内各水平和竖向防火分隔之间的开口应采取防止火灾蔓延的措施。

（6）厂房内的操作平台、检修平台，当使用人数少于 10 人时，平台的面积可不计入所在防火分区的建筑面积内。

（7）"—"表示不允许。

对于一些特殊的工业建筑，防火分区的面积可适当扩大，但必须满足规范规定的相关要求。

厂房内的操作平台、检修平台，当使用人数少于 10 人时，平台的面积可不计入所在防火分区的建筑面积内。

厂房内设置自动灭火系统时，每个防火分区的最大允许建筑面积可按表 7-12 的规定增加 1.0 倍。当丁、戊类的地上厂房内设置自动灭火系统时，每个防火分区的最大允许建筑面积不限。厂房内局部设置自动灭火系统时，其防火分区的增加面积可按该局部面积的 1.0 倍计算。

7.5.1.2 仓库的防火分区

仓库物资储存比较集中，可燃物数量多，一旦发生火灾，灭火救援难度大，常造成严重经济损失。因此，除了对仓库总的占地面积进行限制外，库房防火分区之间的水平分隔必须采用防火墙分隔，不能采用其他分隔方式替代。

甲、乙类物品着火后蔓延快、火势猛烈，甚至可能发生爆炸，危害大。因此，甲、乙类仓库内的防火分区之间应采用不开设门、窗、洞口的防火墙分隔，且甲类仓库应采用单层结构。

对于丙、丁、戊类仓库，在实际使用中确因物流等用途需要开口的部位，需采用与防火墙等效的措施，如甲级防火门、防火卷帘分隔，开口部位的宽度一般控制在不大于 6 m，高度宜控制在 0.4 m 以下，以保证该部位分隔的有效性。

设置在地下、半地下的仓库，火灾时室内气温高，烟气浓度比较高，热分解产物成分复杂，毒性大，而且威胁上部仓库的安全，因此甲、乙类仓库不应附设在建筑物的地下室和半地下室内。仓库的层数和面积应符合表 7-13 的规定。

表 7-13　仓库的层数和面积

储存物品的火灾危险性类别	仓库的耐火等级	最多允许层数	每座仓库的最大允许占地面积和每个防火分区的最大允许建筑面积/m²						
			单层仓库		多层仓库		高层仓库		地下仓库或半地下仓库（地下室或半地下室）
			每座仓库	防火分区	每座仓库	防火分区	每座仓库	防火分区	防火分区
甲　3、4项	一级	1	180	60	—	—	—	—	—
甲　1、2、5、6项	一、二级	1	750	250	—	—	—	—	—
乙　1、3、4项	一、二级	3	2000	500	900	300	—	—	—
乙　1、3、4项	三级	1	500	250	—	—	—	—	—
乙　2、5、6项	一、二级	5	2800	700	1500	500	—	—	—
乙　2、5、6项	三级	1	900	300	—	—	—	—	—
丙　1项	一、二级	5	4000	1000	2800	700	—	—	150
丙　1项	三级	1	1200	400	—	—	—	—	—
丙　2项	一、二级	不限	6000	1500	4800	1200	4000	1000	300
丙　2项	三级	3	2100	700	1200	400	—	—	—
丁	一、二级	不限	不限	3000	不限	1500	4800	1200	500
丁	三级	3	3000	1000	1500	500	—	—	—
丁	四级	1	2100	700	—	—	—	—	—
戊	一、二级	不限	不限	不限	不限	2000	6000	1500	1000
戊	三级	3	3000	1000	2100	700	—	—	—
戊	四级	1	2100	700	—	—	—	—	—

（1）仓库内的防火分区之间必须采用防火墙分隔，甲、乙类仓库内防火分区之间的防火墙不应开设门、窗、洞口；地下仓库或半地下仓库（包括地下室或半地下室）的最大允许占地面积，不应大于相应类别地上仓库的最大允许占地面积。

（2）石油库区内的桶装油品仓库应符合现行国家标准《石油库设计规范》（GB 50074—2014）的规定。

（3）一、二级耐火等级的煤均化库，每个防火分区的最大允许建筑面积不应大于12 000 m²。

（4）独立建造的硝酸铵仓库、电石仓库、聚乙烯等高分子制品仓库、尿素仓库、配煤仓库、造纸厂的独立成品仓库，当建筑的耐火等级不低于二级时，每座仓库的最大允许占地面积和每个防火分区的最大允许建筑面积可按表 7-13 的规定增加 1.0 倍。

（5）一、二级耐火等级粮食平房仓的最大允许占地面积不应大于 12 000 m²，每个防火分区的最大允许建筑面积不应大于 3000 m²；三级耐火等级粮食平房仓的最大允许占地面积不应大于 3000 m²，每个防火分区的最大允许建筑面积不应大于 1000 m²。

（6）一、二级耐火等级且占地面积不大于 2000 m² 的单层棉花库房，其防火分区的最大允许建筑面积不应大于 2000 m²。

（7）一、二级耐火等级冷库的最大允许占地面积和防火分区的最大允许建筑面积，应符合现行国家标准《冷库设计规范》（GB 50072—2010）的规定。

（8）"—"表示不允许。

仓库内设置自动灭火系统时，除冷库的防火分区外，每座仓库的最大允许占地面积和每个防火分区的最大允许建筑面积可按表7-13的规定增加1.0倍。冷库的防火分区面积应符合现行国家标准《冷库设计规范》（GB 50072—2010）的规定。

7.5.1.3 民用建筑的防火分区

当建筑面积过大时，室内容纳的人员和可燃物的数量相应增大，为了减少火灾损失，对建筑物防火分区的面积按照建筑物耐火等级的不同给予相应的限制。除《建筑设计防火规范（2018年版）》（GB 50016—2014）另有规定外，不同耐火等级建筑的允许建筑高度或层数、防火分区最大允许建筑面积应符合表7-14的规定。

表7-14　不同耐火等级民用建筑防火分区的最大允许建筑面积

名称	耐火等级	允许建筑高度或层数	防火分区的最大允许建筑面积/m²	备注
高层民用建筑	一、二级	按《建筑设计防火规范（2018年版）》（GB 50016—2014）第5.1.1条确定	1500	对于体育馆、剧场的观众厅，防火分区的最大允许建筑面积可适当增加
单、多层民用建筑	一、二级	按《建筑设计防火规范（2018年版）》（GB 50016—2014）第5.1.1条确定	2500	
	三级	5层	1200	—
	四级	2层	600	—
地下或半地下建筑（室）	一级	—	500	设备用房的防火分区最大允许建筑面积不应大于1000 m²

注：①表中规定的防火分区最大允许建筑面积，当建筑内设置自动灭火系统时，可按本表的规定增加1.0倍；局部设置时，防火分区的增加面积可按该局部面积的1.0倍计算。
　　②裙房与高层建筑主体之间设置防火墙时，裙房的防火分区可按单、多层建筑的要求确定。

建筑内设置自动扶梯、敞开楼梯等上、下层相连通的开口时，其防火分区的建筑面积应按上、下层相连通的建筑面积叠加计算；当叠加计算后的建筑面积大于《建筑设计防火规范（2018年版）》（GB 50016—2014）第5.3.1条的规定时，应划分防火分区。

建筑内设置中庭时，其防火分区的建筑面积应按上、下层相连通的建筑面积叠加计算；当叠加计算后的建筑面积大于《建筑设计防火规范（2018年版）》（GB 50016—2014）第5.3.1条的规定时，应符合下列规定：

（1）与周围连通空间应进行防火分隔：采用防火隔墙时，其耐火极限不应低于1.0 h；采用防火玻璃墙时，其耐火隔热性和耐火完整性不应低于1.0 h，采用耐火完整性不低于1.0 h的非隔热性防火玻璃墙时，应设置自动喷水灭火系统进行保护；采用防火卷帘时，其耐火极限不应低于3.0 h，并应符合《建筑设计防火规范（2018年版）》（GB 50016—2014）第6.5.3条的规定；与中庭相连通的门、窗，应采用火灾时能自行关闭的甲级防火门、窗。

（2）高层建筑内的中庭回廊应设置自动喷水灭火系统和火灾自动报警系统。

（3）中庭应设置排烟设施。

（4）中庭内不应布置可燃物。

防火分区之间应采用防火墙分隔，确有困难时，可采用防火卷帘等防火分隔设施分隔。采用防火卷帘分隔时，应符合《建筑设计防火规范（2018 年版）》（GB 50016—2014）第 6.5.3 条的规定。

一、二级耐火等级建筑内的营业厅、展览厅，当设置自动喷水灭火系统和火灾自动报警系统并采用不燃或难燃装修材料时，每个防火分区的最大允许建筑面积可适当增加，并应符合下列规定：

（1）设置在高层建筑内时，不应大于 4000 m^2。

（2）设置在单层建筑内或仅设置在多层建筑的首层内时，不应大于 10 000 m^2。

（3）设置在地下或半地下时，不应大于 2000 m^2。

总建筑面积大于 20 000 m^2 的地下或半地下商业营业厅，应采用无门、窗、洞口的防火墙。耐火极限不低于 2.0 h 的楼板分隔为多个建筑面积不大于 20 000 m^2 的区域。相邻区域确需局部水平或竖向连通时，应采用符合规定的下沉式广场等室外开敞空间、防火隔间、避难走道、防烟楼梯间等方式进行连通，并应符合下列规定：

（1）下沉式广场等室外开敞空间应能防止相邻区域的火灾蔓延和便于安全疏散，并应符合《建筑设计防火规范（2018 年版）》（GB 50016—2014）第 6.4.12 条的规定。

（2）防火隔间的墙应为耐火极限不低于 3.0 h 的防火隔墙，并应符合《建筑设计防火规范（2018 年版）》（GB 50016—2014）第 6.4.13 条的规定。

（3）避难走道应符合《建筑设计防火规范（2018 年版）》（GB 50016—2014）第 6.4.14 条的规定。

（4）防烟楼梯间的门应采用甲级防火门。

7.5.1.4　木结构建筑的防火分区

建筑高度不大于 18 m 的住宅建筑，建筑高度不大于 24 m 的办公建筑或丁、戊类厂房（库房）的房间隔墙和非承重外墙可采用木骨架组合墙体。民用建筑，丁、戊类厂房（库房）可采用木结构建筑或木结构组合建筑，其允许层数和允许建筑高度应符合表 7-15 的规定。木结构建筑防火墙间的允许建筑长度和每层最大允许建筑面积应符合表 7-16 的规定。

表 7-15　木结构建筑或木结构组合建筑的允许层数和允许建筑高度

木结构建筑的形式	普通木结构建筑	轻型木结构建筑	胶合木结构建筑		木结构组合建筑
允许层数/层	2	3	1	3	7
允许建筑高度/m	10	10	不限	15	24

表 7-16　木结构建筑防火墙间的允许建筑长度和每层最大允许建筑面积

层数/层	防火墙间的允许 建筑长度/m	防火墙间的每层最大 允许建筑面积/m^2
1	100	1800
2	80	900
3	60	600

当设置自动喷水灭火系统时，防火墙间的允许建筑长度和每层最大允许建筑面积可按表 7-16 的规定增加 1.0 倍；当为丁、戊类地上厂房时，防火墙间的每层最大允许建筑面积

不限。体育场馆等高大空间建筑，其建筑高度和建筑面积可适当增加。

附设在木结构住宅建筑内的机动车库、发电机间、配电间、锅炉间等火灾危险性较大的场所，应采用耐火极限不低于 2.0 h 的防火隔墙和耐火极限不低于 1.0 h 的不燃性楼板与其他部位分隔，不宜开设与室内相通的门、窗、洞口。采用木结构的自用车库的建筑面积不宜大于 60 m^2。

7.5.1.5　城市交通隧道的防火分区

隧道内的变电站、管廊、专用疏散通道、通风机房及其他辅助用房等，应采取耐火极限不低于 2.0 h 的防火隔墙和乙级防火门等分隔措施与车行隧道分隔。隧道内附设的地下设备用房，占地面积大，人员较少，每个防火分区的最大允许建筑面积不应大于 1500 m^2。

7.5.2　建筑防烟分区

7.5.2.1　防烟分区的划分目的

防烟分区是在建筑内部采用挡烟设施分隔而成，能在一定时间内防止火灾烟气向同一防火分区其余部分蔓延的局部空间。

划分防烟分区的目的：一是在火灾时，将烟气控制在一定范围内；二是提高排烟口的排烟效果。防烟分区一般应结合建筑内部的功能分区和排烟系统的设计要求进行划分，不设排烟设施的部位（包括地下室）可不划分防烟分区。

7.5.2.2　防烟分区的面积划分

设置排烟系统的场所或部位应划分防烟分区。防烟分区不宜大于 2000 m^2，长边不应大于 60 m。当室内高度超过 6 m，且具有对流条件时，长边不应大于 75 m。

设置防烟分区应满足以下几个要求：

（1）防烟分区应采用挡烟垂壁、隔墙、结构梁等划分。

（2）防烟分区不应跨越防火分区。

（3）每个防烟分区的建筑面积不宜超过规范要求。

（4）采用隔墙等形成封闭的分隔空间时，该空间宜作为一个防烟分区。

（5）储烟仓高度不应小于空间净高的 10%，且不应小于 500 mm，同时应保证疏散所需的清晰高度；最小清晰高度应由计算确定。

（6）有特殊用途的场所应单独划分防烟分区。

7.5.2.3　防烟分区的分隔措施

划分防烟分区的构件主要有挡烟垂壁、隔墙、防火卷帘、建筑横梁等。其中，隔墙即非承重，只起分隔作用的墙体；防火卷帘在前面已经做了介绍，这里重点讲解挡烟垂壁和建筑横梁。

1. 挡烟垂壁

挡烟垂壁是用不燃材料制成的，垂直安装在建筑顶棚、横梁或吊顶下，能在火灾时形成一定的储烟空间的挡烟分隔设施。

挡烟垂壁常设置在烟气扩散流动的路线上烟气控制区域的分界处，和排烟设备配合进行有效的排烟。其从顶棚下垂的高度一般应距顶棚面 50 cm 以上，称为有效高度。当室内发生火灾时，所产生的烟气由于浮力作用而积聚在顶棚下，只要烟层的厚度小于挡烟垂壁的有效高度，烟气就不会向其他场所扩散。

挡烟垂壁分为固定式和活动式两种。固定式挡烟垂壁是指固定安装的、能满足设定挡烟高度的挡烟垂壁。活动式挡烟垂壁可从初始位置自动运行至挡烟工作位置，并满足设定挡烟高度的挡烟垂壁。

2. 建筑横梁

当建筑横梁的高度超过 50 cm 时，该横梁可作为挡烟设施使用。

7.6　防火分隔设施

对建筑物进行防火分区的划分是通过防火分隔构件来实现的。具有阻止火势蔓延的作用，能把整个建筑空间划分成若干较小防火空间的建筑构件称为防火分隔构件。防火分隔构件可分为固定式和可开启关闭式两种。固定式包括普通砖墙、楼板、防火墙等，可开启关闭式包括防火门、防火窗、防火卷帘、防火分隔水幕等。

扫一扫，看视频

7.6.1　防火墙

防火墙应直接设置在建筑的基础或框架、梁等承重结构上，框架、梁等承重结构的耐火极限不应低于防火墙的耐火极限。防火墙设置要求示意图如图 7-11 所示。

防火墙应从楼地面基层隔断至梁、楼板或屋面板的底面基层。当高层厂房（仓库）屋顶承重结构和屋面板的耐火极限低于 1.0 h，其他建筑屋顶承重结构和屋面板的耐火极限低于 0.5 h 时，防火墙应高出屋面 0.5 m 以上。

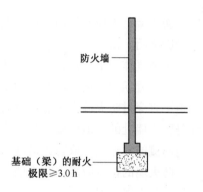

图 7-11　防火墙设置要求示意图

防火墙横截面中心线水平距离天窗端面小于 4 m，且天窗端面为可燃性墙体时，应采取防止火势蔓延的措施。

建筑外墙为难燃性或可燃性墙体时，防火墙应凸出墙的外表面 0.4 m 以上，且防火墙两侧的外墙均应为宽度不小于 2 m 的不燃性墙体，其耐火极限不应低于外墙的耐火极限。防火墙突出墙的外表面要求示意图如图 7-12 所示。

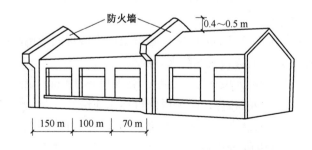

图 7-12　防火墙突出墙的外表面要求示意图

建筑外墙为不燃性墙体时，防火墙可不凸出墙的外表面，紧靠防火墙两侧的门、窗、洞口之间最近边缘的水平距离不应小于 2 m；采取设置乙级防火窗等防止火灾水平蔓延的措施时，该距离不限。

建筑内的防火墙不宜设置在转角处，确需设置时，内转角两侧墙上的门、窗、洞口之间最近边缘的水平距离不应小于 4 m；采取设置乙级防火窗等防止火灾水平蔓延的措施时，该距离不限。防火墙设置要求示意图如图 7-13 所示。

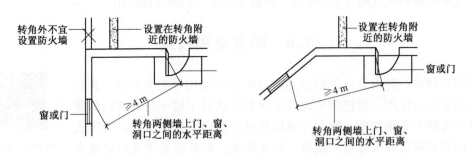

图 7-13　防火墙设置要求示意图

防火墙上不应开设门、窗、洞口，确需开设时，应设置不可开启或火灾时能自动关闭的甲级防火门、窗。

可燃气体和甲、乙、丙类液体的管道严禁穿过防火墙。防火墙内不应设置排气道。

除《建筑设计防火规范（2018 年版）》（GB 50016—2014）第 6.1.5 条规定外的其他管道不宜穿过防火墙，确需穿过时，应采用防火封堵材料将墙与管道之间的空隙紧密填实，穿过防火墙处的管道保温材料，应采用不燃材料；当管道为难燃材料及可燃材料时，应在防火墙两侧的管道上采取防火措施。

防火墙的构造应能在防火墙任意一侧的屋架、梁、楼板等受到火灾的影响而破坏时，不会导致防火墙倒塌。

7.6.2　防火卷帘

防火卷帘是在一定时间内，连同框架能满足耐火稳定性和耐火完整性要求的卷帘，由帘板、卷轴、电动机、导轨、支架、防护罩和控制机构等组成。

1. 类型

按叶板厚度不同，防火卷帘可分为轻型（厚度为 0.5~0.6 mm）防火卷帘和重型（厚度为 1.5~1.6 mm）防火卷帘。

一般情况下，厚度为 0.8~1.5 mm 的防火卷帘适用于楼梯间或电动扶梯的隔墙，厚度为 1.5 mm 以上的防火卷帘适用于防火墙或防火分隔墙。

按动作方向不同，防火卷帘可分为：上卷，宽度可达 10 m，耐火极限可达 4.0 h；侧卷，宽度可达 80~100 m，≥90°转弯，耐火极限可达 4.3 h。

按材料不同，防火卷帘可分为：普通型钢质，耐火极限可达到 1.5 h、2.0 h；复合型钢质，中间加隔热材料，耐火极限可达到 2.5 h、3.0 h、4.0 h。此外，还有非金属材料制作的复合防火卷帘，主要材料是石棉布，有较高的耐火极限。

2. 设置要求

（1）替代防火墙的防火卷帘应符合防火墙耐火极限的判定条件，或在其两侧设冷却水幕，计算水量时，其火灾延续时间按不小于 3.0 h 考虑。

（2）设在疏散走道和前室的防火卷帘应具有延时下降功能。在卷帘两侧设置启闭装置，并应能电动和手动控制。

（3）需在火灾时自动降落的防火卷帘，应具有信号反馈的功能。

（4）应有防火防烟密封措施。两侧压差为 20 Pa 时，漏烟量小于 0.2 $m^3/(m^2 \cdot min)$。

（5）不宜采用侧式防火卷帘。

（6）防火卷帘的耐火极限不应低于规范对所设置部位的耐火极限要求。

（7）防火卷帘应符合现行国家标准《防火卷帘》（GB 14102—2005）的规定。

3. 设置部位

防火卷帘一般设置在电梯厅、自动扶梯周围、中庭与楼层走道、过厅相通的开口部位，生产车间中大面积工艺洞口以及设置防火墙有困难的部位等。

注意：除中庭外，当防火分隔部位的宽度不大于 30 m 时，防火卷帘的宽度不应大于 10 m；当防火分隔部位的宽度大于 30 m 时，防火卷帘的宽度不应大于该防火分隔部位宽度的 1/3，且不应大于 20 m。

7.6.3 防火门窗

7.6.3.1 防火门

防火门是指具有一定耐火极限，且在发生火灾时能自行关闭的门。建筑中设置的防火门，应保证门的防火和防烟性能符合现行国家标准《防火门》（GB 12955—2008）的有关规定，并经消防产品质量检测中心检测试验认证后才能使用。防火门能够阻隔烟火，对防止烟火的扩散和蔓延、减少火灾损失起重要作用。

1. 分类

（1）按耐火极限不同，可分为甲、乙、丙三级，耐火极限分别不低于 1.5 h、1.0 h 和 0.5 h，对应的分别应用于防火墙、疏散楼梯门和竖井检查门。

（2）按材料不同，可分为木质、钢质、复合材料防火门。

（3）按门扇结构不同，可分为带亮子、不带亮子；单扇、多扇。

2. 防火要求

（1）疏散通道上的防火门应向疏散方向开启，并在关闭后应能从任一侧手动开启。

（2）用于疏散走道、楼梯间和前室的防火门，应能自动关闭；双扇和多扇防火门，应设置顺序闭门器。

（3）除允许设置常开防火门的位置外，其他位置的防火门均应采用常闭防火门。常闭防火门应在门扇的明显位置设置"保持防火门关闭"等提示标志。为方便平时经常有人通行而需要保持常开的防火门，在发生火灾时，应具有自动关闭和信号反馈功能，如设置与报警系统联动的控制装置和闭门器等。

（4）为保证分区间的相互独立，设在变形缝附近的防火门，应设在楼层较多的一侧，且门开启后不应跨越变形缝，防止烟火通过变形缝蔓延。

（5）平时关闭后应具有防烟性能。

变形缝：由于温度变化，地基不均匀沉降和地震因素的影响，易使建筑发生变形或破坏，故在设计时应事先将房屋划分成若干个独立部分，使各部分能自由独立地变化。这种将建筑物垂直分开的预留缝称为变形缝。

7.6.3.2　防火窗

防火窗是采用钢窗框、钢窗扇及防火玻璃制成的，能起到隔离和阻止火势蔓延的窗户，一般设置在防火间距不足部位的建筑外墙上的开口或天窗，建筑内的防火墙或防火隔墙上需要观察等部位以及需要防止火灾竖向蔓延的外墙开口部位。

防火窗按照安装方法可分为固定窗扇与活动窗扇两种。固定窗扇防火窗不能开启，平时可以采光、遮挡风雨，发生火灾时可以阻止火势蔓延；活动窗扇防火窗能够开启和关闭，起火时可以自动关闭，阻止火势蔓延，开启后可以排出烟气，平时还可以采光和通风。为了使防火窗的窗扇能够开启和关闭，需要安装自动和手动开关装置。

防火窗的耐火极限与防火门相同。设置在防火墙、防火隔墙上的防火窗，应采用不可开启的窗扇或具有火灾时能自行关闭的功能。

防火窗应符合现行国家标准《防火窗》（GB 16809—2008）的有关规定。

7.6.4　防火分隔水幕

防火分隔水幕可以起到防火墙的作用，在某些需要设置防火墙或其他防火分隔物而无法设置的情况下，可采用防火分隔水幕进行分隔。

防火分隔水幕宜采用雨淋式水幕喷头，水幕喷头的排列不少于 3 排，水幕宽度不宜小于 6 m，供水强度不应小于 2 L/(s·m)。

7.6.5　防火阀与排烟防火阀

7.6.5.1　防火阀

防火阀是在一定时间内能满足耐火稳定性和耐火完整性要求，用于管道内阻火的活动式封闭装置。空调、通风管道一旦窜入烟火，就会导致火灾大范围蔓延。因此，在风道贯通防火分区的部位（防火墙），必须设置防火阀。

防火阀平时处于开启状态，发生火灾时，当管道内烟气温度达到 70 ℃时，易熔合金片就会熔断断开而防火阀自动关闭。

1. 防火阀的设置部位

（1）穿越防火分区处。

（2）穿越通风、空气调节机房的房间隔墙和楼板处。

（3）穿越重要或火灾危险性大的房间隔墙和楼板处。

（4）穿越防火分隔处的变形缝两侧。

（5）竖向风管与每层水平风管交接处的水平管段上。但当建筑内每个防火分区的通风、空气调节系统均独立设置时，水平风管与竖向总管的交接处可不设置防火阀。

（6）公共建筑的浴室、卫生间和厨房的竖向排风管，应采取防止回流措施或在支管上设置公称动作温度为 70 ℃的防火阀。公共建筑内厨房的排油烟管道宜按防火分区设置，且在与竖向排风管连接的支管处应设置公称动作温度为 150 ℃的防火阀。

2. 防火阀的设置要求

防火阀的设置应符合下列规定：

（1）防火阀宜靠近防火分隔处设置。

（2）防火阀暗装时，应在安装部位设置方便维护的检修口。

（3）在防火阀两侧各 2 m 范围内的风管及其绝热材料应采用不燃材料。

（4）防火阀应符合现行国家标准《建筑通风和排烟系统用防火阀门》（GB 15930—2007）的规定。

7.6.5.2 排烟防火阀

排烟防火阀是安装在排烟系统管道上起隔烟、阻火作用的阀门。它在一定时间内能满足耐火稳定性和耐火完整性的要求，具有手动和自动功能。当管道内的烟气达到 280 ℃时排烟防火阀自动关闭。

排烟防火阀的设置场所：排烟管进入排风机房处，穿越防火分区的排烟管道上，排烟系统的支管上。

习题与思考

7-1 建筑物分为哪些类型？

7-2 什么是材料的燃烧性能？如何判定材料的燃烧性能？

7-3 什么是建筑构件的耐火极限？如何判定建筑构件是否达到了耐火极限？

7-4 建筑物中哪类建筑构件的耐火极限要求最高？

7-5 什么是建筑物的耐火等级？如何确定既有建筑的耐火等级？

7-6 建筑选址一般要考虑哪些因素？

7-7 在某座三级耐火等级多层民用建筑的左侧，建有两组一、二级耐火等级的住宅建筑，建筑物的占地面积总和不大于 2500 m² ，平面布置如下图所示。试标注出各建筑间的防火间距。

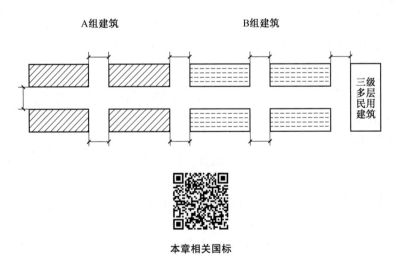

本章相关国标

第8章

重点场所防火

8.1 地 铁 防 火

地铁通常是城市最大的基础设施之一，同时也是城市客运交通的大动脉以及城市生命线，其投资巨大、技术难度高、施工周期长，环境因素复杂，事故风险大。根据地铁结构特点，地铁对来自其外部的灾害防御能力好，而对来自其内部的灾害抵御能力差。在地下狭小空间内，人员和设备高度密集，一旦发生灾害，疏散救援十分困难。

扫一扫，看视频

1991年，德国柏林发生地铁火灾，18人送医院急救；2003年1月，英国伦敦发生地铁列车撞月台引起大火事故，至少造成32人受伤；2003年2月18日，韩国大邱市地铁中央路站发生火灾，造成135人死亡，137人受伤，318人失踪，火灾是由精神病人放火所致；2014年12月7日，北京地铁7号线广渠门内站工地火灾，幸好未造成人员伤亡。10多年前发生在日本东京地铁的"沙林"毒气事件至今让人记忆犹新。1995年3月20日8时10分左右，东京地铁三条线路的5节车厢同时发生被称为"沙林"的神经性毒气泄漏事件，造成12人死亡，5000多人受伤，14人终身残疾。

8.1.1 地铁火灾的特点、预防与逃生方法

1. 地铁火灾的特点

人的心理恐慌程度大，行动混乱程度高；浓烟积聚不散；温度上升快，峰值高；人员疏散难度大；扑救困难。

2. 地铁火灾的预防

(1) 建筑防火方面：严格执行国家、地方、行业颁布的消防法律法规、标准规范、规章制度以及规程、程序，进行必要的防火防烟分隔。

(2) 消防设施方面：在车站设置固定墙式消火栓和移动式消防装置以便乘客在紧急状态下使用。

(3) 安全疏散方面：当列车车厢内发生火灾车门无法打开时，可以通过人工开启紧急疏散逃生门，在站厅、出入口、通道的醒目位置设置疏散指示标志，使疏散逃生乘客能够通过固定应急照明设施和夜光装置指示标志明确出口方向，加快疏散速度。

(4) 防烟排烟方面：风机应按重要负荷供电，设两个互为备用的电源，末端应能自动切换。风道应考虑在发生火灾时兼做疏散通道使用，不得存放任何杂物。

(5) 其他：电线、电缆设计为阻燃型，火灾时发烟量和毒性较大，建议采用低烟、低

毒性电缆。

3. 地铁火灾逃生

（1）要有逃生意识。进入地铁后，先要对其内部设施和结构布局进行观察，熟记疏散通道安全出口的位置。

（2）贴近地面逃离是避免烟气吸入的最佳方法。用湿衣或毛巾捂住口鼻，防止烟雾进入呼吸道，迅速疏散到安全地区。视线不清时，手摸墙壁徐徐撤离。

（3）在逃生过程中一定要听从工作人员的指挥和引导疏散，等待消防队员前来救援。

（4）确认地铁里发生毒气袭击时，应当利用随身携带的手帕、餐巾纸、衣物等用品堵住口鼻、遮住裸露皮肤，如果手头有水或饮料请将手帕、餐巾纸、衣物等用品浸湿。判断毒源，应该迅速朝着远离毒源的方向逃跑，有序地到空气流通处或者到毒源的上风口处躲避。到达安全地点后，迅速用流动水清洗身体裸露部分。

8.1.2 地铁建筑防火的设计要求

地下铁道交通是未来城市发展的主动脉。只有充分地了解所有可能影响消防安全的因素，做到有的放矢，才能够真正地保障地铁的消防安全。

为了乘客的安全，地铁里设置了各种安全标志与设施。

当遇到紧急情况时，如地铁站内停电等，可以沿着导流标志进行疏散，并按紧急出口指示标志箭头所示方向寻找安全出口，这些疏散导流标志分布在站台的柱子底部、车站台阶、车站大厅及出入口处。

8.1.3 地铁火灾工况运行模式

当地铁采用地面和高架形式时，火灾工况疏散路径比较简单，当位于地下时，由于火灾点不同，形成人员疏散路径及其相匹配的防烟排烟运作模式不同。其主要分为站台层公共区火灾、车轨区火灾、站厅层公共层火灾、设备管理区火灾、区间隧道火灾和辅助线段区间火灾等几种工况运行模式。

8.2 城市隧道防火

隧道是人类利用地下空间的一种建筑形式。1970 年，国际经济合作与发展组织将隧道定义为：以某种用途、在地下用任何方法按照规定形状和尺寸修筑的断面面积大于 2 m^2 的洞室。按照用途，隧道主要分为交通隧道、水工隧道、矿山隧道、市政隧道、人防隧道和军事隧道等。

扫一扫，看视频

交通隧道是与人类社会生活、生产活动关系最为密切的一类隧道，主要用于人员、机动车、火车等的通行，按照其使用功能分为公路隧道、铁路隧道、城市地下铁路隧道、航运隧道和人行隧道等。本小节主要介绍城市交通隧道防火。

8.2.1 隧道的分类

城市交通隧道是指供汽车和行人通行的隧道，一般分为汽车专用和汽车与行人混用的隧道。隧道因其设置区域和地质条件的不同，其施工方法和横断面形式等也有所差别，隧道长度、隧道内车辆运行速度、交通路线数量，决定了隧道建筑的差异。

8.2.1.1 分类标准

隧道的分类标准主要依据隧道建设规模、用途和施工方法、横断面形式以及交通模式等。隧道分类表见表 8-1 和表 8-2。

表 8-1　隧道分类表（1）

		特长隧道	长隧道	中长隧道	短隧道
建设规模	隧道长度 L/m	$L>3000$	$1000<L\leqslant3000$	$500<L\leqslant1000$	$L\leqslant500$
	断面面积 F/m^2	特大断面	大断面	中等断面	小断面
		$F>100$	$50<F\leqslant100$	$30<F\leqslant50$	$F\leqslant30$
横断面形式	圆形、矩形、连拱形、马蹄形、双圆形、双层式等				
交通模式	单孔对向交通				
	双孔、双孔内各自均为同向交通，双孔间多设有横向联结通道				
	多孔中有一孔或数孔可按交通需求改变交通运行方向，以适应潮流式交通需求				
施工方法	盾构法、沉管法、明挖法、钻爆法等				

表 8-2　隧道分类表（2）

用　途	一类	二类	三类	四类
	隧道封闭段长度 L/m			
可通行危险化学品等机动车	$L>1500$	$500<L\leqslant1500$	$L\leqslant500$	
仅限通行非危险品等机动车	$L>3000$	$1500<L\leqslant3000$	$500<L\leqslant1500$	$L\leqslant500$
仅限人行或通行非机动车			$L>1500$	$L\leqslant1500$

8.2.1.2 分类依据和说明

1. 按建设规模分类

依据隧道的建设规模大小是区分隧道类型的主要分类方法，以所建隧道长度和断面面积两项指标来衡量，表 8-1 和表 8-2 是参考现行行业标准《公路隧道设计细则》（JTG/T D70—2010）和现行国家标准《建筑设计防火规范（2018 年版）》（GB 50016—2014）对隧道进行的分类。

2. 按施工方法分类

（1）盾构法。盾构法是采用盾构机械挖土掘进，并在盾构壳体的保护下排装预制的衬砌结构来支承周围土体，从而形成通道。该方法以建造圆形隧道为主，如图 8-1 所示。

（2）沉管法。沉管法是采用水力压接技术将预制的管段在事先开挖的基槽内逐节连接起来，使之形成能防水、通行的通道。矩形隧道一般采用此法建造，如图 8-2 所示。

（3）钻爆法。钻爆法是采用钻眼、爆破、出砟而形成结构空间的一种开挖方法，是目前修建山岭隧道的最通行的方法。按开挖分部情况分为全断面法、台阶法、环形开挖预留核心土法、双侧壁导坑法、中洞法、中隔壁法、交叉中隔壁开挖法。

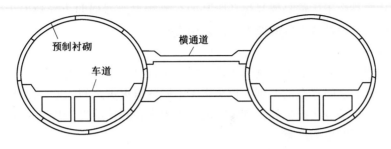

图 8-1 圆形隧道横断面示意图

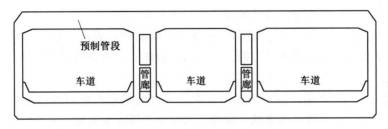

图 8-2 矩形隧道横断面示意图

（4）明挖法。明挖法是采用放坡或围护的形式，从地表向下分段开挖、分段浇筑结构后回填覆盖，从而形成地下通道。连拱形隧道和矩形隧道可采用此法建造。连拱形隧道横断面示意图如图 8-3 所示。

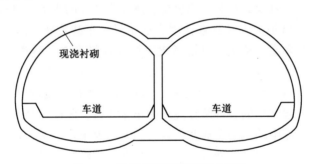

图 8-3 连拱形隧道横断面示意图

3. 按交通模式分类

（1）单孔对向交通。这种交通模式的安全隐患较多，一般多为交通流量小的隧道。

（2）双孔、多孔内各自均为同向交通，双孔间多设有横向联结通道。

（3）多孔中有一孔或数孔可按交通需求改变交通运行方向，以适应潮流式交通需求。

8.2.2 隧道火灾的危险性及其特点

从隧道火灾的致灾因素、火灾危害性、火灾特点等方面准确分析隧道的火灾危险性，对隧道中采取针对性的防火技术措施，设置必要的消防应急设施，实施运营消防安全管理，具有重大的现实意义和指导作用。

1. 火灾的致灾因素

火灾的致灾因素主要有三种：一是由于车辆自身故障导致在行进过程中起火自燃或发生

车祸引起火灾；二是由于运输易燃易爆危险品的车辆物料泄漏遇明火导致发生爆炸或燃烧；三是由于隧道内电气设备或电气线路发生故障引发火灾。

2. 火灾的危险性

隧道建筑空间特性、交通工具及其运输方式，不仅决定了隧道火灾危害后果与一般工业建筑与民用建筑火灾之间存在的差别，也决定了不同隧道火灾之间的差异。隧道火灾危害性后果除人员伤亡、直接经济损失外，其特有的次生灾害和间接损失，甚至比前者对社会、生活以及区域经济的影响更为严重。

（1）人员伤亡众多。火灾尤其是长、特长公路隧道内一旦发生火灾，若不能及时发现、及时扑灭，火势就会沿隧道纵向快速蔓延，导致隧道内司乘人员和工作人员窒息、灼伤、中毒甚至死亡，隧道内火灾常常以造成大量的人员伤亡为结局。

（2）经济损失巨大。隧道火灾还会造成隧道设施的严重毁坏，引起短则数小时、长则数十小时甚至更长时间的道路效能中断、隧道结构破坏、隧道设施设备损坏、交通工具及车载货物严重受损或被烧毁，造成无法估计的经济损失。

（3）次生灾害危害严重。隧道火灾引发次生灾害是隧道火灾最为典型的灾害后果。通常，隧道火灾发生后会引发交通事故、爆炸、人员中毒等次生灾害。一是会助长火灾的扩大蔓延，加重火灾危害性后果；二是会打破原有的安全疏散、灭火救援和交通控制等秩序，增加安全疏散和灭火救援难度；三是次生灾害的突发性和随机性，会对隧道内的司乘人员和救援人员构成潜在威胁与突如其来的伤害，可见隧道火灾的危害性十分严重。

3. 火灾的特点

隧道火灾是以交通工具及其车载货物燃烧、爆炸为特征的火灾，其火灾特点如下。

（1）火灾多样性。隧道火灾及其规律因交通工具、车载货物、隧道类型以及火灾时的交通状况等因素而复杂多变。从国内外隧道火灾统计资料来看，隧道火灾中A类火灾发生频率较高，B类火灾、混合物品火灾造成重特大隧道火灾的频率较高。

（2）起火点的移动性。隧道发生火灾时，司乘人员因视觉受限和特殊视觉感应，不能对火灾做出快速反应，起火车辆会继续在隧道中正常运行，即便司乘人员发现火灾，为了便于报警、处置，公路隧道中的机动车通常会运行到紧急停车带停下，列车会尽量保持牵引动力驶离隧道，到达开阔空间后进行处置。交通工具的可移动性，决定了隧道火灾起火点会随车辆运行发生的位置而改变。

（3）燃烧形式多样性。隧道火灾的可燃物主要由交通工具及其车载货物提供，可能出现气相、液相、固相可燃物燃烧，当可燃气体、蒸气预混浓度达到爆炸极限时，还会发生爆炸，这是隧道火灾燃烧形式多元化的表现。隧道越短，横断面尺寸越大，其火灾越接近地面建筑火灾；隧道越长，其火灾越近似于地下建筑火灾。在没有强制通风的情况下，受燃料控制燃烧的持续期间较短，整个燃烧过程主要是受通风条件控制的燃烧，燃烧产物中一氧化碳生成量较多，属于典型的缺氧燃烧。

（4）火灾蔓延跳跃性。隧道火灾扩大蔓延受通风条件和交通状况等因素的影响，强制通风能改善隧道内的燃烧条件，交通堵塞为隧道火灾提供了更多类型和数量的可燃物。隧道内可燃物的类型、数量、分布等，取决于卷入火灾的交通工具及其车载货物情况。交通事故、列车颠覆或车辆停在隧道内，火场热量主要以热辐射和热对流进行传递，当热量足以点燃相邻车辆或车载可燃货物时，即使车辆之间有一段距离，火灾仍能跳跃式蔓延。此外，油罐车或其他易燃物品运输车辆起火，可能发生爆炸，出现隧道火灾跳跃性蔓延的极端形式。

（5）火灾烟气流动性。火灾初期，隧道火灾烟气因热浮力效应、水平风压作用以及"活塞风效应"等，凸显密闭、狭长空间烟气流动特性，随着隧道火灾发展，烟气逐步或迅速呈现出沿隧道横断面的沉降和弥散。

（6）安全疏散局限性。隧道建筑特点决定了其发生火灾时人员的安全疏散较地面建筑困难。发生火灾时，隧道既是烟气扩散、燃烧蔓延的通道，又是疏散通道、救援场地，隧道火灾现场与疏散过渡通道之间没有明显界限，高温和有毒烟气对人员构成直接威胁。隧道内烟雾大，能见度低，车辆与人员在同一通道上"借道"疏散，驾驶员对烟火的恐惧和反应失控，很容易造成新的交通事故，所以被困人员和车辆的安全性与疏散的有效性很难得到保障。

（7）灭火救援艰难性。隧道火灾现场没有可以缓冲的灭火救援场地，火灾现场与灭火救援场地之间没有任何保护屏障，随着火灾的发展蔓延，人为设定的警戒区和灭火行动区会迅速变为危险区。隧道火灾特有的次生灾害的潜在危险，对救援人员的生命安全构成严重威胁。

8.2.3 隧道建筑防火的设计要求

针对公路隧道火灾特点，设计人员对隧道工程采取主动防火和被动防火两种措施。主动防火设计从防止火灾发生和对火灾采取及时扑救的角度出发，包括内部照明系统、通风系统、消防设备布置、火灾发生前后的火灾探测、报警、灭火和疏散系统，以及隧道的运营管理和灾情发生时的应急方案等一系列设计；被动防火设计主要是通过采取提高衬砌混凝土材料的耐火性能、喷涂防火涂料、安装防火板材等防火保护措施来保证隧道结构的安全，使灾后只需进行简单的修护而不影响隧道的正常使用。

8.2.3.1 建筑结构耐火

1. 构件燃烧性能要求

为了减少隧道内固定火灾荷载，隧道衬砌、附属构筑物、疏散通道的建筑材料及其内装修材料，除施工缝嵌封材料外均应采用不燃烧材料。通风系统的风管及其保温材料应采用不燃烧材料，柔性接头可采用难燃烧材料。隧道内的灯具、紧急电话箱（亭）应采用不燃烧材料制作的防火桥架。隧道内的电缆等应采用阻燃电缆或矿物绝缘电缆，其桥架应采用不燃烧材料制作的防火桥架。

2. 结构耐火极限要求

用于安全疏散、紧急避难和灭火救援的平行导洞、横向联络道、竖（斜）井、专用疏散避难通道、独立避难间等，其承重结构耐火极限不应低于隧道主体结构耐火极限的要求。

隧道内附属构筑物（如风机房、变压器洞室、水泵房、柴油发动机房等）应采用耐火极限不低于 2.0 h 的防火隔墙和耐火极限不低于 1.5 h 的楼板、顶板乙级防火门与隧道分开；附属构筑物（用房）内部的建筑构件应满足现行国家标准《建筑设计防火规范（2018 年版）》（GB 50016—2014）的规定。

3. 结构防火隔热措施

隧道结构防火隔热措施包括喷涂防火涂料或防火材料、在衬砌中添加聚丙烯纤维或安装防火板等。隧道主体结构和附属构筑物等设计，要充分考虑隧道结构防火性能要求，采用相应的衬砌结构形式。当其结构不能满足规定的耐火极限要求时，应采取防火措施以达到耐火极限要求。

8.2.3.2 防火分隔

隧道为狭长建筑，其防火分区按照功能分区划分。隧道内地下设备用房的每个防火分区的最大允许面积不应大于 1500 m²，防火分区间应采用防火墙或耐火极限不低于 3.0 h 的耐火构件，将隧道附属构筑物（用房），如辅助坑道以及专用避难疏散通道、独立避难层（间）等，与隧道分隔开，形成相互独立的防火分区。

1. 防火分隔构件

隧道内的水平防火分区应采用防火墙进行分隔，用于人员安全疏散的附属构筑物与隧道连通处宜设置前室或过渡通道，其开口部位应采用甲级平开防火门，用于车辆疏散的辅助通道、横向联络道与隧道连接处应采用耐火极限不低于 3.0 h 的防火卷帘进行分隔。

2. 管沟分隔

隧道内的通风、排烟、电缆、排水等管道、管沟等需要采取防火分隔措施进行分隔。当通风、排烟管道穿越防火分区时，应在防火构件的两侧设置防火阀和排烟防火阀。

隧道行车道旁的电缆沟，其侧沿应采用不渗透液体的结构，电缆沟顶部应高于路面，且不应小于 200 mm。当电缆沟跨越防火分区时，应在穿越处采用耐火极限不低于 1.0 h 的不燃烧材料进行防火封堵。

3. 附属构筑物（用房）防火分隔

附属构筑物（用房）应靠近隧道出入口或疏散通道、疏散联络道等设置。附属构筑物（用房）之间应采用耐火极限不低于 2.0 h 建筑构件分隔，其隔墙上应设置能自行关闭的甲级防火门。附属构筑物（用房）应设置相应的火灾报警和灭火设施。有人员职守的房间必须设置通风和防烟排烟系统。

为隧道供电的柴油发电机房，除满足上述要求外，还应设置储油间，其总储量不应超过 1 m³，储油间应采用防火墙和能自行关闭的甲级防火门与发电机房和其他部位分隔开，储油间的电气设施必须采用相应的防爆型电器。

8.2.3.3 隧道的安全疏散设施

隧道安全疏散通常是利用隧道内设置的辅助坑道或专门设置的疏散避难通道，对隧道内的车辆和人员在火灾及其他紧急情况下进行安全疏散、紧急避难。

1. 安全出口和安全通道

（1）安全出口。安全出口即在两车道孔之间的隔墙上开设直接的安全门，作为两孔互为备用的疏散口，人员疏散和救援可由同平面通行，方便快捷。

隧道内地下设备用房的每个防火分区安全出口数量不应少于两个，与车道或其他防火分区相通的出口可作为第二安全出口，但必须至少设置 1 个直通室外的安全出口；建筑面积不大于 500 m² 且无人值守的设备用房可设置 1 个直通室外的安全出口。

（2）安全通道。安全通道根据隧道形式的不同，可分为四类：一是利用横洞作为疏散联络通道，两座隧道互为安全疏散通道；二是利用平行导坑作为疏散通道；三是利用竖井、斜井等设置人员疏散通道；四是利用多种辅助坑道组合设置人员疏散通道。

1）矩形双孔（或多孔）加管廊的隧道。在两孔车道之间的中间管廊内设置安全通道，并沿纵向每隔 80~125 m 向安全通道内开设一对安全门（见图 8-4）。安全通道两端应与隧道洞口或通向地面的疏散楼梯相连，发生火灾时，人员从一孔隧道进入安全门，穿越安全通道至另一孔隧道。

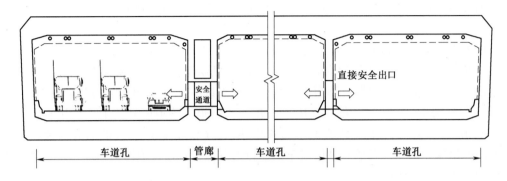

图 8-4 安全通道和直接安全出口设置示意图

2）圆形隧道。在圆形隧道的两孔隧道之间设置连接通道，并在通道的两端设置防火门。当一条隧道发生火灾时，人员可通过横通道疏散至另一条隧道进行疏散。连接通道的间距一般宜为 400~800 m，当设有其他相应的安全疏散措施时，间距可适当放大。圆形隧道的安全通道常设置在车道板下，通过安全出口和爬梯、滑梯进出。人员可从安全出口经安全通道进行长距离疏散。

在设有安全通道的情况下，其安全出口的设置间距一般可取 80~125 m（见图 8-5）。

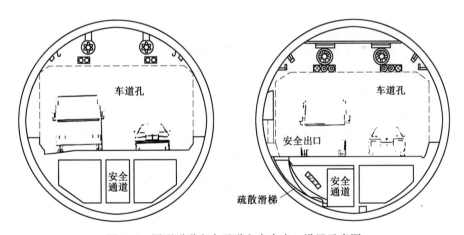

图 8-5 圆形隧道安全通道和安全出口设置示意图

2. 疏散楼梯

双层隧道上下层车道之间在有条件的情况下，可以设置疏散楼梯，发生火灾时通过疏散楼梯至另一层隧道，间距一般取 100 m 左右。

3. 避难室

为减少因救援人员不能及时到位地区的人员伤亡，长、大隧道需设置避难室。避难室与隧道车道形成独立的防火分区，并通过设置气闸等措施，阻止火灾及烟雾进入。避难室大小和间距根据交通流量和疏散人员数量确定。

8.2.3.4 隧道的消防设施配置

隧道的消防设施主要有消火栓系统、自动喷水灭火系统、火灾自动报警系统、防烟排烟系统、通信器、灭火器等。

1. 灭火设施

根据隧道类别不同，其配置的灭火设施也不尽相同。级别越高，配置的灭火设施越齐全。

常用灭火设施布置如下。

（1）消火栓系统。除四类隧道和行人或通行非机动车辆的三类隧道外，隧道内应设置消防给水系统，且宜独立设置。隧道内的消火栓用水量不应小于 20 L/s，隧道外的消火栓用水量不应小于 30 L/s。对于长度小于 1000 m 的三类隧道，隧道内外的消火栓用水量可分别为 10 L/s 和 20 L/s。消火栓给水管网应布置成环状；严寒地区隧道外的消火栓及给水管道应采取防冻措施。例如，有危险品运输车辆通行的隧道，宜设置泡沫消火栓系统。隧道内消火栓的间距不应大于 50 m。

（2）自动喷水灭火系统。对于危险级别较高的隧道，为保护隧道的主体结构，有些还采用自动喷水灭火系统，其类型一般为水喷雾灭火系统或泡沫水喷雾联用灭火系统，以达到更好的灭火及保护效果。水雾喷头宜采用侧式安装的隧道专用远近射程水雾喷头。

（3）灭火器。隧道内灭火器设置按中危险级考虑。隧道内应设置 ABC 类灭火器，设置点间距不应大于 100 m。运行机动车的一、二类隧道和运行机动车并设置 3 条及以上车道的三类隧道，在隧道两侧均应设置灭火器，每个设置点不应少于 4 具；其他隧道，可在隧道侧设置，每个设置点不应少于 2 具。

2. 报警设施

除隧道内需设置火灾报警设施外，其配套设备用房，如变压器室、配电室、机房等也应配有警铃、手报、广播、探测器等相应的报警和警报设施。

（1）警报设施的一般规定。隧道入口外 100~150 m 处，应设置警报信号装置。通行机动车辆的一、二类隧道应设置火灾自动报警系统，无人值守的变压器室、高低压配电室、照明配电室、弱电机房等主要设备用房，宜设置早期火灾探测报警系统。其他用房内可采用智能感烟火灾探测器对火灾进行检测和报警。当隧道封闭段长度超过 1000 m 时，宜设置消防控制室。

（2）系统设置。火灾自动报警系统的设置应符合现行国家标准《火灾自动报警系统设计规范》（GB 50116—2013）的规定。

1）火灾报警控制器数量的设置。当隧道长度 L 小于 1500 m 时，可设置一台火灾报警控制器；长度 L 大于等于 1500 m 的隧道，可设置一台主火灾报警控制器和多台分火灾报警控制器，其间宜采用光纤通信连接。

2）火灾探测器的选择和设置。国内交通隧道中主要采用双波长火灾探测器和光纤分布式温度监测（差温）系统，一般≤45 m 范围内设一个双波长火灾探测器，安装在隧道的侧壁或顶部；光纤分布式温度监测（差温）系统以长线形（二车道）和环形（三车道）方式在探测区域从头至尾敷设，安装在隧道的顶部。车行隧道内一般每隔 50 m 设置手动报警按钮。

3. 防烟排烟系统

隧道工程的防烟排烟范围包括行车道、专用疏散通道及设备管理用房等。采用的排烟模式通常可分为纵向、横向（半横向）和重点模式，以及由基本模式派生的各种组合模式。

（1）防烟排烟系统的一般规定。通行机动车的一、二、三类隧道应设置防烟排烟设施。当隧道长度短、交通量低时，火灾发生概率较低，人员疏散比较容易，可以采用洞口自然排烟方式。长度较长、交通量较大的隧道应设置机械排烟系统。

（2）排烟模式。排烟模式应根据隧道种类、火灾疏散方式，并结合隧道正常工况的通风模式确定，将烟气控制在最小范围内，以保证乘客疏散路径满足逃生环境要求，并为消防灭火创造条件。长度大于 3000 m 的隧道，宜采用纵向分段排烟模式或重点排烟模式；长度不大于 3000 m 的单洞单向交通隧道，宜采用纵向排烟模式；单洞双向交通隧道，宜采用重点排烟模式。

1）纵向排烟。发生火灾时，隧道内烟气沿隧道纵向流动的排烟模式为纵向排烟模式，这是一种常用的烟气控制模式，可通过悬挂在隧道内的射流风机或其他射流装置、风井送排风设施等及其组合方式实现。纵向排烟示意图如图 8-6 所示。

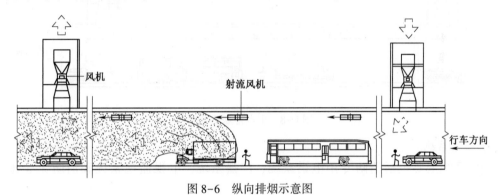

图 8-6　纵向排烟示意图

该排烟模式较适用于单向行驶、交通量不高的隧道。纵向通风排烟时，气流方向与车行方向一致。以火源点为分界，火源点下游为烟区，上游为清洁区，司乘人员向气流上游疏散。

由于高温烟气沿坡度向上扩散速度很快，因此当坡道上发生火灾、采用纵向通风控制烟流、通风气流逆坡向时，必须使纵向气流的流速高于临界风速。

2）横向（半横向）排烟。横向（半横向）也是一种常用的烟气控制模式。排烟和平时隧道通风系统兼用，横向排烟模式通常设置风道均匀排风、均匀补风，半横向排烟模式通常设置风道均匀排风、集中补风或不补风。火灾情况下，利用排风风道均匀排烟。横向（半横向）排烟示意图如图 8-7 所示。

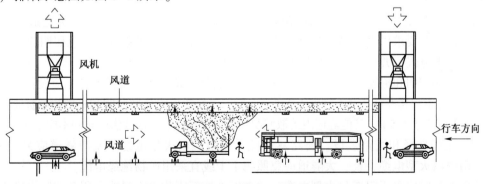

图 8-7　横向（半横向）排烟示意图

横向（半横向）排烟模式适用于单洞双向交通或交通量大、阻塞发生率较高的单向交通隧道。

3）重点排烟。重点排烟是将烟气直接从火源附近排走的一种方式，从两端洞口自然补风，隧道内可形成一定的纵向风速。该模式在隧道纵向设置专用排烟风道，并设置一定数量的排烟口。发生火灾时，火源附近的排烟口开启，将烟气快速有效地排离隧道。

重点排烟适用于双向交通的隧道或交通量较大、阻塞发生率较高的隧道。排烟口的大小和间距对烟气的控制有较明显的影响，如图8-8所示。

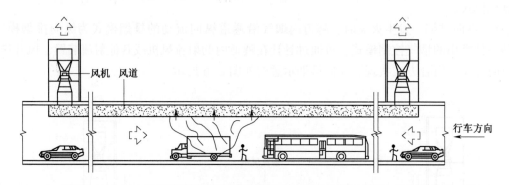

图8-8　重点排烟示意图

4. 通信系统

通信系统主要包括消防专用电话系统、广播系统、电视监视系统和消防无线通信系统等。

（1）消防专用电话系统。防灾控制室应与消防部门设置直线电话。隧道内应设置消防紧急电话，一般每100 m宜设置一台。

（2）广播系统。火灾事故广播无须单独设置，可与隧道运营广播系统合用。火灾事故广播具有优先权。

（3）电视监视系统。在防灾控制室内设置独立的火灾监视器，监视隧道内的灾情，其他电视监视设备与运营监视等共用。

（4）消防无线通信系统。应将城市地面消防无线通信电波延伸至隧道内，当发生灾害时可通过消防无线通信系统进行指挥和协调。系统方案应根据当地消防无线通信系统的制式和频点进行设置。

5. 消防供电

（1）一般规定。一、二类隧道的消防用电应按一级负荷要求供电；三类隧道的消防用电应按二级负荷要求供电。高速公路隧道应设置不间断照明供电系统。应急照明应采用双电源双回路供电方式，并保证照明中断时间不超过0.3 s。

（2）疏散照明和疏散指示标志。隧道两侧、人行横通道和人行疏散通道上应设置疏散照明和疏散指示标志，其设置高度不宜大于1.5 m。一、二类隧道内疏散照明和疏散指示标志的连续供电时间不应小于1.5 h，其他隧道内疏散照明和疏散指示标志的连续供电时间不应小于1.0 h。

（3）电缆选择和线路敷设。公路隧道应采用阻燃耐火型电缆，城市隧道应采用无卤、低烟、阻燃耐火型电缆，长、大隧道应急照明主干线宜采用矿物绝缘电缆。

穿管明敷时应采用阻燃耐火型电缆，并在钢管外面刷防火涂料或采用其他防火措施。

穿管暗敷时应采用阻燃耐火型电缆，并敷设在非燃烧结构内，其保护层厚度应不小于 30 mm。

8.3 加油加气站防火

加油加气站是为汽车充装汽油、柴油和为燃气汽车储气瓶充装车用液化石油气或车用压缩天然气的专门场所。加油加气站存储、加注的汽油、液化石油气和天然气等物质具有易燃易爆的特点，属于易燃易爆的场所，加之绝大多数加油加气站都建在人口密集的地区，具有很大的火灾危险性，所以必须采取有效的防火技术措施。

8.3.1 加油加气站的分类等级

8.3.1.1 加油加气站的分类

按提供燃料的不同，加油加气站可划分为汽车加油站、汽车加气站、汽车加油加气合建站，其中汽车加气站包括液化石油气（LPG）加气站、压缩天然气（CNG）加气站和液化天然气（LNG）加气站。

8.3.1.2 加油加气站的等级分类

加油加气站根据其储油罐、储气罐的容积划分为不同的等级。

1. 加油站的等级分类

加油站的等级划分应符合表 8-3 的规定。

表 8-3 加油站的等级划分

级别	油罐容积/m³	
	总容积	单罐容积
一级	$150<V\leqslant210$	$V\leqslant50$
二级	$90<V\leqslant150$	$V\leqslant50$
三级	$V\leqslant90$	汽油罐 $V\leqslant30$，柴油罐 $V\leqslant50$

注：柴油罐容积可折半计入油罐总容积。

2. LPG 加气站的等级分类

LPG 加气站的等级划分应符合表 8-4 的规定。

表 8-4 LPG 加气站的等级划分

级别	LPG 储罐容积/m³	
	总容积	单罐容积
一级	$45<V\leqslant60$	$V\leqslant30$
二级	$30<V\leqslant45$	$V\leqslant30$
三级	$V\leqslant30$	$V\leqslant30$

3. CNG 加气站的等级分类

CNG 加气站储气设施的总容积应根据加气汽车数量、每辆汽车加气时间、母站服务子站的个数、规模和服务半径等因素综合确定。在城市建设区，CNG 加气母站储气设施的总容积不应超过 120 m³；CNG 常规加气站储气设施的总容积不应超过 30 m³；CNG 加气子站内设置有固定储气设施时，站内停放的车载储气瓶组拖车不应多于1辆，固定储气设施采用储气瓶时，其总容积不应超过18 m³，固定储气设施采用储气井时，其总容积不应超过24 m³；CNG加气子站内无固定储气设施时，站内停放的车载储气瓶组拖车不应多于2辆。

4. 加油和LPG加气合建站的等级分类

加油和LPG加气合建站的等级划分应符合表8-5的规定。

表8-5 加油和LPG加气合建站的等级划分

级别	LPG储罐总容积/m³	LPG储罐总容积与油品储罐总容积合计/m³
一级	V≤45	120<V≤180
二级	V≤30	60<V≤120
三级	V≤20	V≤60

注：① 柴油罐容积可折半计入油罐总容积。

② 当油罐总容积大于90 m³时，油罐单罐容积不应大于50 m³；当油罐总容积小于或等于90 m³时，汽油罐单罐容积不应大于30 m³，柴油罐单罐容积不应大于50 m³。

③ LPG储罐单罐容积不应大于30 m³。

5. 加油和CNG加气合建站的等级分类

加油和CNG加气合建站的等级划分应符合表8-6的规定。

表8-6 加油和CNG加气合建站的等级划分

级别	油品储罐总容积/m³	常规CNG储气设施总容积/m³	加气子站储气设施
一级	90<V≤120	V≤24	固定储气设施总容积≤12（18）m³，可停放1辆车载储气瓶组拖车；当无固定储气设施时，可停放2辆车载储气瓶组拖车
二级	V≤90		
三级	V≤60	V≤12	固定储气设施总容积≤9（18）m³，可停放1辆车载储气瓶组拖车

注：① 柴油罐容积可折半计入油罐总容积。

② 当油罐总容积大于90 m³时，油罐单罐容积不应大于50 m³；当油罐总容积小于或等于90 m³时，汽油罐单罐容积不应大于30 m³，柴油罐单罐容积不应大于50 m³。

③ 表中括号内数字为CNG储气设施采用储气井的总容积。

8.3.2 加油加气站的火灾危险性及其特点

加油加气站存储、加注的汽油、液化石油气和天然气等物质具有易燃易爆的特点，具有较大的火灾危险性，如果管理不当，就容易发生火灾爆炸事故。

8.3.2.1 加油站的火灾危险性

加油站火灾事故，按其发生的火灾不同可分为作业事故和非作业事故。

1. 作业事故

作业事故主要发生在卸油、量油、加油和清罐时，油品暴露在空气中，如果油品与火源接触，就会导致爆炸事故发生。

（1）卸油时发生火灾。卸油时引起的火灾占加油站火灾事故的60%～70%，常见的事故有卸油时油品溢出罐外、油品滴漏到地面、无静电防护、非密封卸油，一旦遇烟火，就会引起爆炸燃烧。

（2）量油时发生火灾。油罐车量油前未待静电消除，将引起静电起火，如果油罐未安装量油孔或是量油孔铝质（铜质）镶槽脱落，在量油时，量油尺与钢制管口摩擦产生火花，就会点燃罐内油蒸气，引起燃烧爆炸。

（3）加油时发生火灾。目前，国内大部分加油站未采用密封加油技术，加油时，大量油蒸气外泄，如遇烟火、手机等通信工具等，都可能导致火灾。

（4）清罐时发生火灾。在加油罐清罐时，油罐内的油蒸气和沉淀物无法彻底清除，残余油蒸气遇到静电、电火花等，都可能导致火灾。

2. 非作业事故

加油站非作业事故又分为与油品有关的火灾和非油品火灾。与油品有关的火灾主要有油蒸气沉淀、油罐及管道渗漏、雷击中油罐和加油设施。与油品无关的火灾主要有电气火灾、明火管理不当和站外火灾蔓延到站内。

8.3.2.2　加气站的火灾危险性

1. 泄漏引发事故

加气站站内工艺过程处于高压状态，容易造成泄漏，泄漏气体一旦遇到引火源，就会发生火灾和爆炸。

2. 高压运行危险性大

系统高压运行容易发生超压，当系统压力超过其能承受的压力时，超过设备及配件的强度极限可能引起爆炸或是局部炸裂。

3. 天然气质量差带来危险

在天然气中游离水未脱净时，积水中的硫化氢容易引起钢瓶腐蚀。

4. 存在多种引火源

汽车加气站多建立在交通干道上，车辆来往频繁，周围环境复杂，存在多种引火源，如人为带入的烟火、电气火花、撞击火花、静电、燃放的鞭炮火星、雷击、手机电磁火花等。

5. 作业事故带来危险

由于作业人员安全意识薄弱，未按照操作规定作业。

8.3.3　加油加气站的防火设计要求

1. 站址选择

加油加气站的站址选择，应符合城乡规划、环境保护和防火安全的要求，并应选在交通便利的地方。在城市建成区不宜建一级加油站、一级加气站、一级加油加气合建站、CNG加气母站。在城市中心区不应建一级加油站、一级加气站、一级加油加气合建站、CNG加气母站。城市建成区内的加油加气站，宜靠近城市道路，但不宜选在城市干道的交叉路口附近。

2. 平面布局

（1）车辆入口和出口应分开设置。

（2）加油加气作业区内，不得有"明火地点"或"散发火花地点"。

（3）加油加气站内设置的经营性餐饮、汽车服务等非站房所属建筑物或设施，不应布置在加油加气作业区内，其与站内可燃液体或可燃气体设备的防火间距，应符合《汽车加油加气站设计与施工规范（2014年版）》（GB 50156—2012）规范有关三类保护物的规定。

经营性餐饮、汽车服务等设施内设置明火设备时，则应视为"明火地点"或"散发火花地点"。其中，对加油站内设置的燃煤设备不得按设置有油气回收系统折减距离。

（4）加油加气站内的爆炸危险区域，不应超出站区围墙和可用地界线。

（5）加油加气站内设施之间的防火距离，不应小于《汽车加油加气站设计与施工规范（2014 年版）》（GB 50156—2012）规范中的规定。

3. 建筑防火

（1）加油加气作业区内的站房及其他附属建筑物的耐火等级不应低于二级。当罩棚顶棚的承重构件为钢结构时，其耐火极限可为 0.25 h。

（2）汽车加油、加气场地宜设罩棚，罩棚应采用不燃烧材料建造。罩棚的净空高度不应小于 4.5 m；进站口有限高措施时，罩棚的净空高度不应小于限高高度；罩棚遮盖加油机、加气机的平面投影距离不宜小于 2 m。

（3）加油岛、加气岛应高出停车位的地坪 0.15～0.2 m；两端的宽度不应小于 1.2 m；加油岛、加气岛上的罩棚立柱边缘距岛端部，不应小于 0.6 m。

（4）布置有可燃液体或可燃气体设备的建筑物的门窗应向外开启，并应按现行国家标准《建筑设计防火规范（2018 年版）》（GB 50016—2014）的有关规定采取泄压措施。

（5）布置有 LPG 或 LNG 设备的房间的地坪应采用不发生火花地面。

（6）加气站的 CNG 储气瓶（组）间宜采用开敞式或半开敞式钢筋混凝土结构或钢结构。屋面应采用不燃烧轻质材料建造。储气瓶（组）管道接口端朝向的墙应为厚度不小于 200 mm 的钢筋混凝土实体墙。

（7）加油加气站内的工艺设备，不宜布置在封闭的房间或箱体内。

（8）当压缩机间与值班室、仪表间相邻时，值班室、仪表间的门窗应位于爆炸危险区范围之外，且与压缩机间的中间隔墙应为无门窗洞口的防火墙。

（9）站房可由办公室、值班室、营业室、控制室、变配电间、卫生间和便利店等组成，站房内可设非明火餐厨设备。

（10）站房的一部分位于加油加气作业区内时，该站房的建筑面积不宜超过 300 m²，且该站房内不得有明火设备。

（11）辅助服务区内建筑物的面积不应超过三类保护物标准，其消防设计应符合现行国家标准《建筑设计防火规范（2018 年版）》（GB 50016—2014）的有关规定。

（12）站房可与设置在辅助服务区内的餐厅、汽车服务、锅炉房、厨房、员工宿舍、司机休息室等设施合建，但站房与餐厅、汽车服务、锅炉房、厨房、员工宿舍、司机休息室等设施之间，应设置无门窗洞口且耐火极限不低于 3.0 h 的实体墙。

（13）站房可设在站外民用建筑物内或与站外民用建筑物合建，并且站房与民用建筑物之间不得有连接通道；站房应单独开设通向加油加气站的出入口；民用建筑物不得有直接通向加油加气站的出入口。

（14）当加油加气站内的锅炉房、厨房等有明火设备的房间与工艺设备之间的距离符合设计规定但小于或等于 25 m 时，其朝向加油加气作业区的外墙应为无门窗洞口且耐火极限不低于 3.0 h 的实体墙。

（15）加油加气站内不应建地下室和半地下室。

（16）位于爆炸危险区域内的操作井、排水井，应采取防渗漏和防火花发生的措施。

4. 消防设施

加油加气站的 LPG 设施应设置消防给水系统。加气站、加油加气合建站应设置可燃气体检测报警系统。加气站、加油加气合建站内设置有 LPG 设备、LNG 设备的场所和设置有 CNG 设备（包括罐、瓶、泵、压缩机等）的房间内、罩棚下，应设置可燃气体检测器。加油加气站工艺设备应配置灭火器材，并应符合下列规定：

（1）每 2 台加气机应配置不少于 2 具 4 kg 手提式干粉灭火器，加气机不足 2 台应按 2 台配置。

（2）每 2 台加油机应配置不少于 2 具 4 kg 手提式干粉灭火器，或 1 具 4 kg 手提式干粉灭火器和 1 具 6L 泡沫灭火器。加油机不足 2 台应按 2 台配置。

（3）地上 LPG 储罐、地上 LNG 储罐、地下和半地下 LNG 储罐、CNG 储气设施，应配置 2 台不小于 35 kg 推车式干粉灭火器。当两种介质储罐之间的距离超过 15 m 时，应分别配置。

（4）地下储罐应配置 1 台不小于 35 kg 推车式干粉灭火器。当两种介质储罐之间的距离超过 15 m 时，应分别配置。

（5）LPG 泵和 LNG 泵、压缩机操作间（棚），应按建筑面积每 50 m² 配置不少于 2 具 4 kg 手提式干粉灭火器。

（6）一、二级加油站应配置灭火毯 5 块、沙子 2 m³；三级加油站应配置灭火毯不少于 2 块、沙子 2 m³。加油加气合建站应按同级别的加油站配置灭火毯和沙子。

8.4　汽车库、修车库防火

近年来，城市汽车的拥有量成倍增长，汽车库和修车库的建设也在成倍增长，许多城市的政府部门都把建设配套汽车库作为工程项目审批的必备条件，并制定了相应的地方性行政法规予以保证。大量汽车库的建设是城市解决停车难的根本途径，由于新建的汽车库大都为多层和地下汽车库，其投资费用都较大，如果防火考虑不周，一旦发生火灾，往往就会造成严重的经济损失和人员伤亡事故。因此，在汽车库、修车库的防火设计中，必须从全局出发，做到安全适用、技术先进、经济合理。

扫一扫，看视频

8.4.1　汽车库、修车库的分类

汽车库是用于停放由内燃机驱动且无轨道的客车、货车、工程车等汽车的建筑物。修车库是用于保养、修理由内燃机驱动且无轨道的客车、货车、工程车等汽车的建（构）筑物。由于分析角度不同，汽车库、修车库的分类有很多，对不同类型、不同构造的汽车库、修车库，其汽车疏散、火灾扑救情况是不一样的，在进行设计时，要根据不同汽车库种类提出防火设计要求。其主要的分类方法如下。

8.4.1.1　汽车库的分类

汽车库可以按照停车数量和总建筑面积、建筑高度、停车方式的机械化程度、汽车坡道、组合形式和围封形式等进行分类。具体如下。

1. 按照停车数量和总建筑面积分类

《汽车库、修车库、停车场设计防火规范》（GB 50067—2014）根据停车（车位）数量和总面积将汽车库分为Ⅰ、Ⅱ、Ⅲ、Ⅳ类。

（1）Ⅰ类汽车库：停车数量大于300辆或总建筑面积大于10 000 m² 的汽车库为Ⅰ类汽车库。

（2）Ⅱ类汽车库：停车数量大于150辆且小于等于300辆或总建筑面积大于5000 m² 且小于等于10 000 m² 的汽车库为Ⅱ类汽车库。

（3）Ⅲ类汽车库：停车数量大于50辆且小于等于150辆或总建筑面积大于2000 m² 且小于等于5000 m² 的汽车库为Ⅲ类汽车库。

（4）Ⅳ类汽车库：停车数量小于等于50辆或总建筑面积小于等于2000 m² 的汽车库为Ⅳ类汽车库。

2. 按照建筑高度分类

汽车库按照建筑高度一般可划分为地下汽车库、半地下汽车库、单层汽车库、多层汽车库、高层汽车库等，下面就地下汽车库和高层汽车库进行介绍。

（1）地下汽车库。室内地坪面低于室外地坪面，高度超过该层车库净高一半的汽车库，汽车库与建筑物组合建造在地面以下的以及独立在地面以下建造的汽车库都称为地下汽车库，并按照地下汽车库的有关防火要求予以考虑。

（2）高层汽车库。建筑高度大于24 m 的汽车库或设在高层建筑内地面层以上楼层的汽车库称为高层汽车库。高层汽车库的定义包括两种类型：一种是汽车库自身高度已超过24 m 的；另一种是汽车库自身高度虽未到24 m，但与高层工业或民用建筑在地面以上组合建造的。

3. 按照停车方式的机械化程度分类

按照停车方式的机械化程度，汽车库可分为机械式立体汽车库、复式汽车库和普通车道式汽车库，下面就前两种进行介绍。

（1）机械式立体汽车库。室内无车道且无人员停留的、采用机械设备进行垂直或水平移动等形式停放汽车的汽车库称为机械式立体汽车库。类似高架仓库，根据机械设备运转方式，机械式立体汽车库又可分为垂直循环式（汽车上、下移动）、电梯提升式（汽车上、下、左、右移动）、高架仓储式（汽车上、下、左、右、前、后移动）等。

（2）复式汽车库。室内有车道、有人员停留的，同时采用机械设备传送，在一个建筑层里叠2~3层存放车辆的汽车库称为复式汽车库。机械设备只是类似于普通仓库的货架，根据机械设备的不同，复式汽车库又可分为二层杠杆式、三层升降式、二/三层升降横移式等。

机械式立体汽车库与复式汽车库都属于机械式汽车库。

4. 按照汽车坡道分类

按照汽车坡道，汽车库可分为楼层式汽车库、斜楼板式汽车库、错层式汽车库、交错式汽车库、采用垂直升降机作为汽车疏散的汽车库。

5. 按照组合形式分类

按照组合形式，汽车库可分为独立式汽车库和组合式汽车库。

6. 按照围封形式分类

按照围封形式，汽车库可分为敞开式汽车库和封闭式汽车库。

8.4.1.2　修车库的分类

修车库可以按照修车库车位数和总建筑面积、修理汽车车型、修理汽车性质、修车库位置等进行分类。具体如下。

1. 按照修车库车位数和总建筑面积分类

《汽车库、修车库、停车场设计防火规范》（GB 50067—2014）根据停车（车位）数量和总面积将修车库分为Ⅰ、Ⅱ、Ⅲ、Ⅳ类。

（1）Ⅰ类修车库：修车库车位数大于 15 辆或总建筑面积大于 3000 m² 的修车库为Ⅰ类修车库。

（2）Ⅱ类修车库：修车库车位数大于 5 辆且小于等于 15 辆或总建筑面积大于 1000 m² 且小于等于 3000 m² 的修车库为Ⅱ类修车库。

（3）Ⅲ类修车库：修车库车位数大于 2 辆且小于等于 5 辆或总建筑面积大于 500 m² 且小于等于 1000 m² 的修车库为Ⅲ类修车库。

（4）Ⅳ类修车库：修车库车位数小于等于 2 辆或总建筑面积小于等于 500 m² 的修车库为Ⅳ类修车库。

2. 按照修理汽车的车型分类

按照修理汽车的车型，修车库可分为小型汽车修车库、大中型汽车修车库及综合修车库，三者比较，综合修车库功能最为复杂，存在更多的火灾隐患。

3. 按照修理汽车的性质分类

按照修理汽车的性质，修车库可分为普通修车库和专业修车库。普通修车库包括一般的小轿车、客车、货车的修车库；专业修车库包括甲、乙类物品运输车、消防车、贵重物品押运车等特殊车种的修车库。

4. 按照修车库位置分类

按照修车库位置，修车库可分为附建于其他建筑首层的修车库、独立修车库、附建于公共停车场（库）的辅助修车库。

8.4.2　汽车库、修车库的火灾危险性

汽车库、修车库内主要可燃物是停放的汽车，其火灾过程集固体火灾和液体火灾于一身，火灾发展迅速，火灾过程释放出大量的热和有毒烟气，极易大面积蔓延，造成人员与财产损失。

（1）起火快，燃烧猛。汽车内部的装饰物大量采用合成材料，主要是以聚氨酯类为主，其火灾蔓延速度快，热值高，燃烧中释放出大量的热和有毒烟气，特别是当汽油、柴油参与燃烧反应时，现场条件将更加恶劣。因汽车库内的汽车停放横向间距一般仅为 500 ~ 800 mm，在火灾中易形成"多米诺骨牌"效应，极易造成大面积汽车过火的失控状态，并直接威胁建筑物本身的安全。

（2）火灾类型多，难以扑救。汽车库、修车库火灾不同于单一物质火灾，其本身集可燃固体物质（A）类火灾（如座椅和内饰物等）和可燃液体物质（B）类火灾（如燃油）于一身，以天然气为燃料的汽车还存在着压缩气体（C）类火灾危险，兼有可燃液体储油箱受热膨胀爆炸燃烧的特点。该特点使汽车库有别于其他用途的建筑物火灾。

（3）通风排烟难。对汽车库来讲，尤其是地下多层汽车库的建筑结构决定平时不能仅

靠自然风力进行通风排烟，需要安装防烟排烟系统。而防烟排烟系统在烟气温度达 280 ℃时即停止工作。一旦汽车库发生火灾，高热值的可燃物很快使火场温度超过 280 ℃，防烟排烟设备即会停止工作，此时仅能依靠自然排烟方式和临时架设排烟设施来排烟。

（4）灭火救援困难。在汽车库、修车库发生火灾时，产生的高温有毒气体和浓烟的流动状态是复杂与随机不定的，造成能见度急剧下降，这对快速准确地确定起火点和判定火灾规模极为不利。另因空气呼吸器的缺少和地下空间内无线对讲系统的干扰与遮蔽，都会造成灭火救援行动的延误。

（5）火灾影响范围大。大型地下汽车库的地上部分一般都为高层住宅或大型公共建筑，发生火灾后，由于地上与地下共用楼梯间、管道井、电梯井等，烟火通过开口部位对上方建筑造成很大威胁；同时，由于汽车库火灾荷载大，长时间燃烧很有可能造成上方高层住宅或公共建筑的倒塌；一些重要的设备如变电所、消防控制室、消防水泵房等与汽车库相邻设置，火灾对这些重要设备也将构成严重威胁。

8.4.3　汽车库、修车库的防火设计要求

汽车库、修车库的防火设计，应结合车库的特点、实际情况，积极采用有效的防火与灭火措施。汽车库、修车库建筑的防火设计要求，除执行《汽车库、修车库、停车场设计防火规范》（GB 50067—2014）外，尚应符合国家现行的《建筑设计防火规范（2018 年版）》（GB 50016—2014）、《人民防空工程设计防火规范》（GB 50098—2009）等有关设计标准和规范的要求。

本小节将从以下四个方面对汽车库、修车库的防火设计进行介绍。

8.4.3.1　总平面布局

1. 一般规定

汽车库、修车库的选址和总平面设计，应根据城市规划要求，合理确定汽车库、修车库、停车场的位置、防火间距、消防车道和消防水源等，并在总平面布局上应符合以下要求：

（1）汽车库、修车库、停车场不应布置在易燃、可燃液体或可燃气体的生产装置区和储存区内。汽车库不应与甲、乙类厂房、仓库贴邻或组合建造。

（2）Ⅰ类修车库应单独建造；Ⅱ、Ⅲ、Ⅳ类修车库可设置在一、二级耐火等级建筑的首层或与其贴邻，但不得与甲、乙类厂房、仓库，明火作业的车间，托儿所、幼儿园、中小学校的教学楼，老年人建筑，病房楼及人员密集场所组合建造或贴邻。

（3）地下、半地下汽车库内不应设置修理车位、喷漆间、充电间、乙炔间和甲、乙类物品库房。汽车库和修车库内不应设置汽油罐、加油机、液化石油气或液化天然气储罐、加气机。

（4）燃油或燃气锅炉、油浸变压器、充有可燃油的高压电容器和多油开关等，不应设置在汽车库、修车库内。当受条件限制必须贴邻汽车库、修车库布置时，应符合现行国家标准《建筑设计防火规范（2018 年版）》（GB 50016—2014）的有关规定。

（5）甲、乙类物品运输车的汽车库、修车库应为单层建筑，且应独立建造。当停车数量不大于 3 辆时，可与一、二级耐火等级的Ⅳ类汽车库贴邻，但应采用防火墙隔开。

2. 防火间距

汽车库、修车库之间及汽车库、修车库与除甲类物品仓库外的其他建筑物的防火间距，

应符合表 8-7 的规定。

表 8-7　汽车库、修车库之间及汽车库、修车库与除甲类
物品仓库外的其他建筑物的防火间距

（单位：m）

耐火等级	汽车库、修车库		厂房、仓库、民用建筑		
	一、二级	三级	一、二级	三级	四级
一、二级	10	12	10	12	14
三级	12	14	12	14	16

高层汽车库与其他建筑物，汽车库、修车库与高层建筑的防火间距应按表 8-7 的规定值增加 3 m。汽车库、修车库与甲类厂房的防火间距应按以上规定值增加 2 m。甲、乙类物品运输车的汽车库、修车库与民用建筑的防火间距不应小于 25 m，与重要公共建筑的防火间距不应小于 50 m。甲类物品运输车的汽车库、修车库与明火或散发火花地点的防火间距不应小于 30 m。

8.4.3.2　防火分隔

1. 防火分区

汽车库应设防火墙、甲级防火门、防火卷帘等划分防火分区。每个防火分区的最大允许建筑面积应符合表 8-8 的规定。

表 8-8　汽车库防火分区的最大允许建筑面积

（单位：m²）

耐火等级	单层汽车库	多层汽车库、半地下汽车库	地下汽车库、高层汽车库
一、二级	3000	2500	2000
三级	1000	不允许	不允许

敞开式、错层式、斜楼板式汽车库的上下连通层面积应叠加计算，每个防火允许建筑面积不应大于以上规定的 2.0 倍；室内有车道且有人员停留的机械式汽车库，其防火分区最大允许建筑面积应按以上规定减少 35%。汽车库内设有自动灭火系统，其每个防火分区的最大允许建筑面积不应大于以上规定的 2.0 倍。

（1）机械式汽车库的要求：室内无车道且无人员停留的机械式汽车库，当停车数量超过 100 辆时，应采用无门、窗、洞口的防火墙分隔为多个停车数量不大于 100 辆的区域，但当采用防火隔墙和耐火极限不低于 1.0 h 的不燃性楼板分隔成多个停车单元，且停车单元内的停车数量不大于 3 辆时，应分隔为停车数量不大于 300 辆的区域。

（2）甲、乙类物品运输车的汽车库、修车库的要求：甲、乙类物品运输车的汽车库、修车库，每个防火分区的最大允许建筑面积不应大于 500 m²。

（3）修车库的要求：修车库每个防火分区的最大允许建筑面积不应大于 2000 m²，当修车部位与相邻使用有机溶剂的清洗和喷漆工段采用防火墙分隔时，每个防火分区的最大允许建筑面积不应大于 4000 m²。

2. 其他防火分隔要求

（1）为汽车库、修车库服务的以下附属建筑，可与汽车库、修车库贴邻，但应采用防火墙隔开，并应设置直通室外的安全出口。

1）储存量不大于 1.0 t 的甲类物品库房。

2）总安装容量不大于 5.0 m³/h 的乙炔发生器间和储存量不超过 5 个标准钢瓶的乙炔气

瓶库。

3）1 个车位的非封闭喷漆间或不大于 2 个车位的封闭喷漆间。

4）建筑面积不大于 200 m² 的充电间和其他甲类物品生产场所。

（2）汽车库、修车库与其他建筑合建时，当贴邻建造时应采用防火墙隔开；设在建筑物内的汽车库（包括屋顶停车场）、修车库与其他部分，应采用防火墙和耐火极限不低于 2.0 h 的不燃性楼板分隔；汽车库、修车库的外墙门、洞口的上方，应设置耐火极限不低于 1.0 h、宽度不小于 1.0 m 的不燃性防火挑檐；汽车库、修车库的外墙上、下窗之间墙的高度，不应小于 1.2 m 或设置耐火极限不低于 1.0 h、宽度不小于 1.0 m 的不燃性防火挑檐。

（3）汽车库内设置修理车位时，停车部位与修车部位之间应采用防火墙和耐火极限不低于 2.0 h 的不燃性楼板分隔。修车库内使用有机溶剂清洗和喷漆的工段，且超过 3 个车位时，均应采用防火隔墙等分隔措施。

（4）附设在汽车库、修车库内的消防控制室，消防自动灭火系统的设备室，消防水泵房和排烟、通风空气调节机房等，应采用防火隔墙和耐火极限不低于 1.5 h 的不燃性楼板相互隔开或与相邻部位分隔。

（5）除敞开式汽车库、斜楼板式汽车库外，其他汽车库内的汽车坡道两侧应采用防火墙与停车区隔开，坡道的出入口应采用水幕、防火卷帘或甲级防火门等与停车区隔开；但当汽车库和汽车坡道上均设置自动灭火系统时，坡道的出入口可不设置水幕、防火卷帘或甲级防火门。

8.4.3.3 安全疏散

汽车库、修车库的人员安全出口和汽车疏散出口应分开设置。设在工业与民用建筑内的汽车库，其车辆疏散出口应与其他部分的人员安全出口分开设置。

1. 人员安全出口

除室内无车道且无人员停留的机械式汽车库外，汽车库、修车库内每个防火分区的人员安全出口不应少于 2 个，Ⅳ类汽车库和Ⅲ、Ⅳ类的修车库可设置 1 个。室内无车道且无人员停留的机械式汽车库可不设置人员安全出口，但应按有关规定设置供灭火救援用的楼梯间，且设汽车库检修通道，其净宽不应小于 0.9 m。

（1）疏散楼梯。汽车库、修车库内的人员疏散主要依靠楼梯进行。因此，要求室内的楼梯必须安全可靠。

1）建筑高度大于 32 m 的高层汽车库、室内地面与室外出入口地坪的高差大于 10 m 的地下汽车库，应采用防烟楼梯间；其他车库应采用封闭楼梯间；楼梯间和前室的门应采用乙级防火门，并应向疏散方向开启；疏散楼梯的宽度不应小于 1.1 m。

2）室内无车道且无人员停留的机械式汽车库，每个停车区域当停车数量大于 100 辆时，应至少设置 1 个楼梯间；楼梯间与停车区域之间应采用防火隔墙进行分隔，楼梯间的门应采用乙级防火门；楼梯的净宽不应小于 0.9 m。

3）与住宅地下室相连通的地下、半地下汽车库，人员疏散可借用住宅部分的疏散楼梯；当不能直接进入住宅部分的疏散楼梯间时，应在地下、半地下汽车库与住宅部分的疏散楼梯之间设置连通走道，汽车库开向该走道的门均应采用甲级防火门。

（2）疏散距离。汽车库室内任一点至最近人员安全出口的疏散距离不应大于 45 m，当设置消防自动灭火系统时，其距离不应大于 60 m，对于单层或设置在建筑首层的汽车库，室内任一点至室外出口的距离不应大于 60 m。

2. 汽车疏散出口

汽车库、修车库的汽车疏散出口总数不应少于 2 个，且应分散布置。

以下汽车库、修车库的汽车疏散出口可设置 1 个：

（1）Ⅳ类汽车库。

（2）设置双车道汽车疏散出口的Ⅲ类地上汽车库。

（3）设置双车道汽车疏散出口、停车数量小于或等于 100 辆且建筑面积小于 400 m² 的地下或半地下汽车库。

（4）Ⅱ、Ⅲ、Ⅳ类修车库。

Ⅰ、Ⅱ类地上汽车库和停车数量大于 100 辆的地下汽车库，当采用错层式或斜楼板式且车道、坡道为双车道时，其首层或地下一层至室外的汽车疏散出口不应少于 2 个，汽车库内其他楼层的汽车疏散坡道可设置 1 个。

Ⅳ类汽车库设置汽车坡道有困难时，可采用汽车专用升降机做汽车疏散出口，升降机的数量不应少于 2 台，停车数少于 25 辆时，可设置 1 台。

汽车疏散坡道的净宽度，单车道不应小于 3.0 m，双车道不应小于 5.5 m。

8.4.3.4　消防设施

1. 消防给水系统

汽车库、修车库应设置消防给水系统。耐火等级为一、二级的Ⅳ类修车库，及耐火等级为一、二级且停放车辆不大于 5 辆的汽车库，可不设消防给水系统。

消防给水可由市政给水管道、消防水池或天然水源供给。利用天然水源时，应设有可靠的取水设施和通向天然水源的道路，并应在枯水期最低水位时，确保消防用水量。当室外消防给水采用高压或临时高压给水系统时，车库的消防给水管道的压力应保证在消防用水量达到最大时，最不利点处水枪充实水柱不应小于 10 m；当室外消防给水采用低压给水系统时，管道内的压力应保证灭火时最不利点处消火栓的水压不小于 0.1 MPa（从室外地面算起）。

2. 室内外消火栓

（1）室外消火栓系统。汽车库、修车库应设室外消火栓给水系统，其室外消防用水量应按消防用水量最大的一座计算。Ⅰ、Ⅱ类汽车库、修车库的室外消防用水量不应小于 20 L/s；Ⅲ类汽车库、修车库的室外消防用水量不应小于 15 L/s；Ⅳ类汽车库、修车库的室外消防用水量不应小于 10 L/s。

汽车库、修车库的室外消防给水管道、室外消火栓、消防泵房的设置应按现行的国家标准《消防给水及消火栓系统技术规范》（GB 50974—2014）的有关规定执行。

（2）室内消火栓系统。

1）设置范围：汽车库、修车库应设室内消火栓给水系统。

2）设置要求：Ⅰ、Ⅱ、Ⅲ类汽车库及Ⅰ、Ⅱ类修车库的用水量不应小于 10 L/s，系统管道内的压力应保证相邻两个消火栓的水枪充实水柱同时到达室内任何部位；Ⅳ类汽车库及Ⅲ、Ⅳ类修车库的用水量不应小于 5 L/s，系统管道内的压力应保证一个消火栓的水枪充实水柱到达室内任何部位。

室内消火栓水枪的充实水柱不应小于 10 m，同层相邻室内消火栓的间距不应大于 50 m，高层汽车库和地下汽车库室内消火栓的间距不应大于 30 m。室内消火栓应设置在明显易于取用的地方，以便于用户和消防队及时找到与使用。室内无车道且无人员停留的机械式汽车库楼梯间及停车区的检修通道上应设置室内消火栓。

3. 固定灭火系统

(1) 自动喷水灭火系统。

1) 设置范围：除敞开式汽车库外，Ⅰ、Ⅱ、Ⅲ类地上汽车库，停车数大于10辆的地下、半地下汽车库，机械式汽车库，采用汽车专用升降机做汽车疏散出口的汽车库，Ⅰ类修车库均要设置自动喷水灭火系统。环境温度低于4℃时间较短的非严寒或非寒冷地区，可采用湿式自动喷水灭火系统，但应采取防冻措施。

2) 设置要求：设置在汽车库、修车库内的自动喷水灭火系统，喷头应设置在汽车库停车位的上方或侧上方。对于机械式汽车库，应按停车的载车板分层布置，且应在喷头的上方设置集热板。错层式、斜楼板式汽车库的车道、坡道上方均应设置喷头。室内无车道且无人员停留的机械式汽车库应选用快速响应喷头。

自动喷水灭火系统的设置应符合现行国家标准《自动喷水灭火系统设计规范》（GB 50084—2017）的有关规定。

(2) 其他固定灭火系统。泡沫-水喷淋系统对于扑救汽车库火灾具有比自动喷水灭火系统更好的效果，对于Ⅰ类地下、半地下汽车库、Ⅰ类修车库、停车数大于100辆的室内无车道且无人员停留的机械式汽车库等一旦发生火灾扑救难度大的场所，宜采用泡沫-水喷淋系统，以提高灭火效力。泡沫-水喷淋系统的设计应符合国家标准《泡沫灭火系统设计规范》（GB 50151—2010）有关规定。

地下、半地下汽车库可采用高倍数泡沫灭火系统。停车数量不大于50辆的室内无车道且无人员停留的机械式汽车库，可采用二氧化碳等气体灭火系统。高倍数泡沫灭火系统、二氧化碳等气体灭火系统的设计，应符合现行国家标准《泡沫灭火系统设计规范》（GB 50151—2010）、《二氧化碳灭火系统设计规范（2010年版）》（GB 50193—1993）和《气体灭火系统设计规范》（GB 50370—2005）的有关规定。

4. 火灾自动报警系统

(1) 设置范围：除敞开式汽车库外，Ⅰ类汽车库、修车库，Ⅰ类地下、半地下汽车库、修车库，Ⅱ类高层汽车库、修车库，机械式汽车库，以及采用汽车专用升降机作汽车疏散出口的汽车库应设置火灾自动报警系统。

(2) 设置要求：火灾自动报警系统的设计应按现行国家标准《火灾自动报警系统设计规范》（GB 50116—2013）的规定执行。气体灭火系统、泡沫-水喷淋系统、高倍数泡沫灭火系统以及设置防火卷帘、防烟排烟系统的联动控制设计，应符合现行国家标准《火灾自动报警系统设计规范》（GB 50116—2013）等的有关规定。

5. 防烟排烟

(1) 设置范围：除敞开式汽车库、建筑面积小于1000 m²的地下一层汽车库和修车库外，汽车库、修车库应设置排烟系统。

(2) 设置要求：汽车库、修车库应划分防烟分区，防烟分区的建筑面积不宜大于2000 m²，且防烟分区不应跨越防火分区。防烟分区可采用挡烟垂壁、隔墙或从顶棚下凸出不小于0.5 m的梁划分。

排烟系统可采用自然排烟模式或机械排烟模式。当采用自然排烟模式时，可采用手动排烟窗、自动排烟窗、孔洞等作为自然排烟口，自然排烟口应设置在外墙上方或屋顶上，并应设置方便开启的装置；房间外墙上的排烟口（窗）宜沿外墙周长方向均匀分布，排烟口（窗）的下沿不应低于室内净高的 1/2，并应沿气流方向开启，总面积不应小于室内地面面积的 2%。室内无车道且无人员停留的机械式汽车库排烟口设置在运输车辆的通道顶部。

机械排烟系统可与人防、卫生等排气、通风系统合用。排烟风机可采用离心风机或排烟轴流风机，并应保证 280 ℃时能连续工作 30 min。汽车库内无直接通向室外的汽车疏散出口的防火分区，当设置机械排烟系统时，应同时设置补风系统，且补风量不宜小于排烟量的 50%。

设置通风系统的汽车库，其通风系统宜独立设置；喷漆间、电瓶间均应设置独立的排气系统。

6. 应急照明和疏散指示标志

（1）设置范围：除停车数量不大于 50 辆的汽车库，以及室内无车道且无人员停留的机械式汽车库外，汽车库内应设置消防应急照明和疏散指示标志。

（2）设置要求：消防应急照明灯宜设置在墙面或顶棚上，其地面最低水平照度不应低于 1 lx。安全出口标志宜设置在疏散出口的顶部；疏散指示标志宜设置在疏散通道及其转角处，且距地面高度 1 m 以下的墙面上。通道上的指示标志，其间距不宜大于 20 m。用于疏散走道上的消防应急照明和疏散指示标志，可采用蓄电池作为备用电源，但其连续供电时间不应小于 30 min。

7. 灭火器的配置

除机械式汽车库外，汽车库、修车库均应配置灭火器，灭火器的配置应符合现行国家标准《建筑灭火器配置设计规范》（GB 50140—2005）的有关规定。

习题与思考

8-1　地铁的重点防火区域有哪些？

8-2　城市交通隧道是如何分类的？

8-3　城市交通隧道排烟有哪几种模式？

8-4　城市交通隧道防火要求主要包括哪些方面？

8-5　某加油站设置了 1 个容积为 30 m³ 的 93#汽油罐，1 个容积为 30 m³ 的 95#汽油罐，1 个容积为 20 m³ 的 97#汽油罐，1 个容积为 50 m³ 的柴油罐。按照《汽车加油加气站设计与施工规范（2014 年版）》（GB 50156—2012）的规定，该加油站的等级应是几级？

8-6　加油加气站内的站房及其他附属建筑物的耐火等级不应低于几级？

8-7　加油站、加气站、加油加气站的等级分类如何划分？

8-8　加油加气站有哪些火灾危险性？

8-9　加油加气站的建筑防火要求有哪些？

8-10　汽车库是如何分类的？

本章相关国标

第 *9* 章

新型灭火系统

9.1 自动跟踪定位射流灭火系统

自动跟踪定位射流灭火系统是针对现代大空间建筑的需要，利用自然界的可燃物质在燃烧时所释放出的大量的辐射线，利用红、紫外传感器、计算机、机械传动、远程通信等技术，通过一整套电子控制电路构成的高度智能化的现代消防。它可以在被保护的三维空间内，全方位地进行巡回扫描寻的，精确定位，并驱动灭火装置迅速准确地瞄准火源，继而自动启泵、开阀，射水灭火，瞬时间即可把刚刚初燃的火源扑灭，确保把火灾的苗头扼杀在萌发状态，真正地做到"防患于未然"。自动跟踪定位射流灭火系统具有探测距离远，保护面积大，喷射流量大，灵敏度高，响应速度快，智能化、自动化水平高，灭火时间短等优点，能够极大地消除火灾给人们带来的危害，为保护人民的财产和自身生命安全不再遭受到火灾的困扰。

9.1.1 自动跟踪定位射流灭火系统的组成

自动跟踪定位射流灭火系统一般由自动消防炮、消防管道、水流指示器、电动阀、检修阀、现场视频 CCD、红紫外火焰探测器、现场控制箱、声光报警器、手动报警按钮、手动控制器、火灾报警控制器、视频图像记录仪、消防水泵、储水池、水泵接合器、线缆等组成，如图 9-1 所示。

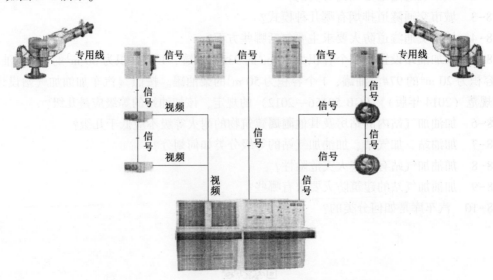

图 9-1　自动跟踪定位射流灭火系统的组成示意图

274

9.1.2 自动跟踪定位射流灭火系统的工作原理

当发生火灾时，先由紫外火灾探测器，对火灾进行快速探测分析。然后启动自动跟踪定位射流灭火装置水平定位系统，进行水平扫描，确定火源的水平 X 坐标，随后进入垂直定位系统，确定火源的垂直 Y 坐标，从而实现对火灾的精确定位。定位后启动电磁阀（电动阀）喷水灭火，火被扑灭后，灭火装置自动关闭电磁阀，停止灭火。确认无火点后，待机监视，若火复燃，自动跟踪定位射流灭火装置将重新启动，循环灭火。

9.1.3 自动跟踪定位射流灭火系统的特点

自动跟踪定位射流灭火系统具有显著特点，具体如下。

（1）消防水炮火焰探测采用双波段火焰探测技术，对明火实现早期探测，探测距离远，稳定性强。

（2）消防水炮设备自动寻找火源、自动灭火、灭火后自动停止，定位精确、灭火能力强、流量大、射程远、保护面积大、响应速度快。

（3）消防水炮设备可具有传输现场彩色图像画面功能，图像传输可在消防控制中心实现自动或手动切换控制。

（4）消防水炮设备探测、定位和灭火，共分三级过程，分别为一级过程感应启动，二级过程实现火源的水平方向扫描定位和垂直方向扫描定位，以便确定着火点，三级过程进行精确射水灭火。

（5）消防水炮设备实现整体设计，集火灾探测、定位和图像传输于一体的设计，提高消防水炮的工作可靠性，以及便于设备安装、日常维护使用。

（6）消防水炮设备具有与其他消防报警系统联动功能，便于与其他形式的火灾自动报警系统进行接口联动操作，接口方式采用无源干接点方式。

9.1.4 自动跟踪定位射流灭火系统的适用范围

自动跟踪定位射流灭火系统的适用高度范围宽，3.5 m 及以上安装高度的布水性能均符合技术指标要求，不但适用于大空间智能主动型喷水灭火系统，而且适用于低至 3.5 m 的无间隔大空间场所工业级贵重金属表面处理，所有旋转和紧固件均采用 304 不锈钢材料，确保产品经久耐用且不发生锈蚀。

9.2 探火管灭火装置

9.2.1 探火管灭火装置的工作原理

探火管灭火装置是由装有灭火剂的压力容器、容器阀及能释放灭火剂的探火管和释放管等组成的。将探火管置于靠近或在火源最可能发生处的上方，同时，依靠沿探火管的诸多探测点（线型）进行探测。一旦着火时，探火管就在受热温度最高处被软化并爆破，将灭火介质通过探火管本身（直接系统）或喷嘴（间接系统）释放到被保护区域。其中，探火管是高科技领域开发的新品种，是一种高科技非金属合成品。它集长时间抗漏、柔韧性及有效的感温性于一体，在一定温度范围内爆破，喷射灭火介质或传递火灾信号。

9.2.2 探火管灭火装置的特点与组成

9.2.2.1 探火管灭火装置的特点

探火管灭火装置的特点如下：

(1) 发生火灾时自动灭火。

(2) 探火管停电时也能正常工作。

(3) 探火管具有多种检测功能。

(4) 探火管具备数字化分析、控制方式。

(5) 探火管不受位置的影响。

(6) 探火管费用低廉，使用安全。

(7) 探火管设计简单，安装简便。

9.2.2.2 探火管灭火装置的组成

1. 探火管

探火管是探测火源位置的探测器及输送灭火介质的管道。探火管是一种外径为 $\phi6$ mm，内径为 $\phi4$ mm 的充压非金属的软管。探火时管内充装一定压力的氮气（惰性气体，压力不受环境温度变化而变化），确保在一定温度范围内爆破，喷射灭火介质或传递火灾信号。探火管的工作压力不小于 1.0 MPa。探火管于 -20 ℃ 的环境温度中应无脆裂现象，在 55 ℃ 的环境温度中应无软化、变形现象。探火管在 (140 ± 2)℃ 下，保持 2 min 不动作；探火管在 (160 ± 2)℃ 下，在 20 s 内动作。

2. 容器

储存灭火介质 CO_2 的容器，采用钢质无缝气瓶，符合《钢质无缝气瓶》（GB 5099—1994）的规定，钢瓶最大工作压力 15 MPa，在 1.5 倍工作压力下进行液压强度试验，保持 3 min，不出现渗漏现象，没有明显的残余变形。在 1.1 倍工作压力下进行液压强度试验，容器应无气泡泄漏。在 3 倍工作压力下进行液压强度试验，容器不得有破裂现象。

3. 容器阀

容器阀是系统的主要部件，用于控制灭火介质的释放，同时具备安全泄压功能。系统开启时，容器阀为关闭状态；起火时探火管爆破，管内压力瞬失，容器阀开启释放灭火介质。

4. 终端压力表

终端压力表安装于探火管灭火装置中容器阀上或探火管上易于查看的部位（一般靠近容器瓶组），是用来检测探火管灭火装置中探火管的压力及探火管灭火装置检漏的一个压力显示器。

(1) 终端压力表由表体（含止回阀）和表头两部分组成。

(2) 在探火管灭火装置调试时通过检查压力显示器来检查装置的泄漏情况，24h 内压力没有下降。

5. 终端压力止回阀

终端压力止回阀是系统动作时提供信号反馈和控制报警铃的设备。内质材料用 $CuZn_{39}Pb_3$ 制成，压力开关由阀体、微动开关、活塞、弹簧等组成。其安装于火探系统的探火管末端与探火管连接，在系统静态运行时，压力开关触点处开路状态，当系统遇到火灾时，探火管爆破，管内氮气释放泄压，压力开关中弹簧推动活塞，接通开关，送出工作信号给报警铃或原有报警控制系统显示系统已启动。

6. 专用管件

专用管件包括双向接头、三通接头、防爆穿墙接头、末端封口堵头及专用充气接头等。这些管件可使探火管任意分支，以适应各种防护空间。有了这些管件，系统灭火后可实现局部修复，只需更换起火区域内爆破的部分探火管。

9.2.3　探火管灭火装置的适用范围

探火管灭火装置是国际国内独一无二的集探火、灭火于一体的小型装置，应用非常广泛，不受任何空间的限制，尤其重要的是它离保护区很近，可瞬间有效地扑灭火源，能把火源扑灭在最初阶段，把火灾的损失降到最低。主要用于扑灭如下场合的火灾：

（1）广播电视发射塔内的微波机房、分米波机房、米波机房、变配电室和不间断电源室。

（2）通信系统的程控交换机房、控制室和信令转接点室。

（3）发电厂的控制室、电子设备间、计算机房、继电器室、变配电间、电缆交叉、密集及中间接头等部位。

（4）变配电柜、电梯控制柜、带槽盒的电线电缆槽或桥架。

（5）其他场所外壳相对密闭的特殊或重要的机柜设备。

（6）各种柴油机、汽车、火车、船舶发动机。

（7）各种移动设备、提升设备、电梯控制柜等。

9.3　超细干粉自动灭火装置

超细干粉灭火剂是在干粉灭火剂的基础上发展出来的一种高效灭火剂产品，并具有干燥易于流动的特点。超细干粉灭火剂具有表面积大、活性高、易形成均匀分散并悬浮于空气中的相对稳定形式，并且受热分解速度快、捕获自由基能力强，所以其灭火效能比普通干粉灭火剂有显著提高。

超细干粉自动灭火装置使用的超细干粉灭火剂无毒、无污染，且易清理，符合《蒙特利尔议定书》环保要求，是哈龙产品的环保消防替代品。超细干粉自动灭火装置既能高效灭火，又不会使存放的物品因为惧水特性而损坏。目前使用的传统手提式灭火器需要人员在火灾现场实施灭火，滞后性大。超细干粉自动灭火装置能与先进的火灾自动报警系统实现联动，或在火灾现场自动感应启动，将火情控制在初始阶段，灭火性能可靠。

9.3.1　超细干粉自动灭火装置的工作原理

超细干粉自动灭火装置三种启动方式下的工作原理如下。

（1）温控：当环境温度上升至设定公称值时，灭火装置上的阀门自动开启，释放超细干粉灭火剂灭火。

（2）热引发：在特定的环境下，需要快速启动灭火装置时，火灾信号经热敏线快速传递给灭火装置而启动释放出超细干粉灭火剂灭火，热引发既可单具启动，也可多具联动。

（3）电控：电控灭火装置能与所有火灾报警控制器连接，在喷射时能输出反馈信号，由探测器件探测复合火情信号并送至火灾报警控制器，经控制器确认并输出指令信号（指令信号分无源开关信号和有源能量信号），指令信号经中继器启动消防电源给灭火装置打开阀门，释放超细干粉灭火剂灭火。

9.3.2 超细干粉自动灭火装置的组成与特点

1. 超细干粉自动灭火装置的组成

超细干粉灭火装置（灭火系统）是由超细干粉灭火剂、启动组件、消防电源及显示盘等组成的。

2. 超细干粉自动灭火装置的特点

超细干粉灭火剂及其自动灭火使用装置与传统的灭火剂及装置相比较，具有很明显的优势，主要表现为以下几点。

（1）化学、物理结合的灭火模式。超细干粉灭火剂在扑灭火灾时采用的是化学和物理相结合的灭火方式，这种方式既比单一化学方式灭火更加可靠，又解决了单一物理方式灭火存在的灭火速度慢、效率低的固有问题。正是因为很好地结合了两种灭火方式，使得超细干粉灭火剂具有灭火浓度低、效率高、速度快的特点。

（2）全淹没、局部应用灭火模式。超细干粉灭火剂既能实现全淹没灭火，又能进行局部应用灭火。由于超细干粉粒径小、流动性好、质量轻，并能在空气中悬浮一定的时间，还有一定的驱热性，所以能够实现类似气体的全淹没灭火模式。这是目前唯一实现全淹没灭火模式的干粉自动灭火剂产品。另外，由于超细干粉灭火剂本身及分解产物仍为固体，具有一定的沉降覆盖性能，可以达到释放时绝大部分产品覆盖到被保护物上的要求，加上超细干粉自动灭火装置的特性可以在喷射方法、喷射强度和喷射时间上满足局部应用灭火的要求，因此，超细干粉灭火剂又可以在需要的场所进行局部应用来灭火。

（3）对环境无污染。超细干粉灭火剂对大气臭氧层耗减能值（ODP）为零，其温室效应潜能值（GWP）也为零。而且该类灭火剂对人体皮肤无刺激，对保护物无腐蚀性，灭火后的残留物易清理。因此，超细干粉灭火剂可以广泛应用于各种场所，并且可以用来扑救 A 类、B 类、C 类火灾和带电设备火灾类型。

（4）自动灭火装置的安装使用方便。超细干粉自动灭火装置安装简便，工程量小，无须穿墙打孔和安装大量的管道及附属设施。只需将装置悬挂在被保护物的上方即可。三种启动方式，性能可靠。

超细干粉灭火剂仍存在亟待解决的问题。例如，由于其灭火时能见度较低，产生的粉尘颗粒影响呼吸，因此不适用于人员密集的场所。

9.3.3 超细干粉自动灭火装置的分类与应用

超细干粉自动灭火装置，能在遇火或火灾信号时瞬间启动灭火，体现了“快速响应、早期抑制、高效灭火”这一消防先进理念，是当今世界各国争相研制的前沿技术。适用于档案室、汽车前后场仓、厨房、办公场所、建筑施工地、库房、油库、保险室、电信基站、加油站、变电站等场所。

9.3.3.1 超细干粉自动灭火装置的分类

超细干粉自动灭火装置（灭火系统）分无源型超细干粉自动灭火装置和有源型超细干粉自动灭火装置两种。

（1）无源型超细干粉自动灭火装置。无源型超细干粉自动灭火装置（灭火系统）是在火灾发生后，无须外部消防报警设备，灭火装置能自发启动，喷射超细干粉灭火剂的自动灭火装置，适用于无人值守场所。

（2）有源型超细干粉自动灭火装置。有源型超细干粉自动灭火装置（灭火系统）是在火灾发生后，依靠外部消防报警设备，手动或自动启动，喷射超细干粉灭火剂的自动灭火装置，适用于经常有人停留的场所。

按照类型，超细干粉自动灭火装置可分为以下几种。

（1）车用超细干粉自动灭火装置（小型汽车、大型客车或货车、火车灭火装置）。车用超细干粉自动灭火装置与传统车辆上配备的灭火器相比，启动迅速、灭火快捷、安全高效、无毒无害、物美价廉。其又分为车用非储压超细干粉自动灭火装置和微型储压车用超细干粉自动灭火装置。

（2）悬挂式超细干粉自动灭火装置（非储压悬挂式、储压悬挂式、固气转换式）。悬挂式超细干粉自动灭火装置，是通过两节杆、支架等以吊挂或壁装的形式将超细干粉自动灭火装置置于被保护物上方。其灭火装置下方装置灭火支撑物。其具有安装使用方便的优点。

（3）柜式超细干粉自动灭火装置/系统（无管网式、管网式）。柜式超细干粉自动灭火装置，是一种无管网（或短管网）、轻便、可移动的高科技消防产品。在国家标准《干粉灭火系统设计规范》（GB 50347—2004）中被列为预置式灭火装置。该装置集火灾探测及自动灭火于一体，用以扑救较大保护空间及较大保护面积的火灾。可单具应用，也可多具联动应用。灭火装置可放置于保护区一角或靠墙安放，使用维修，非常方便。

（4）超细干粉管网自动灭火装置。该类灭火装置利用氮气瓶组内的高压氮气，进入超细干粉灭火剂储罐，推动灭火剂通过输运管道由设置在保护区的喷头喷出，迅速灭火。管网系列自动灭火装置，适用于较大保护空间全淹灭火及局部应用扑救面积的火灾。

（5）超细干粉微型自动灭火装置。该类灭火装置分为用氮气驱动和用燃气驱动两种。超细干粉微型自动灭火装置及 ZFCD（车用自动灭火装置）系列超导自动灭火装置，主要应用于档案密集架、图书资料柜、机舱、汽车、列车发动机舱、电缆沟、电缆夹层等较小的空间扑救 ABC 类火灾和带电设备火灾。其特点是体积小、安装简便、灭火速度快。

几种典型的干粉自动灭火装置如图 9-2~图 9-5 所示。

图 9-2　悬挂式超细干粉自动灭火装置

图 9-3　壁挂式超细干粉自动灭火装置

图 9-4　柜式超细干粉自动灭火装置

图 9-5　超细干粉管网自动灭火装置

9.3.3.2　超细干粉自动灭火装置的应用

正是基于上述超细干粉灭火剂及其使用装置所具备的各种优势，使得超细干粉灭火剂的应用范围越来越广泛，应用场所不断增加。

1. 计算机房、电子设备房及档案房

计算机房属于带电设备房间，其带点设备无论计算机还是各种辅助设备均需要长期带电负荷运行。而这些设备的电线电缆及电子元件由于老化、短路等情况，随时都有发生火灾的可能性。在一些场所，如实验室、电子生产车间等场所，存有大量昂贵的电子设备，这些设备及其内部的数据资源也急需保护，图书馆、展览室等档案库房所保管的各类资源同样具有重要性，对这些场所的火灾保护也显得非常必要。由于普通灭火剂及其装置对这些场所的灭火效果存在局限性，故更多采用超细干粉灭火剂及其装置来进行灭火。

2. 电缆

随着哈龙产品的淘汰，目前应用于电缆隧道、夹层等场所中比较先进的自动灭火产品主要有超细干粉自动灭火装置、细水雾等。而细水雾装置由于存在一定的缺点和局限性，因此往往采用超细干粉灭火系统。超细干粉灭火剂既能用于相对封闭的空间进行全淹没灭火，又可用于开放空间进行局部保护应用灭火。既能对有焰燃烧进行扑救，又能对一般固体物质的深位火灾发挥很好的熄灭作用。在使用装置上，超细干粉灭火无管网自动灭火系统具有电控加温控启动或超导加温控启动两种方式，能够在火情尚未成灾时就进行有效扑灭，从而将火灾损失降到最低。

3. 森林

森林火灾具有极难扑灭，而且给生命财产安全带来极大损失的特点。超细干粉灭火剂产品由于其优良的灭火性能，使用适当的灭火装置，可以用于扑灭森林火灾。目前已应用小型、手投式灭火弹，并已研制生产大型的机载森林灭火弹。灭火弹内充装超细干粉灭火剂，基本效能可以达到 100 kg 灭火剂扑灭 600 m^2。除此之外，该类超细干粉灭火剂产品也可应用于草原火灾等场所。

4. 机舱

随着科技的发展和社会的进步，人们的生活越来越多地接触并使用到各种机舱，包括汽车、轮船等交通工具的发动机舱及风电机舱等。

近年来，随着汽车火灾的不断增加，机动车的发动机舱、缓速器、行李舱、仪表盘、电池舱等位置的消防保护显得尤为重要。应运而生的许多适用于该类场所的特殊灭火装置中绝大多数使用超细干粉灭火剂来达到保护及扑救发动机舱火灾等目的。

9.4　油浸变压器排油注氮灭火装置

油浸变压器是发电厂和变电站的主要电力设备之一。变压器内充满着大量的变压器油，变压器油闪点在 135 ℃左右，燃点为 165~190 ℃，自燃点在 330 ℃左右。变压器油是一种可燃的绝缘液体，所以在选择安装、使用油浸变压器时要采用防火措施，特别是变电站综合自动化技术中，更应选择主动性的灭火设备，确保变电站的安全可靠性。油浸变压器排油注氮灭火装置广泛应用于大型变压器的防火防爆。

9.4.1　油浸变压器排油注氮灭火装置的工作原理与组成

1. 油浸变压器排油注氮灭火装置的工作原理

当变压器遇到绝缘故障或其他故障，导致变压器油温急剧升高，在即将发生爆裂或火灾危险时，控制系统确认收到电气故障信号、温度探测信号以及重瓦斯信号灯关键信号后，立即启动排油机构——排油泄压，随即启动排油注氮灭火装置，将充足的氮气源源不断地注入变压器内部，搅拌、冷却变压器油，使其油温降到闪点以下；同时大量的氮气充满整个变压器油箱，隔绝氧气，从而实现高效灭火。

2. 油浸变压器排油注氮灭火装置的组成

油浸变压器排油注氮灭火装置由消防控制柜、消防柜、断流阀、火灾探测装置和排油管路、注氮管路等组成，如图 9-6 所示。

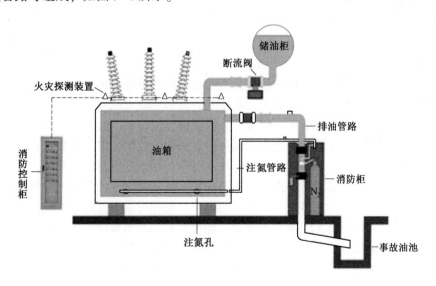

图 9-6　油浸变压器排油注氮灭火装置的组成

（1）消防控制柜：能接收断路器跳闸信号、重瓦斯信号、火灾探测装置信号、油箱超压信号，控制消防柜内相应部件动作，显示灭火装置的各种状态并能报警的电气柜。

（2）消防柜：储存氮气，控制氮气释放、排油泄压的执行装置。通常由具有氮气储存、氮气释放、氮气减压、流量控制、油气隔离、排油等功能的部件组成。

（3）氮气释放阀：安装在氮气储存容器上的控制阀，接收到消防控制柜的指令后开启并释放氮气。

（4）储存压力：储存容器内按要求灌装氮气后，在20℃环境中容器内的平衡压力。

（5）机械连锁阀：安装在注氮管路上，正常情况下处于关闭状态，通过排油阀连锁开启的阀门。

（6）排油连接阀：安装在变压器油箱上部的排油管路连接处，主要作用是接入和隔离排油注氮消防系统。

（7）注氮隔离阀：安装在变压器油箱下部的注氮管路连接处，主要作用是接入和隔离排油注氮消防系统。

（8）排油阀：安装在排油管路上进行排油泄压的快开型阀门。

（9）断流阀：安装在储油柜与变压器油箱之间的连接管路上，正常情况下处于开启状态，达到额定流量自动关闭，当变压器排油时，能自动切断储油柜向变压器油箱的供油。

（10）排气组件：正常工作情况下，用于排放泄漏的氮气，防止泄漏的氮气误入变压器油箱的组件。

（11）油气隔离装置：安装在注氮管路上，用于隔离变压器油与氮气的密封装置。

9.4.2　油浸变压器排油注氮灭火装置的特点

1. 油浸变压器排油注氮灭火装置的优点

（1）动作后可立即灭火，灭火时间短。

（2）限制内部故障引起火灾的损坏范围，减少变压器火灾造成的损失。

（3）结构紧凑，易于安装。

（4）不受水源等地理环境限制，不会冻结、阻塞。

（5）维护方便，连续自动监视。

2. 油浸变压器排油注氮灭火装置的缺点

为防止过热燃烧，燃烧性材料不能作为指示报警控制系统的传输线，而只能选择一些不可燃性材料，如陶瓷管、石棉、玻璃等，条件允许时采用耐火线更好。

目前，国内使用的大容量变压器基本上为油浸电力变压器，其主要介质为变压器油。在长期使用中难免由于结构件的早期老化和满负荷时的突发原因，发生爆炸着火。变压器灭火系统基本上以水喷雾为主，目前，排油注氮技术已开始用于变压器防火系统。

变压器排油注氮灭火装置是将火灾探测器报警、排油防爆充氮防火灭火联系在一起的自动装置。对于扑灭变压器火灾事故具有适用范围广、动作可靠、及时、造成的损失小、设备简单、安装方便、无冰结、无阻塞、无误动、能连续自动检测等优点；灭火时间小于2 min，试验时灭火时间仅需22 s，充氮时间大于30 min，且费用较低。国际上已广泛采用，仅法国的SERGI公司的排油注氮装置已在20多个国家5000多台变压器上安装。国内，现已逐步采用高性能的变压器排油注氮灭火装置替代水喷雾和二氧化碳气体灭火装置。

习题与思考

9-1　自动跟踪定位射流灭火系统具有哪些特点？

9-2 探火管灭火装置适用于什么场所灭火？

9-3 超细干粉自动灭火装置具有哪些特点？

9-4 简述超细干粉自动灭火装置的适用范围。

9-5 简述变压器排油注氮灭火装置的灭火原理。

9-6 变压器排油注氮灭火装置具有哪些特点？

参 考 文 献

[1] 徐鹤生，周广连．消防系统工程 [M]．北京：高等教育出版社，2010．

[2] 李天荣，龙莉莉，陈金华．建筑消防设备工程 [M]．3 版．重庆：重庆大学出版社，2018．

[3] 龚延风，陈卫．建筑消防技术 [M]．北京：科学出版社，2002．

[4] GB 50116—2013，火灾自动报警系统设计规范 [S]．

[5] GB 50261—2017，自动喷水灭火系统施工及验收规范 [S]．

[6] GB 50370—2005，气体灭火系统设计规范 [S]．

[7] GB 50193—1993，二氧化碳灭火系统设计规范（2010 年版）[S]．

[8] GB 50974—2014，消防给水及消火栓系统技术规范 [S]．

[9] GB 50016—2014，建筑设计防火规范（2018 年版）[S]．

[10] 公安部消防局．消防安全技术实务 [M]．北京：机械工业出版社，2016．

[11] 公安部消防局．消防安全技术综合能力 [M]．北京：机械工业出版社，2016．

[12] 公安部消防局．消防安全案例分析 [M]．北京：机械工业出版社，2016．